“十三五”国家重点出版物出版规划项目
装配式混凝土建筑基础理论及关键技术丛书

装配式混凝土结构设计

主　编　张海东　庞　瑞
副主编　陈桂香　张中善

黄河水利出版社
·郑　州·

内容提要

本书是“十三五”国家重点出版物出版规划项目——装配式混凝土建筑基础理论及关键技术丛书系列之一，根据现行国家技术标准及设计单位生产实践编写。该书对装配式建筑结构设计方面的内容进行了介绍、分析，提出了具体的设计方法。全书共有八章，包括概述、材料、建筑设计、结构设计、装配式框架结构设计、装配式剪力墙结构设计、外挂墙板设计、工程案例分析及附录等内容。

本书可作为从事装配式建筑工作的相关人员专业学习和培训资料，也可作为广大高校土木工程专业学生教材。

图书在版编目(CIP)数据

装配式混凝土结构设计/张海东，庞瑞主编. —郑州：黄河水利出版社，2018.2

(装配式混凝土建筑基础理论及关键技术丛书)

“十三五”国家重点出版物出版规划项目

ISBN 978-7-5509-1949-5

Ⅰ. ①装… Ⅱ. ①张…②庞… Ⅲ. ①装配式混凝土结构-结构设计 Ⅳ. ①TU370.4

中国版本图书馆 CIP 数据核字(2017)第 331340 号

策划编辑：谌莉　电话：0371-66025355　E-mail：113792756@qq.com

出 版 社：黄河水利出版社

地址：河南省郑州市顺河路黄委会综合楼 14 层　邮政编码：450003

发行单位：黄河水利出版社

发行部电话：0371-66026940、66020550、66028024、66022620(传真)

E-mail：hhslcbs@126.com

承印单位：河南承创印务有限公司

开本：787 mm×1 092 mm　1/16

印张：11.25

字数：274 千字　印数：1—3 000

版次：2018 年 2 月第 1 版　印次：2018 年 2 月第 1 次印刷

定价：41.00 元

“十三五”国家重点出版物出版规划项目

装配式混凝土建筑基础理论及关键技术丛书

编审委员会

主　任：焦安亮

副主任：崔恩杰

委　员：（按姓氏笔画为序）

王　军　王红平　冯大阔　孙钢柱　孙耀乾

李乃红　吴耀清　张中善　张海东　张献梅

张　鹏　陈晓燕　庞　瑞　赵　山　赵冬梅

郜玉芬　顿志林　黄延铮　鲁万卿　路军平

樊　军

序

党的十八大强调,“坚持走中国特色新型工业化、信息化、城镇化、农业现代化道路”。十八大以来,习近平总书记多次发表重要讲话,为如何处理新“四化”关系、推进新“四化”同步发展指明了方向。推进新型工业化、信息化、城镇化和农业现代化同步发展是新阶段我国经济发展理念的重大转变,对于我们适应和引领经济新常态,推进供给侧结构性改革,切实转变经济发展方式具有重大战略意义,是建设中国特色社会主义的重大理论创新和实践创新。

在城镇化发展方面着力推进绿色发展、循环发展、低碳发展,尽可能减少对自然的干扰和损害,节约集约利用土地、水、能源等资源。2016 年印发了《国务院办公厅关于大力发展装配式建筑的指导意见》,明确要求因地制宜发展装配式混凝土结构、钢结构和现代木结构等装配式建筑。力争用 10 年左右的时间,使装配式建筑占新建建筑面积的比例达到 30%。住房和城乡建设部又先后印发了《“十三五”装配式建筑行动方案》《装配式建筑示范城市管理办法》《装配式建筑产业基地管理办法》等文件,全国部分省、自治区和直辖市也印发了各省(区、市)装配式建筑发展的实施意见,大力发展装配式建筑是促进建筑业转型升级、实现建筑产业现代化的需要。

发展装配式建筑本身是一个系统性工程,从开发、设计、生产、施工到运营管理整个产业链必须是完整的。企业从人才、管理、技术等各个方面都提出了新的要求。目前,装配式建筑专业人才不足是装配式建筑发展的重要制约因素之一,相关从业人员的安全意识、质量意识、精细化意识与实际要求存在较大差距。要全面提升装配式建筑质量和建造效率,大力推行专业人才队伍建设已刻不容缓。这就要求我们必须建立装配式建筑全产业链的人才培养体系,须对每个阶段各个岗位的技术、管理人员进行专业理论与技术培训;同时,建筑类高等院校在专业开设方面应向装配式建筑方向倾斜;鼓励社会机构开展装配式建筑人才培训,支持有条件的企业建立装配式建筑人才培养基地,为装配式建筑健康发展提供人才保障。

近年来,在国家政策的引导下,部分科研院校、企业、行业团体纷纷进行装配式建筑技术和人才培养研究,并取得了丰硕成果。此次由河南省建设教育协会组织相关单位编写的装配式混凝土建筑基础理论及关键技术丛书就是在此背景下应运而生的成果之一。依托中国建筑第七工程局有限公司等单位在装配式建筑领域 20 余年所积蓄的科研、生产和装配施工经验,整合国内外装配式建筑相关技术,与高等院校进行跨领域合作,内容涉及装配式建筑的理论研究、结构设计、施工技术、工程造价等各个专业,既有理论研究又有实际案例,数据翔实、内容丰富、技术路线先进,人工智能、物联网等先进技术的应用更体现了多学科的交叉融合。本丛书是作者团队长期从事装配式建筑研究与实践的最新成果展示,具有很高的理论与实际指导价值。我相信,阅读此书将使众多建筑从业人员在装配式建筑知识方面有所受益。尤其是,该丛书被列为“十三五”国家重点出版物出版规划项目,说明我们工作方向正确,成果获得了国家认可。本丛书的发行也是中国建设教育协会在装配式建筑人才培养实施计划的一部分工作,为协会后续开展大规模装配式建筑人才培养做了先期探索。

期待本丛书能够得到广大建筑行业从业人员，建筑类院校的教师、学生的关注和欢迎，在分享本丛书提供的宝贵经验和研究成果的同时，也对其中的不足提出批评和建议，以利于编写人员认真研究与采纳。同时，希望通过大家的共同努力，为促进建筑行业转型升级，推动装配式建筑的快速健康发展做出应有的贡献。

中国建设教育协会

二零一七年十月于北京

前 言

建筑产业现代化是建筑业发展的必然趋势，大力发展装配式建筑作为建筑产业现代化的主要实施方式，可以较好地实现建筑工业化的“五化”融合（标准化设计、工厂化生产、装配化施工、一体化装修、信息化管理），达到提高产品质量、提高生产效率、节约资源、节能环保的目标。

装配式建筑设计需要改变传统的现浇理念，以标准化为前提，以实现安全、适用、经济、方便施工为目的。装配式建筑设计要有可靠的理论依据，并根据理论与试验研究成果和国内外先进经验，合理进行计算分析和构造设计。本书利用中建七局等单位在装配式建筑领域十余年所积累的科研、设计、生产和装配实践，结合河南工业大学的科研教学专长和专业理论积累，力争对产学研用一体化发展起到一定的指导作用。希望阅读本书能够使广大高校师生和从事装配式建筑设计、加工、装配的相关技术人员受益，提高装配式建筑结构设计水平，更好地为建筑产业现代化发展做出贡献。

本书由张海东、庞瑞担任主编，陈桂香、张中善担任副主编，参编人员有李彦舞、郑培君、张建新、周支军、顾嘉芸、侯涛。本书的编写和出版过程中得到了参编单位和有关领导的大力支持和帮助，“十三五”国家重点研发计划项目“施工现场构件高效吊装安装关键技术与装备”（项目编号：2017YFC0703900）提供了最新研究成果，在此表示衷心的感谢。

在编书过程中，张天鹏、王怡晓、张艺博、毕来宾、韩慧磊、王璐和刘晓怡做了大量的协助工作，在此深表谢意。

编者对列入本书参考文献的作者，以及没有列入文献但本书采用其成果的作者表示感谢！限于水平，本书难免有不足，欢迎读者指正。

编 者

2017 年 12 月

目　录

序　刘　杰

前　言

第1章　概　述 ………………………………………… (1)

1.1　装配式混凝土结构的特点 ………………………… (1)

1.2　装配式混凝土结构的发展历史 …………………… (2)

1.3　装配式混凝土结构的技术现状 …………………… (7)

习　题 ………………………………………………… (19)

第2章　材　料 ………………………………………… (20)

2.1　混凝土、钢筋 …………………………………… (20)

2.2　连接材料 ………………………………………… (24)

2.3　其他材料 ………………………………………… (25)

习　题 ………………………………………………… (25)

第3章　建筑设计 ……………………………………… (26)

3.1　一般规定 ………………………………………… (26)

3.2　装配式建筑模数 ………………………………… (33)

3.3　装配式建筑户型选择与户型拼接 ……………… (38)

习　题 ………………………………………………… (54)

第4章　结构设计 ……………………………………… (55)

4.1　一般规定 ………………………………………… (55)

4.2　作用及作用组合 ………………………………… (55)

4.3　结构分析 ………………………………………… (56)

4.4　预制构件设计 …………………………………… (56)

4.5　楼盖设计 ………………………………………… (57)

习　题 ………………………………………………… (57)

第5章　装配式框架结构设计 ………………………… (58)

5.1　装配式混凝土框架结构 ………………………… (58)

5.2　预制预应力混凝土框架结构 …………………… (60)

5.3　一般规定 ………………………………………… (65)

5.4　承载力设计 ……………………………………… (65)

5.5　预制构件设计 …………………………………… (69)

5.6　节点连接设计 …………………………………… (72)

5.7　装配式框架施工技术要点 ……………………… (89)

习　题 ………………………………………………… (91)

第6章　装配式剪力墙结构设计 …………………………………………………… (92)
6.1　装配式剪力墙结构技术体系 …………………………………………… (92)
6.2　装配整体式剪力墙 ……………………………………………………… (94)
6.3　一般规定 ………………………………………………………………… (97)
6.4　预制剪力墙设计 ………………………………………………………… (97)
6.5　预制预应力剪力墙 ……………………………………………………… (115)
习　题 …………………………………………………………………………… (116)
第7章　外挂墙板设计 ……………………………………………………………… (117)
7.1　一般规定 ………………………………………………………………… (117)
7.2　作用及作用组合 ………………………………………………………… (122)
7.3　连接设计 ………………………………………………………………… (123)
7.4　外挂墙板的施工技术要点 ……………………………………………… (131)
习　题 …………………………………………………………………………… (131)
第8章　工程案例分析 ……………………………………………………………… (132)
8.1　装配式剪力墙结构案例 ………………………………………………… (132)
8.2　装配式框架结构案例 …………………………………………………… (143)
8.3　纯干法施工的预应力 PC 建筑 ………………………………………… (150)
8.4　剪力墙－梁柱体系 ……………………………………………………… (153)
习　题 …………………………………………………………………………… (157)
附　录　装配式混凝土结构国家政策 …………………………………………… (158)
参考文献 …………………………………………………………………………… (166)

第1章 概 述

学习内容

本章主要介绍了装配式混凝土结构的内容和结构特点、装配式建筑的生产模式和建造流程、装配式建筑发展较为先进国家的应用现状、装配式建筑的发展历史及发展现状,以及我国装配式建筑的发展历程和发展现状。介绍了装配式建筑发展过程中较为常见的三种结构体系,以及一些专用的装配式结构体系。最后介绍了现行装配式建筑中预制构件的生产技术、连接技术及装配式建筑的施工技术。

学习要点

1. 了解装配式建筑,以及现行几种常见的结构体系。

2. 了解装配式建筑在国内外的发展历史及发展现状,以及其他国家装配式建筑的独特发展模式。

3. 了解掌握现行的装配式建筑预制构件的生产技术、连接技术及施工技术。

1.1 装配式混凝土结构的特点

装配式钢筋混凝土结构(RC)具有优越的经济、社会、环境效益和良好的结构性能,在国外经济较发达地区已被普遍使用,在国内的研究和应用也方兴未艾。在国家大力提倡节能减排的环境保护政策鼓励下,建筑业逐步走向产业现代化的转型升级发展之路。由于适应装配式 RC 建筑的结构方案、预制过程、运输安装和信息化管理技术的不断完善,预制方式早已不再是应急的办法,而是 RC 结构现代化的生产方式。

1.1.1 装配式混凝土结构的定义

装配式建筑是指建筑的部分或全部构件在工厂或现场预制完成,然后运输到施工现场,将构件通过可靠的连接方式装配而成的建筑。装配式混凝土是由预制混凝土构件通过各种可靠的连接方式装配而成的混凝土结构。

1.1.2 预制装配式混凝土结构的特点

预制装配式混凝土结构相对于传统的建筑结构具有许多优势,因此它的应用效果也就相对较好,具体体现在以下几个方面:

(1)构件可在工厂内进行产业化生产,施工现场可直接安装,方便快捷,缩短了施工工期,工人工作条件和劳动强度都优于现浇混凝土结构。

(2)构件在工厂采用机械化生产,产品质量能得到更有效的控制,保证了建筑质量。

(3)施工现场作业量减少,不需要太多的工作人员,保证了现场的施工安全,降低了人力、物力。

(4)由于采用高强钢筋,高性能混凝土和预应力技术,可节省资源和能源消耗,体现了绿色发展理念。节省了资源,体现了绿色性和环保性。

1.2 装配式混凝土结构的发展历史

1.2.1 国外发展现状

装配式建筑发展比较先进的国家和地区,装配式建筑的发展大都经历了以下三个主要阶段:

(1)起步阶段,这个时期的任务是建立一套完整的工业化生产(建造)体系。

(2)快速发展阶段,这个阶段的任务在于提高装配式建筑的性价比和工程质量。

(3)发展成熟阶段,这个阶段解决的重点是进一步降低装配式住宅建设对物资的消耗及对环境产生的负荷。

德国的住宅预制构件占的比例最高,已经达到了94.5%。美国约在35%,欧洲国家占到35%~40%,日本则在50%以上。下面以几个装配式建筑技术较为发达的国家为例,介绍装配式建筑在这些国家的发展和应用现状。

1.2.1.1 德国

德国装配式建筑的工业技术水平已经领先世界,建造建筑已经可以像工厂里生产产品一样批量生产制造。德国的装配式建筑产业一直朝着工具化、工厂化、工业化和产业化的方向发展。德国的装配式建筑工业化产业的成熟大致上经历了以下三个阶段:

(1)1945~1960年是工业化初步形成的阶段,建立了建筑工业化生产(建造)体系。德国各个地区出现了许多不同类型的大板住宅建筑体系,如Plate assembly体系、Larsena和Nielsen体系等。

(2)1960~1980年是工业化的发展时期,德国工业化产品的性价比和质量都得到很大提高,产业化的深化发展、经济环境的变化和专业工人的紧缺,以及住宅舒适度的要求,致使建筑工业化得到了快速推进。

(3)1981年以后是工业化发展的成熟期,德国在推行发展资源循环型的房屋建筑上有了很大发展,成为世界上装配式建筑能耗最低的国家。

图1-1为德国装配式住宅施工现场。

1.2.1.2 美国

美国有专门研究预制装配式建筑的机构,相关的标准也很完善,建筑工业化发展比较成熟。如今,美国各地区分布的有几千家混凝土构件预制工厂,他们生产的预制构件有梁、板、柱等一共八类,大约有53种不同类型。目前,在美国有1/16的住宅房屋采用的是这种住宅工业化模式建造的。经过多年的发展,美国、法国等装配式建筑发达的国家已有一套自己成熟的预制构件认证制度和认证体系。

图1-2为美国装配式建筑安利球馆施工图和竣工图。

图 1-1　德国装配式住宅施工现场

图 1-2　美国装配式建筑安利球馆施工图和竣工图

1.2.1.3　**法国**

19 世纪 90 年代，法国的一个公司第一次在一个俱乐部建筑中采用装配式混凝土构件。至今法国拥有 140 多年的装配式发展历史。法国的装配式建筑构造体系中，主要是装配式混凝土，外加木结构和钢结构辅助。

图 1-3、图 1-4 分别为法国南泰尔公寓楼、法国马赛公寓。

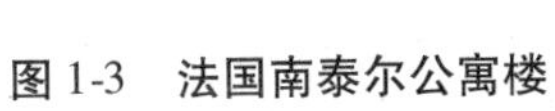

图 1-3　法国南泰尔公寓楼

图 1-4　法国马赛公寓

1.2.1.4　**日本**

日本建筑工业化和其他国家工业化的发展道路存在着明显差异，除主体结构部分的工业化外，借助于它在内装部分方面的优势，形成了较为发达成熟的一套产品体系。日本建筑

工业化的发展成熟过程可以分为以下 3 个阶段。

(1)1955 ~ 1965 年,初步研究预制装配式住宅技术的时期。在 1956 年,日本建筑业研究开发出 2 层的建筑壁式预制房屋。1960 年开始开发中层集合住宅建造技术。在 1964 年,日本住宅公团开始研究开发水平钢模板和蒸汽养护的新工厂化生产技术和 PCa 工法。

(2)1965 ~ 1975 年是预制装配式住宅的发展最盛期。日本政府设立了装配式住宅质量管理优良工程的认证制度来完善住宅产业化。在 1970 年,13 ~ 15 层的高层住宅开始采用住宅公团 HPC(预制混凝土高层结构)工法。

(3)1975 ~ 2000 年以后是预制装配式房屋建筑的再次发展期。PCa 工法从 1975 年后流行,预制混凝土框架结构(RPC)施工工法研究开发出来,到了 20 世纪 90 年代,选用建筑工业化的生产方式建设的住宅面积几乎占到总住宅面积的 1/3。2000 年以后是预制装配式房屋建筑的质量提高期,日本提出了一个叫“百年计划”的计划。

图 1-5、图 1-6 为日本装配式居民住宅、民用住宅,不同层高装配式住宅比例发展见图 1-7。日本 PC 结构分类和发展示意图见图 1-8。

图 1-5　日本装配式居民住宅

图 1-6　日本装配式民用住宅

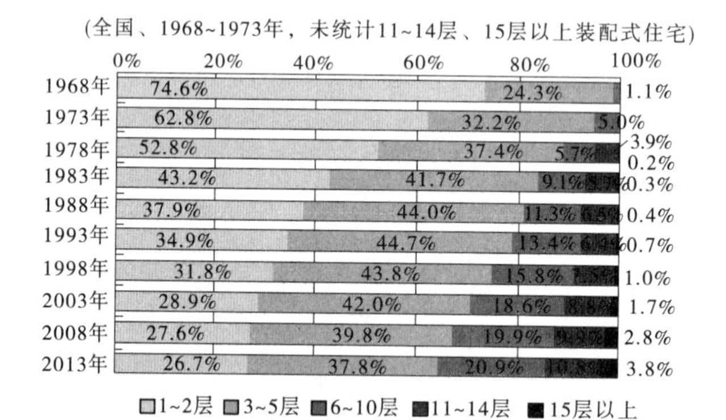

图 1-7　不同层高装配式住宅比例发展

1.2.1.5　丹麦和瑞典

国际标准化组织的 ISO 模数协调标准是丹麦为模型建立的模数法制化标准。丹麦推进建筑工业化发展的主要手段是通用装配式房屋建筑体系,中心思想是“产品目录设计”,并且在此基础上也实现了产品构件样式上的多变。

1950 年以后,在瑞典,民间私人企业先研究开发了大型混凝土板式装配式房屋建筑体

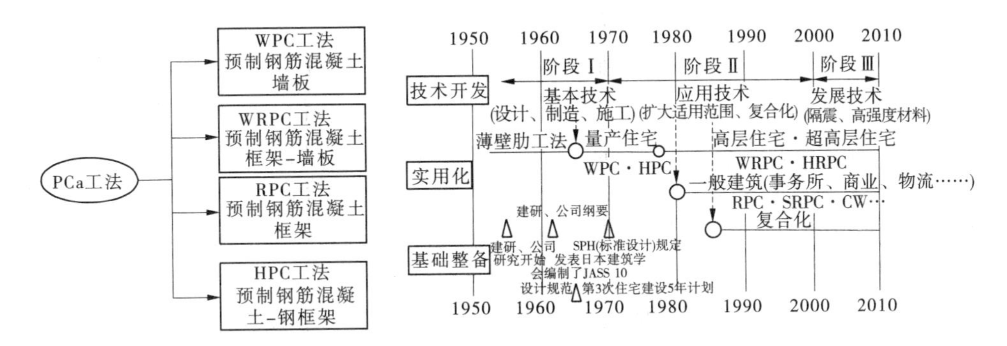

图 1-8　日本 PC 结构分类和发展示意图

系,然后开始着力发展以通用预制部件为基础的装配式住宅体系。在瑞典新建的房屋建筑中,选择预制构件建造的房屋占到了 85%。

图 1-9、图 1-10 分别为丹麦贝拉天际双塔酒店、瑞典斯德哥尔摩登陆号酒店施工图。

图 1-9　丹麦贝拉天际双塔酒店

图 1-10　瑞典斯德哥尔摩登陆号酒店施工图

1.2.1.6　新加坡

20 世纪 80 年代初,新加坡建屋发展局(HDB)开始逐渐将装配式建筑理念引入住宅工程,并称之为建筑工业化。从 1990 年到现在,新加坡的装配式建筑已经发展得相对成熟,房屋建筑工程的装配率达到 71% 以上。

图 1-11、图 1-12 分别为新加坡装配式建筑施工图、新加坡达士岭组屋。

图 1-11　新加坡装配式建筑施工图

图 1-12　新加坡达士岭组屋

1.2.2 国内发展现状

我国装配式建筑体系起步很早，几乎和欧洲国家同时开始，1950 年，我国引进苏联的“大板体系”，开始在全国大范围内推广使用“装配式建筑”的建造方式建造房屋。在早期由于技术上的限制，我国的“装配式建筑”在构件节点处的连接、抗震、防水及隔音等性能方面有太多的问题无法解决，特别是在发生唐山大地震等灾难后，早先的“装配式建筑”技术逐渐被抗震性能相对更好的“混凝土现浇”建造技术所取代，严重阻碍了装配式建筑的发展。

到了 1990 年以后，由于环境污染严重，中央政府及地方政府开始意识到节能减排的重要性，加上人们对房屋住宅在质量和舒适度上有了更高的要求，装配式房屋建筑在很多方面的优势开始显现，又开始得到了建筑业的关注和参与。我国装配式建筑的发展过程可以划分为以下 3 个阶段：

（1）第一个阶段：20 世纪 50 ~ 80 年代的起步时期。我国提出学习苏联在工业化建设方面的经验，学习建筑设计标准化、工业化和模数化的政策方针。1950 ~ 1960 年，通过对装配式建筑的设计和施工技术方面的开发研究，形成了一个比较全面系统的预制装配式建筑体系。20 世纪六七十年代，引进了苏联的预应力板柱体系。

（2）第二个阶段：1980 ~ 2000 年的探索发展期。1980 年初，房屋的供给开始采用市场化的形式，大量建设房屋，这个时期相对于主体结构的工业化，主体以外的部分工业化也慢慢多了起来，主要研究的是小康住宅体系。

（3）第三个阶段：2000 年至今的高速发展时期。最早颁布的政策是 2006 年初原建设部颁布的《国家住宅产业化基地实施大纲》，2008 年开始研发“中日技术集成示范工程”和 SI 住宅技术。2013 年初中央政府颁布了《绿色建筑行动方案》（国办发〔2013〕1 号），在文件中明确指出推动建筑工业化是我国目前的十大重点任务之一。北京、广州、苏州、福建、济南等城市的地方政府陆续颁布相关政策，来支持促进装配式建筑的发展。2016 年 9 月，国务院发布《关于大力发展装配式建筑的指导意见》，开始全面发展装配式建筑。

图 1-13 ~ 图 1-15 分别为湖南省装配式示范工程图、山东省装配式示范工程图，上海市装配式建筑示范基地。

图 1-13　湖南省装配式示范工程图

图 1-14　山东省装配式示范工程图

从 1990 年至今，全国范围内陆续建成了 60 多个国家住宅产业化基地，有关建筑业的设计公司、生产构配件的工厂、施工公司和房地产开发企业，及材料供应商都加入“建筑工业

图1-15 上海市装配式建筑示范基地

化”的发展大潮中去，各个地区均有建成并且投入使用的“装配式建筑示范工程”。

1.3 装配式混凝土结构的技术现状

1.3.1 结构体系

根据目前国内外的建筑工业化的项目考察结果，对国内外的装配式建筑技术类型进行梳理，根据“主体结构是否预制”的原则，主要包括主体结构构件预制、非受力结构构件预制、所有结构构件预制等类型。

1.3.1.1 预制装配式框架体系

1. 柱梁预制，柱梁节点现浇

柱梁预制，柱梁节点现浇是预制框架结构常用的工法形式。该工法国内引进较早，运用较为广泛、成熟。最早是由南京大地集团于1999年从法国引进的。正式大规模推广运用是在2010年沈阳市铁西国家级住宅产业化基地成立和辽宁省《装配整体式混凝土结构技术规程(暂行)》地方标准出台之后。但就预制装配式混凝土连接方法而言，预制率不是很高，从严格意义上讲仍是现浇结构的一种延续。

2. 柱梁预制，梁间节点现浇

柱梁预制，梁间节点现浇这种工法，在日本运用较为广泛，国内几乎没有应用。该工法的最大特点是梁柱节点预制，下层柱子钢筋穿过梁中部预留孔洞，结构在梁间节点现浇；主体完成后外墙通过干挂的形式完成，其具有制作、运输和施工的方便性。随着预制装配式在国内的发展，一批具有代表性的企业慢慢涌现出来，如万科、远大住工、宇辉等。

预制装配式框架结构如图1-16所示。

1.3.1.2 预制装配式剪力墙结构体系

1. 内浇外挂体系

所谓“内浇外挂”，又称为“一模三板”，即内承重墙为现浇结构。需要配置钢筋网架、搭设模板、浇筑混凝土；外墙挂预制混凝土板，配以构造柱和圈梁。内浇外挂体系是目前运用比较广泛的预制装配式结构体系，它能够将预制与现浇进行良好的结合，充分发挥预制结构的优势。

图 1-16　预制装配式框架结构

2. 全预制剪力墙结构体系

全预制剪力墙结构主要是全部剪力墙采用预制构件，现场拼装。预制墙体之间的拼缝现浇，该类结构的受力性能基本等同于现浇结构或略低于现浇结构。该结构的预制率极高，但拼缝的连接构造比较复杂，施工难度大。国内比较有代表性的是沈阳万科金域蓝湾和宇辉保利公园。

预制装配式剪力墙结构如图 1-17 所示。

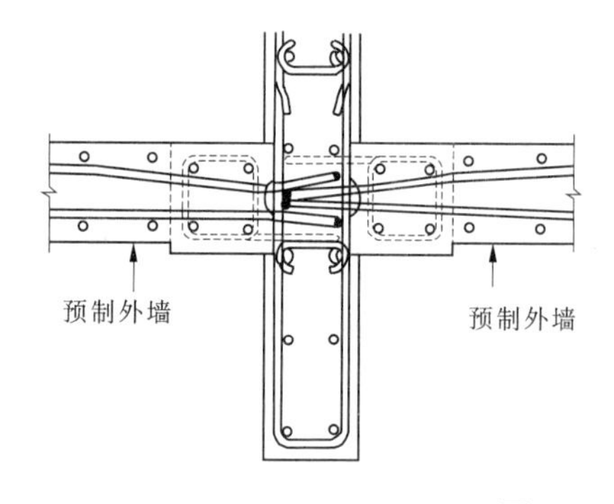

图 1-17　预制装配式剪力墙结构

1.3.1.3　预制装配式框架 - 剪力墙结构体系

1. 柱、梁、剪力墙预制，节点现浇

预制装配式框架剪力墙结构柱、梁、剪力墙全预制，节点现浇，使得其具有延性好、装配化施工、工期短等优点，但是对技术要求较为严格。

2. 梁、剪力墙预制，柱现浇

梁、剪力墙预制，柱现浇能有效地控制浇筑种类，现浇结合部集中在柱上，增加整体性。比较有代表性的项目是 2011 年远大住工的"花漾年华"。

预制装配式框架 - 剪力墙结构如图 1-18 所示。

1.3.1.4　专用结构体系

1. 国外不同国家地区的专用结构体系

国外的专用结构体系有英国的 L 板体系、法国的预应力装配框架体系（世构体系）、德国的预制空心模板墙体系、美国的预制装配停车楼体系和日本的多层装配式集合住宅体系等。

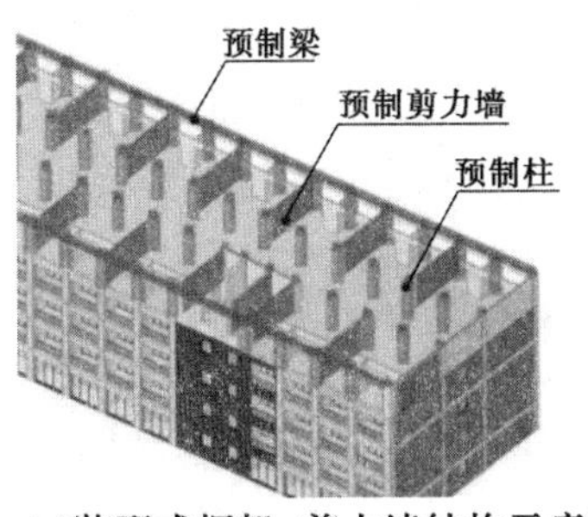

(a)装配式框架-剪力墙结构示意图

(b)预制柱、现浇剪力墙的连接

图1-18 预制装配式框架-剪力墙结构

2.各大房地产的专用结构体系

企业采用的装配式混凝土结构体系主要包括宝业集团的叠合板式剪力墙结构体系、宇辉集团的预制浆锚剪力墙结构体系、远大集团的外挂内浇剪力墙结构体系、南通中南集团的NPC结构体系、万科集团的内浇外挂结构体系和全预制装配式剪力墙结构体系。

1.3.2 连接技术

国内外学者对预制装配式RC框架结构做了大量的研究工作,开发并设计了多种连接方式,按其是否需要进行现场湿作业可分为干连接和湿连接。干连接具体有牛腿连接、预应力压接、预埋螺杆(钢板)螺栓连接、焊接连接、钢吊架式连接等;湿连接具体有现浇连接、预应力技术整浇连接、普通后浇整体式连接、灌浆拼装、浆锚连接、榫式连接等。下面对其中几种连接作简要阐述。

1.3.2.1 预制装配式RC框架结构的干式连接

1.牛腿连接

1)明牛腿连接

预制装配式RC多层厂房中,广泛采用明牛腿节点。这种节点承载力大,受力可靠,节点刚性好,施工安装方便。装配式施工方法的早期,梁的支座连接常常应用由柱子伸出的明牛腿(见图1-19)。这种应用明牛腿的做法不仅允许铰接,也可以刚接,构造细节是不同的。但是,明牛腿的做法由于建筑上影响美观和占用空间,应用不是很普遍,它只是应用于对美观要求不高的房屋建筑和用于吊车梁支座。

2)暗牛腿连接

为了避免影响空间和利于建筑美观,则把柱子的牛腿做成暗牛腿(见图1-20),同时为连接处的外形构造和设备使用等创造了良好的条件。但用暗牛腿的做法也给结构性能带来了缺点,特别是不利于静力和动力性能的设计,所以这样的设计不是对所有的节点连接都是适用的。倘使梁的一半高度能够承受剪力,则另一半梁高能够用于做出柱子的牛腿,而要使牛腿的轮廓不突出梁边,则梁端和牛腿的配筋是比较复杂的。

3)型钢暗牛腿连接

当剪力较大时,一半的梁高不足以承担全梁的剪力,这时可以用型钢做成的牛腿。这样还可以减小暗牛腿的高度,相应地增加梁端缺口梁的高度,以增加缺口梁梁端的抗剪能力。在制作中若将型钢用混凝土包裹起来,则这种牛腿看起来与现浇的普通配筋的牛腿相似。

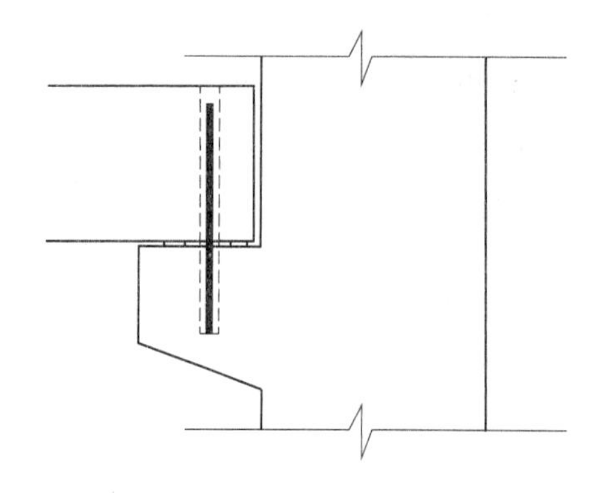

图 1-19　RC 明牛腿节点

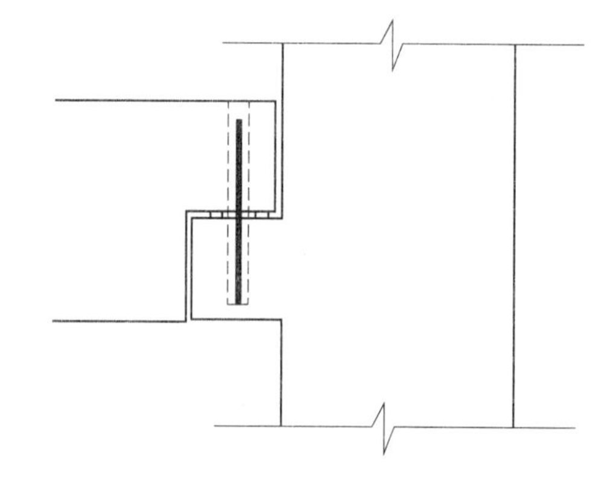

图 1-20　RC 暗牛腿节点

若直接把型钢伸出来而不用混凝土包裹起来的暗牛腿，也可以伸到梁端的内部，这样的话连接处的侧面没有可见的接缝。但是，为了防腐蚀和防火，必须仔细地进行安装后的灌缝（见图 1-21）。

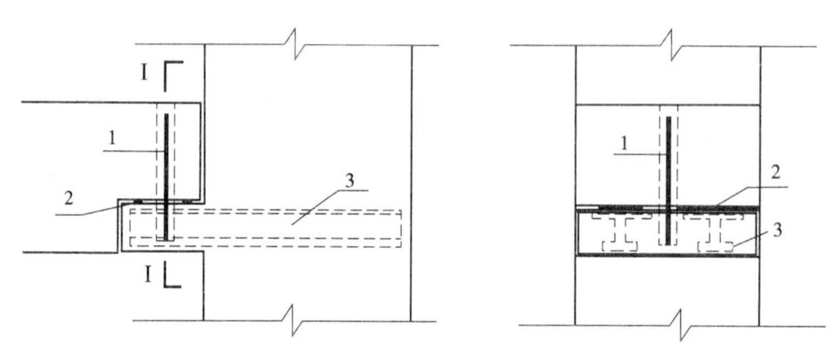

1—后加灌浆的销；2—氯丁橡胶板；3—型钢

图 1-21　型钢暗牛腿连接

根据同样的原理可以做成另外一些节点连接的例子，如图 1-22 所示的铰接连接，为加拿大的一种做法。型钢暗牛腿突出的优点是承载力较高，利于建筑美观，缺点是造价稍高。型钢暗牛腿也可以做成刚接的形式，如图 1-23 所示。

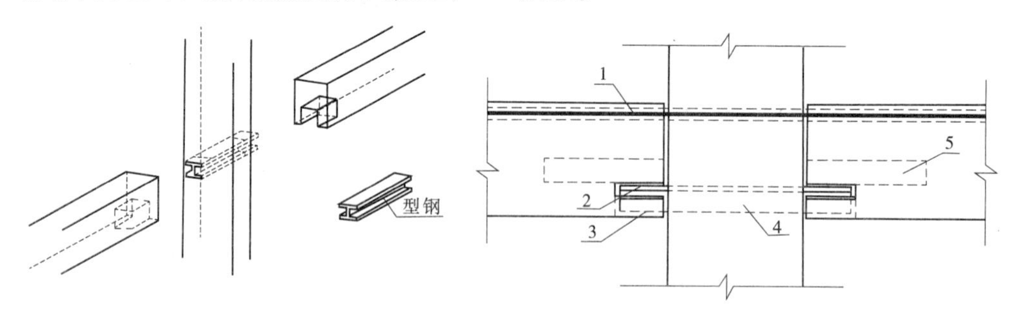

1—配筋；2—焊接预埋件的开口；3—抹于钢丝网上的砂浆；4—T 型钢；5—梁端 T 型钢

图 1-22　型钢暗牛腿铰接连接　　图 1-23　型钢暗牛腿刚接

2. 钢吊架式连接

在北美洲广泛流行着所谓的钢吊架式连接，它的用钢量比用钢轨型或 I 型的牛腿要少。

显著的优点是柱子的模板能够做得简单,对于偶然出现的偏心荷载可以阻止梁的扭曲。这里用了位于钢吊架下方的、外伸的插销,用以抵抗梁的扭矩(见图1-24)。同样的方法,可以做出柱子与梁的刚性连接。该连接方法的缺点是构造较复杂,对施工质量和安装精度的要求较高,连接构件较多且承载力较弱,不适合承受较大的荷载。

3. 焊接连接

美国的干式连接方法之一,如图1-25所示。该焊接连接的抗震性能不太理想,因为该连接方法中没设置明显的塑性铰,在反复地震荷载作用下焊缝处容易发生脆性破坏,所以其能量耗散性能较差。但是焊接连接的施工方法避免了现场现浇混凝土,也不必进行常规的养护,可以节省工期。塑性铰设置良好的焊接接头的优越性还是相当明显的,开发变形性能较好的焊接连接构造仍是当前干式连接构造的发展方向。在施工中为了使焊接有效和减小焊接的残余应力,应该充分安排好相应构件的焊接工序。

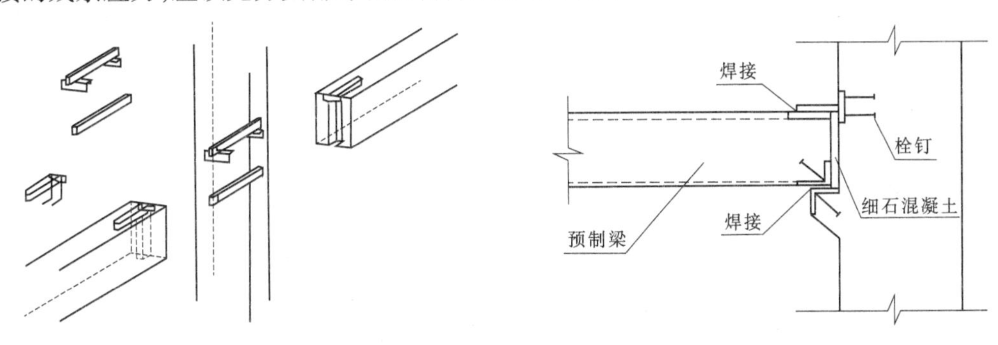

图1-24 钢吊架式连接(铰接)

图1-25 焊接连接(刚接)

4. 螺栓连接

螺栓连接的接头,安装迅速利落,缺点是螺栓位置在预制时必须制作特别准确,运输以及安装时为了避免受弯、避免螺纹损伤及污染,必须极为当心地予以保护。倘若某个螺栓孔或螺栓的螺纹受到了破坏,其维修或更换的施工操作是比较复杂的。在螺栓连接中连接构造普遍复杂、连接构件相对较多。范力对螺栓连接梁柱节点(螺栓连接处采用橡胶垫)进行试验,结果表明破坏模式为柱底弯曲破坏,其中梁柱的螺栓连接节点状态良好,无明显破坏;结构整体破坏模式属延性破坏,滞回曲线饱满,试验结束后试件无过大的残余变形,说明结构具有较好的抗震性能。

图1-26所示的连接为比利时的连接例子,为牛腿和螺栓连接的组合应用,如图1-27所示的是明牛腿与预制梁用螺栓连接的情况以及暗牛腿两种方式。这两种连接可以抵抗较小的梁端弯矩和扭矩,仍然属于铰接。

此外,在门式刚架中,企口接头(见图1-27(a))应用较多,该接头多用螺栓连接。图1-27(b)所示的螺栓连接可以传递弯矩和剪力,其承载力多取决于钢板和螺栓的材性,主要靠钢板和混凝土表面的摩擦传力。在承受较大的荷载时,这种连接容易开裂,并且螺栓与预留螺栓孔之间的尺寸误差,容易造成较大的整体挠度。这种连接多为临时性的或用于紧急的修补和加固。

1.3.2.2 预制装配式RC框架结构的湿式连接

1. 榫式连接

榫式连接是柱与柱连接的一种方式,其构造是上柱带一个榫头,上下柱均预留纵向钢

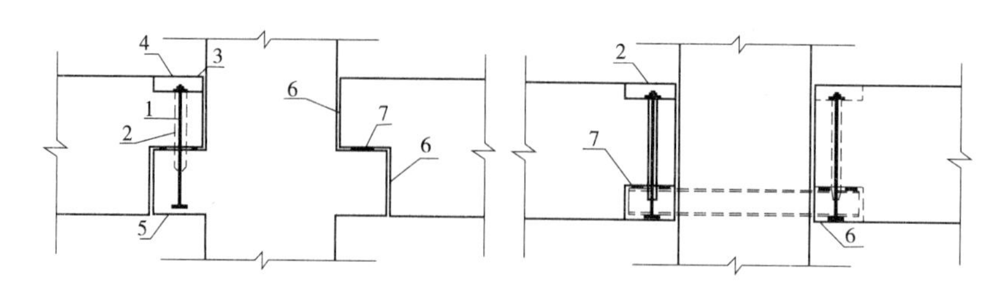

1—螺栓;2—灌浆;3—垫板;4—螺母;5—螺杆和螺套;6—灌浆;7—支座

图 1-26　螺栓连接的牛腿和预制梁(铰接)

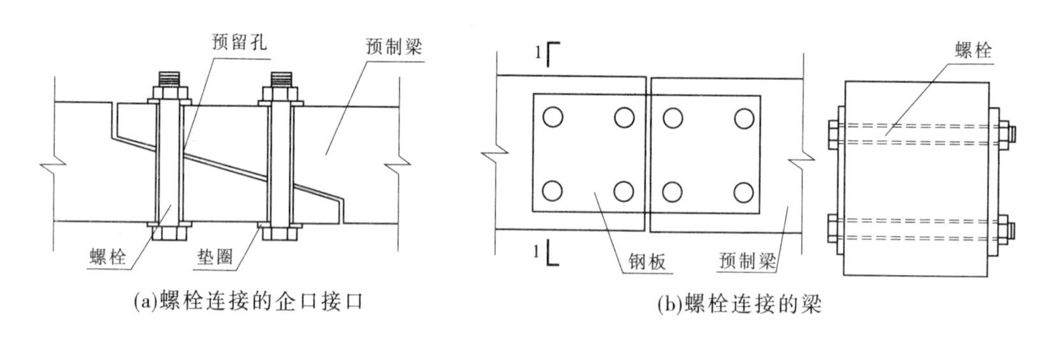

(a)螺栓连接的企口接口　　(b)螺栓连接的梁

图 1-27　螺栓连接

筋,纵向钢筋焊接连接,并配置一定的箍筋,在节点空隙中现浇混凝土形成整体。

2. 灌浆拼接

灌浆拼接技术是将连接钢筋先插入带有凹凸槽的高强套筒内,然后注入高强灌浆料,通过套筒内侧的凹凸槽和变形钢筋的凹凸纹之间的灌浆料来传力。最新的套筒连接方式是将套筒一端的连接钢筋在预制厂通过螺纹完成机械连接,另一端钢筋在现场通过灌浆连接。

3. 浆锚连接

浆锚连接技术是将搭接钢筋拉开一定距离后进行搭接的方式,连接钢筋的拉力通过剪力传递给灌浆料,再传递到灌浆料和周围混凝土之间的界面。姜洪斌提出了插入式预留孔灌浆钢筋搭接连接方法,并获得专利。

4. 预应力技术整浇连接

在 PRESSS(Precast Seismic Structural Systems,预制抗震结构体系)项目中,提出了 3 种预应力技术的延性节点,试验结果表明,使用这些延性节点的框架,侧向变形可以达到结构高度的 1/25,而在超越极限风压的水平荷载下,结构甚至还可以保持弹性状态(见图 1-28)。

5. 现浇连接

现浇柱端节点(CIPC):在预制柱中段留有一间隙,预制梁端预留钢筋插入间隙中,现场配置箍筋,浇筑混凝土,见图 1-29。现浇梁端节点(CIPM)在预制柱与梁相交的地方预留钢筋,预制梁端也预留钢筋,现场配置箍筋,浇筑混凝土,见图 1-30。叠合节点(GOK - W)将梁底部钢筋焊在柱伸出牛腿的内埋钢板上,保证了底部钢筋的连续性,同时将梁上部钢筋穿过柱间隙,并浇筑叠合层,这样保证了节点的整体性,见图 1-31。

1.3.2.3　预制装配式 RC 剪力墙结构连接形式

预制装配式混凝土剪力墙结构较早的形式为预制装配式 RC 墙板结构(预制装配式大

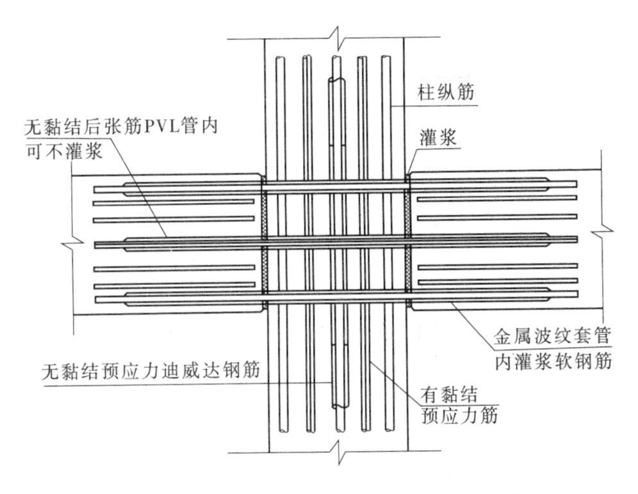

图 1-28 预应力技术梁柱整浇节点(后张节点)

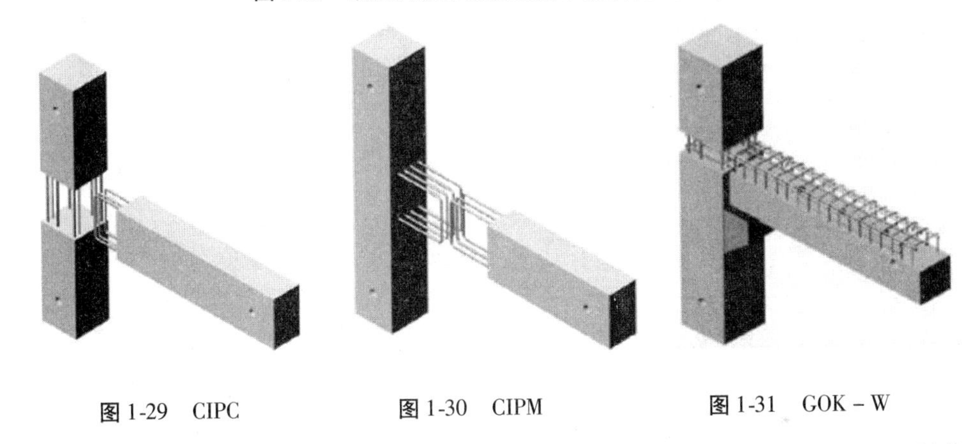

图 1-29 CIPC　　图 1-30 CIPM　　图 1-31 GOK－W

板结构),20 世纪 60 年代该结构体系在欧洲得到迅速发展,随后被我国引进。预制装配式 RC 剪力墙结构是预制 RC 剪力墙墙片之间通过水平接缝和竖向接缝连接而成的整体结构。预制装配式 RC 剪力墙结构的水平接缝和竖向接缝的存在,是预制装配式 RC 剪力墙结构与现浇 RC 剪力墙结构的主要区别。水平接缝和竖向接缝处结构刚度发生突变,变形不连续,易产生应力集中,故水平接缝和竖向接缝的连接性能影响预制装配式 RC 剪力墙结构的整体性和抗震性能。

1. 水平接缝

图 1-32 所示为几种典型水平接缝的连接构造方式。Magana R A 等发现套筒灌浆连接牢固可靠,若构造合理,变形能力较好,在后张拉连接中,在耗能能力不起关键作用、锚具及连接器不提前损坏的情况下,也可用于预制装配式 RC 剪力墙结构。近年来,对预制剪力墙结构中上下层预制墙体竖向钢筋采用的套筒灌浆和留洞浆锚搭接连接方法进行了深入研究,部分成果已纳入《装配式混凝土结构技术规程》(JGJ 1—2014)(简称《装配式规程》)。有研究人员还研究了混凝土现浇带的连接方式。安徽省地方标准《叠合板式混凝土剪力墙结构技术规程》(DB34/T 810—2008)对叠合板式混凝土剪力墙连接方式做了详细规定。由中建七局研发的环筋扣合锚接,在工程中也得到了推广应用。

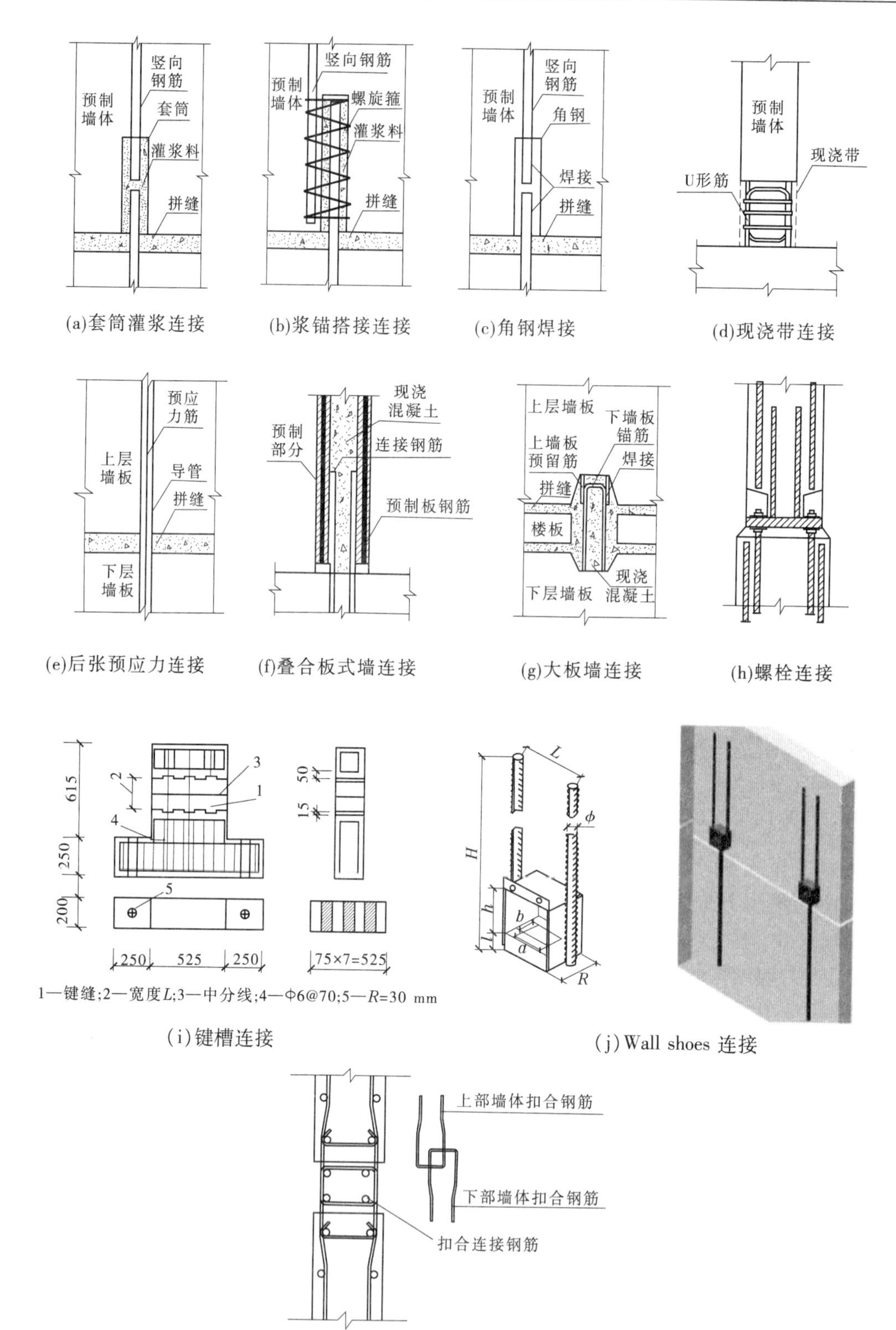

图 1-32　预制装配式 RC 剪力墙水平接缝连接构造方式

Rizkalla S H 等也研究了预制装配式 RC 剪力墙墙板结构的水平接缝(见图 1-33)。

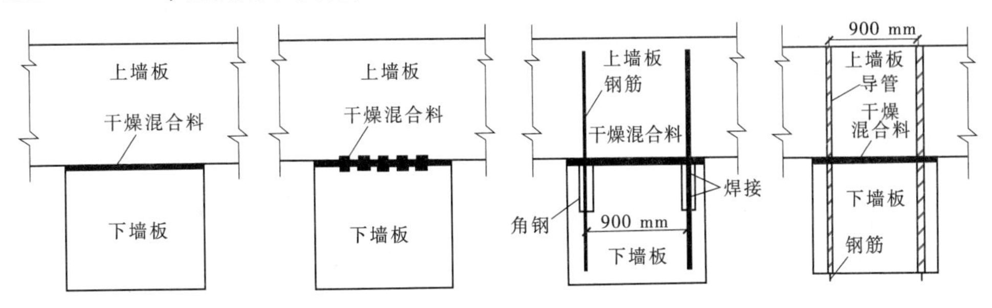

图 1-33 预制装配式 RC 剪力墙墙板结构水平接缝连接方式

2. 竖向接缝

竖向接缝传递预制剪力墙墙片之间的相互作用,影响结构的变形和耗能能力。美国 NIST 研究项目中进行了竖向接缝为螺栓连接(见图 1-34)和焊接连接(见图 1-35)的低周反复加载试验研究。

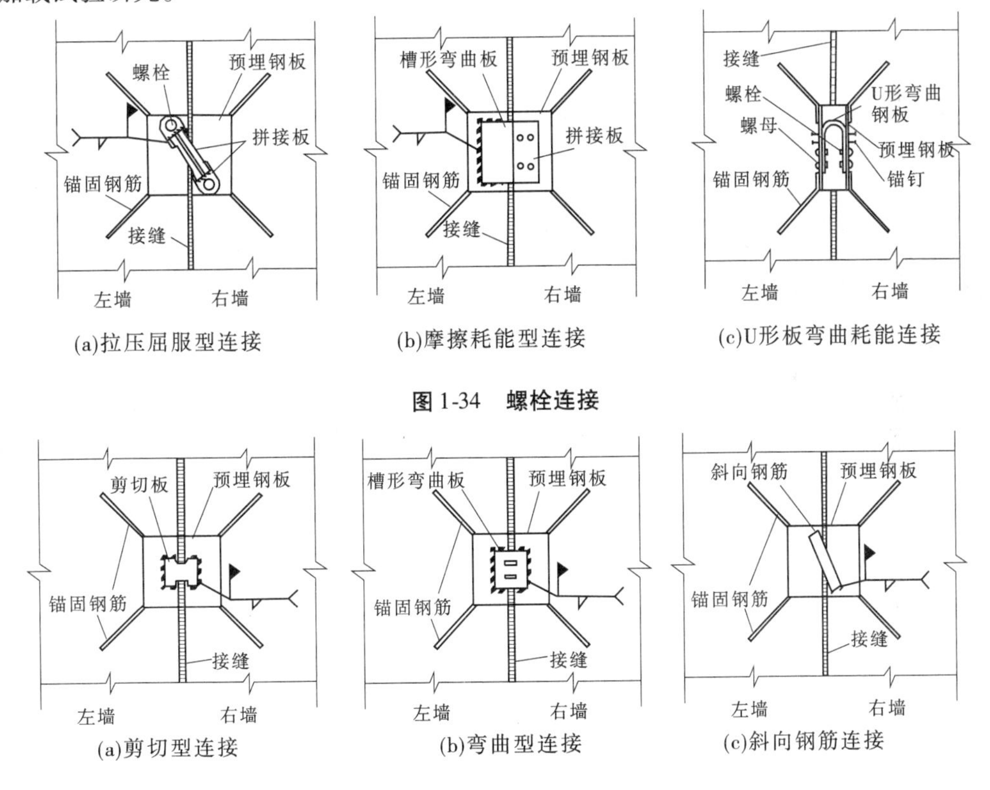

图 1-34 螺栓连接

图 1-35 焊接连接

1.3.2.4 预制装配式 RC 楼盖连接形式

楼盖是水平承重结构,主要是将楼面荷载传递给竖向承重结构,同时也是将水平力传递给抗侧力体系的关键部分。从抗震设计角度来讲,预制装配式楼盖是整个结构体系中受力最为复杂、人们对其了解又最少的部分之一。预制楼盖结构大致可分为两种,干式楼盖体系和湿式楼盖体系。即干式楼盖体系中预制板通过机械连接件连接;湿式楼盖体系中预制板安装就位后再铺设钢筋网浇筑混凝土层。湿式楼盖体系具有较大的承载力和平面内刚度,但是它们部分保留了传统现浇混凝土楼盖体系的缺点，增加了楼盖自重，增加了地震作用，对施工、造价等方面有着不利影响，并且不利于构件的标准化生产，限制了预制混凝土技术优越性的发挥。

1. 湿式楼盖连接

湿式楼盖体系(topped diaphragm)。湿式体系的做法是在预制板上配置钢筋网片后浇筑混凝土。湿式体系又可分为两种：①加后浇层非组合楼盖(简称非组合楼盖)。结构的后浇层用以承担全部楼盖荷载，楼盖中的连接件是为了方便安装和提高楼盖的整体性。②加后浇层组合楼盖(简称组合楼盖)。此楼盖结构中，后浇层与预制板结合面传递剪力，发挥组合作用，结构后浇层与预制板共同传递水平向风荷载和地震作用力。全装配式混凝土楼盖通常采用企口板、叠合板(见图 1-36)、PK 叠合板(见图 1-37)或双 T 板等轻质楼板。目前，一些西方国家在中、低烈度区倾向于使用干式体系，在高烈度区仍采用湿式楼盖体系。在北美地区，预制预应力双 T 板广泛应用于公共建筑和停车场建筑等大跨度楼(屋)盖结构体系中，我国在 1958 年也开始引进并应用双 T 板。长春一汽的停车楼采用了双 T 板湿式连接方法(见图 1-38)，即在双 T 板上方增加了 80 mm 混凝土后浇层，以加强楼屋盖的自身刚度和整体性，增强各预制柱及预制剪力墙在平面内的联系。

图 1-36　钢筋桁架叠合板

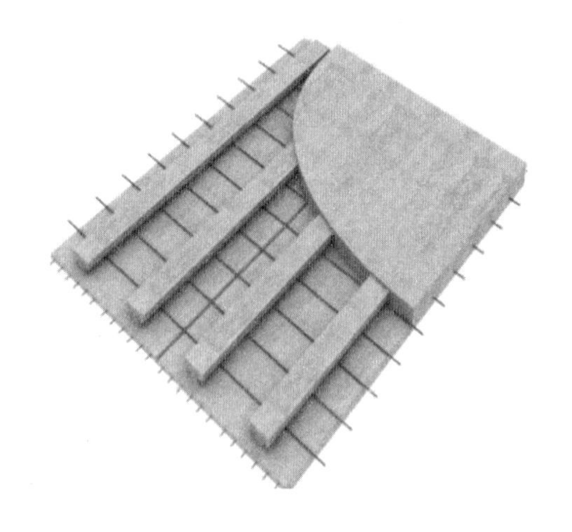

图 1-37　PK 叠合板

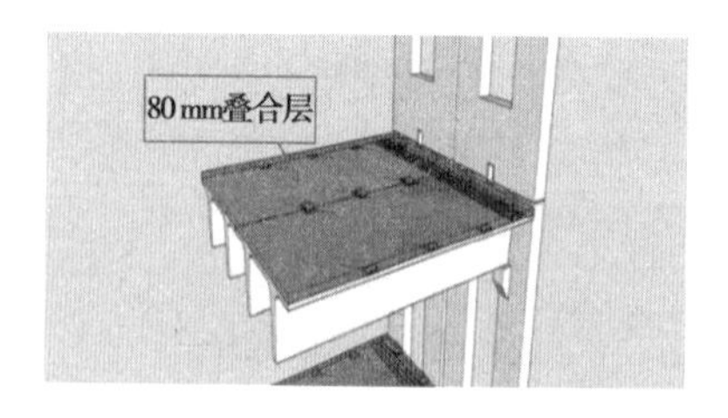

图 1-38　双 T 板湿式连接

2. 干式楼盖连接

最早有关全干式楼盖受力性能的研究始于 1968 年的美国，几十年来，学者们对全干式 RC 楼盖板缝节点的研究持续进行。根据全干式楼盖平面内受力特点，通常在板缝中部布置抗剪连接件，在板缝靠近板端位置处布置抗拉连接件(chord 连接件)。全干式楼盖常采用空心板、夹层板或双T板等轻质楼板，在美国应用较多的是双T板楼盖，板－板之间、梁(墙)－板之间均采用分布式机械连接件连接，如图1-39所示；在欧洲应用较多的全干式楼盖除双T板楼盖外，还有预制箱形板楼盖，前者连接形式与美国做法相似，后者板－板之间采用机械连接件连接，梁－板之间采用暗销杆相连，如图1-40所示。

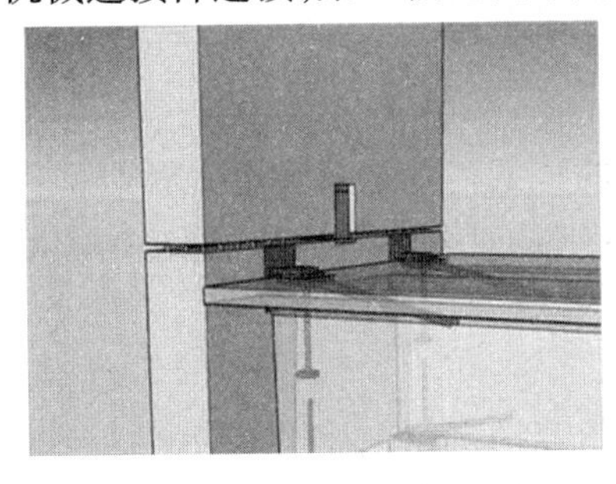

图1-39 装配式双T板楼盖

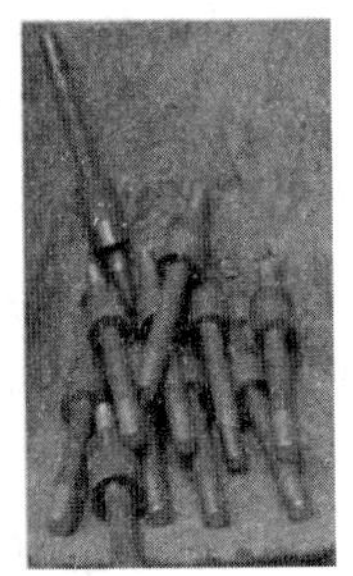

图1-40 装配式箱形板楼盖

全干式双T板楼盖可以满足重载和大跨等现代楼盖的设计要求，但存在板底不平整和结构高度较大等缺点，适用范围有局限性。庞瑞等研发了新型全干式RC楼盖体系和板缝连接节点。新型楼盖是以预制企口平板和挑耳梁(墙)为基本构件，梁(墙)－板之间和板－板之间采用分布式机械连接件连接的全干式楼盖体系，如图1-41所示。板缝节点的上企口采用发卡式连接件(抗剪性能好，构造简单)，下企口采用盖板式连接件(兼顾平面内抗剪和平面外抗弯，进行开孔板开口尺寸与焊缝设计实现与发卡式连接件强(刚)度匹配，发挥最大效用)的混合式板缝连接节点。

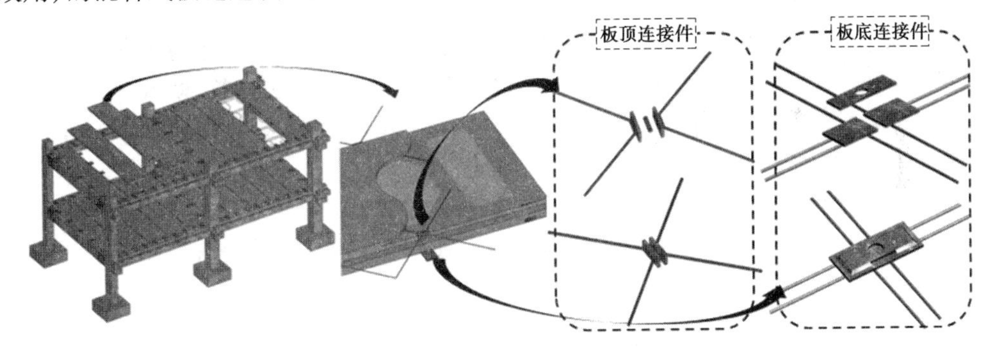

图1-41 新型楼盖结构示意图

1.3.3 构件生产技术

1.3.3.1 预制构件生产的工艺流程

二维码1-1 移动模台生产线工艺流程示意图

预制构件的工艺流程(见二维码1-1)体现了构件在生产过程中的主要特征，预制构件的生产从构件的生产图纸开始，由中央计算机系统根据构件的生产工艺流程，将数据传输到预制构件生产工位，整个物件的生产主要包括划线、摆放边模工序、安装钢筋及预埋件工序、布料机浇筑混凝土工序、振捣刮平工序，最后是拉毛预养护工序。工艺流程主要包括数控划线、安放边模、喷脱模剂、安放钢筋、布料、振捣、刮平、预养护、抹光、拉毛养护、脱模、模具清洗等工艺过程。

1.3.3.2 模具的设计安装

模具是生产预制构件过程中重要的辅助设备，预制构件的生产过程中主要涉及模具的摆放和清洗。在正式施工前，还要对钢模板进行质量检验。质量合格后喷涂脱模剂，以保证预制混凝土构件养护完成后与模台分离。

1.3.3.3 预埋件的定位安装

在预制混凝土构件的模具摆放完成后，要在模具的框架内摆放预埋件。预制构件中的预埋件的规格和数量较多，所有的预埋件需要固定，特别是对于具备定位、连接功能的预埋件还需要采用钢模板的固定物相连接。

1.3.3.4 预制构件的脱模与成品保护

预制构件从浇筑工序出来后，构件连同模台进入预养护窑。脱模吊装一般由专用设备完成，构件脱模完成后放置于固定支架上，在放置过程中也要对构件进行相应的养护。

1.3.4 施工技术

装配式混凝土建筑施工技术在进行房屋住宅的设计过程中具有显著的效果，作为当代科学化先进理念所孕育而出的产物，在进行实际的施工操作过程中，对于住宅建设的整体平面布置以及住宅内部的规划都具有先进的思想观念。因此，我们必须把握好装配式混凝土建筑施工技术要点，确保工程质量满足技术要求。主要有以下四点：

(1)科学地进行平面布置。在对装配式混凝土建筑施工时应根据其使用的性质、功能、工艺要求来进行合理的布局。

(2)安装预制墙板及节点需要注意的事项。预制墙板安装包括对它进行吊装、定位、斜支撑安装以及墙板精确调节，节点钢筋绑扎、各种线管埋设、灌浆、浇筑、防水等工艺。在进行 PC 板安装时，要用固定架固定好，再根据其安装状态，将其立放在堆放架里。在进行安装时务必保证它与预制墙板之间没有缝隙，达到整体拼接的效果，再对 PC 板就位情况进行校正，最后分层浇筑混凝土，在浇筑混凝土时，将浇筑高度控制在 50 cm 以内。那么，如何进行墙体的混凝土浇筑呢？一定要先在底部浇筑水泥砂浆，浇筑厚度为 30 ~ 50 mm，水泥砂浆与混凝土配比相同，浇筑完水泥砂浆后同样采用分层的方法进行混凝土浇筑，浇筑厚度约为 40 cm。在进行墙体混凝土浇筑过程中，要持续地使用振动棒振动以确保混凝土均匀，但务必进行均匀振动，避免出现漏振现象。要分层进行振动，将每层的厚度控制在 30 cm 以内，充分把握振动时间来保证震动效果。在振动时，还要用心观察墙体是否出现浮浆或者石子下沉，如果出现这种现象，要停止进行振动。

(3)预制飘窗安装施工要点：飘窗吊装采用吊耳、螺栓以及飘窗上的预留螺母进行连接，连接后将飘窗距离作业面 300 mm 位置处，按照位置线，慢慢移动飘窗就位。等到飘窗螺栓调节至穿墙孔洞位置时，将定制 U 形飘窗水平咬合措施件套放在飘窗上，用溜绳牵引飘窗，使得螺栓插入墙板连接孔洞。这样才能确保它被平稳起吊，避免发生碰撞，保证叠合板的完好。在吊起后要与作业面距离 300 mm，使叠合板方向定位准确。进行安装时，底部每隔 150 cm 用支架支撑起来，在进行结构层施工的时候，要用双层支架，在混凝土的强度达到 70% 后才可以将下一支架拆除。

(4)预制楼梯板安装施工要点：在进行预制楼梯安装时，要与作业面相距 500 mm，在稍事停顿后，适时根据楼梯板方向调整位置，缓慢进行就位，这样能够有效避免受到振动而发生损坏。等到预制楼梯板基本就位时，沿着控制线，使用撬棍进行位置微调，完成校正后对其进行焊接，使其被牢牢固定。

习　题

1. 了解装配式建筑，简述现行的几种常见的结构体系。
2. 简述世界各国发展装配式的历史及现状。
3. 列举并介绍装配式建筑的连接形式。
4. 何谓预制装配式混凝土结构？
5. 简述预制装配式混凝土框架结构连接分类及特点。
6. 简述预制装配式混凝土剪力墙结构连接形式及分类。
7. 列举预制装配式混凝土楼盖连接形式及特点。

第2章　材　料

学习内容

本章主要介绍了装配式建筑中常用的几种材料，包括混凝土、钢筋，以及一些连接材料。介绍了装配式建筑对各种建筑材料的要求。

学习要点

了解装配式建筑常用的建筑材料，掌握装配式建筑对材料的要求。

2.1　混凝土、钢筋

2.1.1　混凝土的基本性能

混凝土是由水泥为主要胶结材料，以含有各种矿物成分的粗、细骨料为基体拌和而成的人工混合材料，它是钢筋混凝土的主体。因而混凝土构件和结构的力学性能，在很大程度上取决于混凝土材料的性能。

2.1.1.1　强度

混凝土的强度是指它抵抗外力产生的某种应力的能力，即混凝土材料达到破坏或极限状态下所能承受的应力。显然，混凝土的强度不仅与其材料有关，而且与其受力状态有关。

混凝土作为受压材料，单轴受压状态下的破坏最具代表性。一般以混凝土抗压强度作为检测其力学性能的基本指标。世界各国用以测定混凝土抗压强度的标准试块有两种，即圆柱体试块和立方体试块。《普通混凝土力学性能试验方法标准》(GB/T 50081—2002)规定：标准试件取150 mm的立方体，用钢模成型，经浇筑、振捣密实后静置一昼夜，试件拆模后放入标准养护室(温度(20±3)℃，相对湿度>90%)；28天为设计规定龄期后取出试件，擦干置于试验机中，沿浇筑的垂直方向以每秒0.3~0.5 N/mm^{2}的速度连续加压直至破坏。破坏荷载除以承压面积，即为混凝土的标准立方体抗压强度，记为f_{scu}(N/mm^2)，而立方体抗压强度平均值是指一组标准立方体试件的抗压试验平均值，记为$f_{cu,m}$。

考虑到实际情况比实验室混凝土的制作、养护条件差得多，而且实际结构承受的荷载长期作用，这也比试验承受的短期加载不利得多。所以，实际计算混凝土抗压强度时往往乘以修正系数。

在混凝土结构中，混凝土极少处于单轴受力状态，而且构件也不可能是标准立方体。如钢筋混凝土梁弯剪段的剪压区、框架的梁柱节点区、牛腿、深梁等。复杂应力状态下的混凝土强度，目前尚未建立比较完善的混凝土强度理论，主要依赖试验结果，而不是严密的理论分析。

2.1.1.2　变形

由于混凝土材料的非均匀微构造、局部缺陷和离散性较大而极难获得精确的计算结果。因此,主要讨论混凝土结构的宏观力学反应,即混凝土结构在一定尺度范围内的平均值。宏观结构中混凝土的两个基本构成部分,即粗骨料和水泥砂浆的随机分布以及两者的物理性能和力学性能的差异是其非匀质、不等向性质的根本原因。混凝土的材料组成和构造决定其以下4个基本受力特点。

1. 复杂的微观内应力、变形和裂缝状态

将一块混凝土按比例放大,可以看作是由粗骨料和硬化水泥砂浆等两种主要材料构成的不规则的三维实体结构且具有非匀质、非线性和不连续的性质。混凝土在承受荷载应力之前就已经存在复杂的微观应力、应变和裂缝,受力后更有剧烈的变化。在混凝土的凝固过程中水泥的水化作用在表面形成凝胶体,水泥浆逐渐变稠、硬化并与粗、细骨料黏结成一整体。在此过程中,水泥浆失水收缩变形是远大于粗骨料的。此收缩变形差使粗骨料受压、砂浆受拉和其他应力分布。这些应力场在截面上的合力为零,但局部应力可能很大,以致在骨料界面产生微裂缝。

粗骨料和水泥砂浆的热工性能。如线膨胀系数有差别。当混凝土中水泥产生水化热或环境温度变化时,两者的温度变形差受到相互约束而形成温度应力场。更因为混凝土是热惰性材料,温度梯度大而加重了温度应力。当混凝土承受外力作用时,即使作用应力完全均匀,混凝土内也将产生不均匀的空间微观应力场,这取决于粗骨料和水泥砂浆的面(体)积比、形状、排列和弹性模量值,以及界面的接触条件等。在应力的长期作用下,水泥砂浆和粗骨料的徐变差使混凝土内部发生应力重分布,粗骨料将承受更大的压应力。混凝土内部有不可避免的初始气孔和缝隙,其尖端附近因收缩、温度变化或应力作用都会形成局部应力集中区,其应力分布更复杂,应力值更高。

所有这些都说明,从微观上分析混凝土,必然要考虑非常复杂的、随机分布的三维应力应变状态。其对于混凝土的宏观力学性能,如开裂、裂缝开展、变形、极限强度和破坏形态等都有重大影响。

2. 变形的多元组成

(1)混凝土在承受应力作用或环境条件改变时都将发生相应的变形。从混凝土的组成和构造特点分析其变形值由三部分组成。

(2)骨料的弹性变形。占混凝土体积绝大部分的石子和砂本身的强度和弹性模量值均比其组成的混凝土高出许多。即使混凝土达到极限强度值时,骨料并不破碎。变形仍在弹性范围以内即变形与应力成正比,卸载后变形可全部恢复不留残余变形。

水泥凝胶体的黏性流动。水泥经水化作用后生成的凝胶体,在应力作用下除即时产生的变形外,还将随时间的延续而发生缓慢的黏性流移动,混凝土的变形不断地增长形成塑性变形。当卸载后,这部分变形一般不能恢复,出现残余变形。

(3)裂缝的形成和扩展。拉应力作用下,混凝土沿应力的垂直方向发生裂缝。裂缝存在于粗骨料的界面和砂浆的内部裂缝不断形成和扩展,使拉变形很快增长。在压应力作用下,混凝土大致沿应力平行方向发生纵向劈裂裂缝穿过粗骨料界面和砂浆内部。这些裂缝的增多、延伸和扩展,将混凝土分成多个小柱体,纵向变形增大。在应力的下降过程中,变形仍继续增长,卸载后大部分变形不能恢复。后两部分变形成分不与混凝土的应力成比例变化，且卸载后大部分不能恢复，一般统称为塑性变形。不同原材料组成的混凝土，在不同的应力水平下，这三部分变形所占比例有很大变化：

①当混凝土应力较低时，骨料弹性变形占主要部分，总变形很小；

②随应力的增大，水泥凝胶体的黏性流动变形逐渐加速增长；

③接近混凝土极限强度时，裂缝的变形才明显显露，但其数量级大，很快就超过其他变形成分。

在应力峰值之后，随着应力的下降，骨料弹性变形开始恢复，凝胶体的流动减小，而裂缝的变形却继续加大。

3. 应力状态和途径对力学性能的巨大影响

混凝土的单轴抗拉强度和抗压强度的比值约为 1∶10，相应的峰值应变之比约为 1∶20，都相差一个数量级。两者的破坏形态也有根本区别。这与钢、木等结构材料的拉、压强度和变形接近相等的情况有明显不同。混凝土在基本受力状态下力学性能的巨大差别使得：

(1)混凝土在不同应力状态下的多轴强度、变形和破坏形态等有很大的变化范围。

(2)存在横向应力和纵向应力变梯度的情况下，混凝土的强度和变形值又将变化。

(3)荷载应力的重复加卸和反复作用下，混凝土将产生程度不等的变形滞后、刚度退化和残余变形等现象。

(4)多轴应力的不同作用途径改变了微裂缝的发展状况和相互约束条件，使混凝土出现不同力学性能反应。

混凝土因应力状态和作用途径的不同而引起力学性能的巨大差异，当然是由其材性和内部微结构所决定的。材性的差异足以对构件和结构的力学性能造成重大影响，在实际工程中不能不加以重视。

4. 时间和环境条件的巨大影响

混凝土随水泥水化作用的发展而渐趋成熟。有试验表明水泥颗粒的水化作用由表及里逐渐深入至龄期 20 年后仍未终止。混凝土成熟度的增加，表示了水泥和骨料的黏结强度增大，水泥凝胶体稠化，黏性流动变形减小。因而混凝土的极限强度和弹性模量值都逐渐提高。

但是混凝土在应力的持续作用下，因水泥凝胶体的黏性流动和内部微裂缝的开展而产生的徐变与时俱增，使混凝土材料和构件的变形加大，长期强度降低。

混凝土周围的环境条件既影响其成熟度的发展过程，又与混凝土材料发生物理和化学作用，对其性能产生有利的或不利的影响。环境温度和湿度的变化，在混凝土内部形成变化的不均匀的温度场和湿度场，影响水泥水化作用的速度和水分的散发速度，产生相应的应力场和变形场，促使内部微裂缝的发展，甚至形成表面宏观裂缝。环境介质中的二氧化碳气体与水泥的化学成分作用，在混凝土表面附近形成一碳化层，且逐渐增厚，介质中的氯离子对水泥和钢筋的腐蚀作用降低了混凝土结构的耐久性。

混凝土的这些材性特点决定了其力学性能的复杂、多变和离散，还由于混凝土原材料的性质和组成的差别很大，完全从微观的定量分析来解决混凝土的性能问题，得到准确而实用的结果是十分困难的。

所以，从结构工程的观点出发将一定尺度如大于或等于 70 mm 或 3、4 倍粗骨料粒径的混凝土体积作为单元，看成是连续的、匀质的和等向的材料，取其平均的强度、变形值和宏观

的破坏形态等作为研究的标准,可以有相对稳定的力学性能,并且用同样尺度的标准试件测定各项性能指标,经过总结、统计和分析后建立的破坏强度准则和本构关系,在实际工程中应用,一般情况下其具有足够的准确性。尽管如此,了解和掌握混凝土的这些材性特点,对于深入理解和应用混凝土的各种力学性能和结构构件的力学性能至关重要,有助于以后各章内容的学习。

2.1.2　钢筋的基本性能

钢筋的物理性能主要取决于它的化学成分,其中铁元素为主要成分,此外还含有少量的碳、锰、硅、磷、硫等元素。混凝土中使用的钢材,按化学成分可分为碳素钢和普通低合金钢。根据钢材中含碳量的多少,碳素钢通常可分为低碳钢(含碳量小于0.25%)、中碳钢(含碳量为0.25%~0.6%)和高碳钢(含碳量为0.6%~1.4%)。钢筋中碳的含量增加,强度就随之提高,但塑性和可焊性降低。

《混凝土结构设计规范》(GB 50010—2010)规定,用于钢筋混凝土结构和预应力混凝土结构中的普通钢筋,可采用热轧钢筋;用于预应力混凝土结构中的预应力筋,可采用预应力钢丝、钢绞线和预应力螺纹钢筋。

钢筋混凝土结构用的钢筋主要是热轧钢筋,它具有明显的流幅(软钢);预应力混凝土构件用的钢筋主要是钢绞线、预应力钢丝和预应力螺纹钢筋,这类钢筋没有明显的流幅(硬钢)。钢筋有两个强度指标,即屈服强度(软钢)或条件屈服强度(硬钢)及极限强度。结构设计时,一般用屈服强度或条件屈服强度作为计算的依据。钢筋还有两个塑性指标:延伸率或最大力下的总伸长率以及冷弯性能。混凝土结构要求钢筋应具有适当的强度和屈强比以及良好的塑性。

将强度较低的热轧钢筋经过冷拉或者冷拔等冷加工,提高了钢筋的强度(屈服强度和极限强度),但降低了塑性(屈服平台消失,极限应变减小)。经过冷拉的钢筋在受压时提前出现塑性应变,故受压屈服强度降低。冷拔可以同时提高钢筋的抗拉强度和抗压强度。

2.1.3　装配式建筑对混凝土、钢筋的基本要求

(1)混凝土、钢筋和钢材的力学性能指标和耐久性要求等应符合现行国家标准《混凝土结构设计规范》(GB 50010—2010)和《钢结构设计规范》(GB 50017—2003)的规定。

(2)预制构件的混凝土强度等级不宜低于C30;预应力混凝土预制构件的混凝土强度等级不宜低于C40,且不应低于C30;现浇混凝土的强度等级不应低于C25。

(3)钢筋的选用应符合现行国家标准《混凝土结构设计规范》(GB 50010—2010)的规定。普通钢筋采用套筒灌浆连接和浆锚搭接连接时,钢筋应采用热轧带肋钢筋。

(4)钢筋焊接网应符合现行行业标准《钢筋焊接网混凝土结构技术规程》(JGJ 114—2014)的规定。

(5)预制构件的吊环应采用未经冷加工的HPB300级钢筋制作。吊装用内埋式螺母或吊杆的材料应符合国家现行相关标准的规定。

2.2 连接材料

预制装配式结构对连接材料的要求参考各类规范要求,具体如下:

(1)钢筋套筒灌浆连接接头采用的套筒应符合现行行业标准《钢筋连接用灌浆套筒》(JG/T 398—2012)的规定。

(2)钢筋套筒灌浆连接接头采用的灌浆料应符合现行行业标准《钢筋连接用套筒灌浆料》(JG/T 408—2013)的规定。

(3)钢筋浆锚搭接连接接头应采用水泥基灌浆料,灌浆料的性能应满足表 2-1 的要求。

表 2-1 钢筋浆锚搭接连接接头用灌浆料性能要求

项目		性能指标	试验方法标准
泌水率		0	《普通混凝土拌合物性能试验方法标准》(GB/T 50080—2016)
流动度(mm)	初始值	≥200	《水泥基灌浆料应用技术规范》(GB/T 50448—2015)
	30 min 保留值	≥150	
竖向膨胀率(%)	3 h	≥0.02	《水泥基灌浆料应用技术规范》(GB/T 50448—2015)
	24 h 与 3 h 的膨胀率之差	0.02 ~ 0.5	
抗压强度(MPa)	1 天	≥35	《水泥基灌浆料应用技术规范》(GB/T 50448—2015)
	2 天	≥55	
	28 天	≥80	
氯离子含量(%)		≤0.06	《混凝土外加剂匀质性试验方法》(GB/T 8077—2012)

(4)钢筋锚固板的材料应符合现行行业标准《钢筋锚固板应用技术规程》(JGJ 256—2011)的规定。

(5)受力预埋件的锚板及锚筋材料应符合现行国家标准《混凝土结构设计规范》(GB 50010—2010)的有关规定。专用预埋件及连接件材料应符合国家现行有关标准的规定。

(6)连接用焊接材料,螺栓、锚栓和铆钉等紧固件的材料应符合国家现行标准《钢结构设计规范》(GB 50017—2003)、《钢结构焊接规范》(GB 50661—2011)和《钢筋焊接及验收规程》(JGJ 18—2012)等的规定。

(7)夹芯外墙板中内外页墙板的拉接件应符合下列规定:

①金属及非金属材料拉接件均应具有规定的承载力、变形和耐久性,并应经过试验验证。

②拉接件应满足夹芯外墙板的节能设计要求。

(8)装配式结构节点处的钢筋的连接可采用:

①钢筋套筒灌浆连接:套筒灌浆连接宜用于直径不大于 25 mm 受力钢筋的连接。

②间接搭接连接：间接搭接宜用于直径不大于28 mm受力钢筋的连接。

③机械连接：宜用于直径不小于16 mm受力钢筋的连接。

④焊接：宜用于直径不大于28 mm受力钢筋的连接。

(9)各种连接形式对材料的要求如下：

①套筒：屈服强度不应小于355 MPa；抗拉强度不应小于600 MPa；连接套筒长度允许偏差为0～4 mm；

套筒一端采用钢筋螺纹连接部分的精度应符合普通螺纹公差(GB/T 197—2003)规定的6级精度要求。

②机械连接接头和焊接接头性能要求：机械连接接头及焊接接头的类型及质量应符合国家现行有关标准的规定。

③预埋件钢材及钢筋要求：预埋件锚板用钢材应采用Q235级、Q345级钢，钢材等级不应低于Q235－B；钢材应符合《碳素结构钢》(GB/T 700—2006)的规定；预埋件的锚筋应采用未经冷加工的热轧钢筋制作。

2.3　其他材料

(1)外墙板接缝处的密封材料应符合下列规定：

①密封胶应与混凝土具有相容性，以及规定的抗剪切和伸缩变形能力；密封胶应具有防霉、防水、防火、耐候等性能。

②硅酮、聚氨酯、聚硫建筑密封胶应分别符合国家现行标准《硅酮建筑密封胶》(GB/T 14683—2003)、《聚氨酯建筑密封胶》(JC/T 482—2003)、《聚硫建筑密封胶》(JC/T 483—2006)的规定。

③夹芯外墙板接缝处填充用保温材料的燃烧性能应满足国家标准《建筑材料及制品燃烧性能分级》(GB 8624—2012)中A级的要求。

(2)夹芯外墙板中的保温材料，其导热系数不宜大于0.40 W/(m·K)，体积比吸水率不宜大于0.3%，燃烧性能不应低于国家标准《建筑材料及制品燃烧性能分级》(GB 8624—2012)中B2级的要求。

(3)装配式建筑采用的室内装修材料应符合现行国家标准《民用建筑工程室内环境污染控制规范》(GB 50325—2010)和《建筑内部装修设计防火规范》(GB 50222—1995)的有关规定。

习　题

1. 分别介绍钢筋和混凝土的受力特点和破坏形式。
2. 简述装配式建筑对钢筋、混凝土的基本要求。
3. 了解预制装配式结构对连接材料的要求。
4. 区分不同连接方式对材料的要求。

第3章　建筑设计

学习内容

本章从建筑设计的角度介绍了装配式混凝土建筑设计原则及装配式建设和设计流程，明确了模数化标准化的设计方法对装配式混凝土建筑设计的重要意义，并简述了装配式建筑如何更好地融入人们的生活。

学习要点

1. 了解装配式混凝土建筑设计和传统设计的区别。
2. 了解装配式建筑的设计原则及模数化设计的设计方法。
3. 了解影响装配式建筑设计的因素。
4. 了解装配式建筑户型选择。

3.1　一般规定

3.1.1　装配式混凝土建筑设计原则

建筑设计应符合城市规划、建筑功能和性能要求，PC 建筑的建筑设计应当以实现建筑功能为第一原则，装配式的特殊性必须服从建筑功能，不能牺牲或削弱建筑功能去服从装配式，不能为了装配式而装配式。

宜采用主体结构、装修和设备管线的装配化集成技术。PC 建筑设计比现浇混凝土结构建筑更需要各专业密切协同，有些部分应实现集成化和一体化，设计深入细致，准确定位。不能在预制构件上砸墙凿洞或随意植入后锚固螺栓。所有需要在混凝土中埋设的预埋件及其连接节点，都必须清晰准确地给出详细设计，与预制构件有关的所有要求都必须在构件制作图样中清晰给出。

建筑设计应体现以人为本、可持续发展和节能、节地、节水、节材的指导思想，考虑环境保护要求，并满足无障碍使用要求。

建筑设计应符合现行国家标准《建筑模数协调标准》(GB/T 50002—2013)的规定。建筑的围护结构以及楼梯、阳台、隔墙、空调板、管道井等配套构件、室内装修材料宜采用工业化、标准化产品。

建筑的体形系数、窗墙面积比、围护结构的热工性能等应符合节能要求。建筑体型、平面布置及连接构造应符合抗震设计的原则和要求。

3.1.2　装配式建设和设计的流程

(1)与采用现浇混凝土结构的建设流程相比较，装配式混凝土结构的建设流程更全面、更精细、更综合，增加了技术策划、工厂生产、一体化装修等过程，二者的差异见图 3-1、图 3-2。

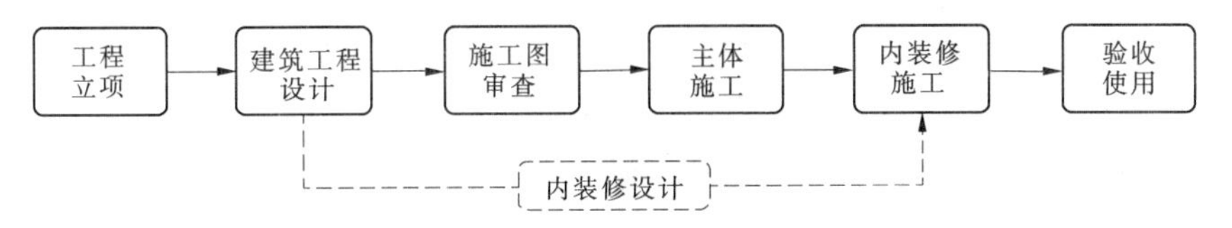

图 3-1　现浇式建设流程参考图

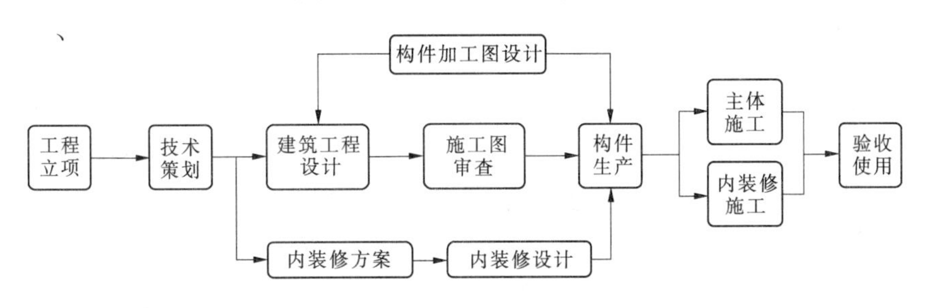

图 3-2　装配式建设流程参考图

(2)在装配式混凝土建筑的建设流程中，需要建设、设计、生产、施工和管理等单位精心配合，协同工作。在方案设计阶段之前应增加前期技术策划环节，为配合预制构件的生产加工应增加预制构件加工图纸设计内容。设计流程可参考图 3-3。

3.1.3　装配式对建筑外观的影响

装配式对建筑风格影响较大，如何使建筑风格与装配式有机结合，是建筑专业进行 PC 建筑设计的首要课题。

总体上讲，装配式适合造型简单、立面简洁、没有繁杂装饰的建筑。密斯“少就是多”的现代主义建筑理念最适合混凝土装配式建筑。安腾忠雄的清水混凝土建筑(见图 3-4)也是最好的表达装配式实例，恰到好处的比例、横竖线条排列组合变化、虚实对比变化以及表皮质感等构成艺术张力。

装配式建筑在实现复杂风格上也有一定优势，如非线性墙板、有规律的造型，著名建筑师马岩松设计的哈尔滨大剧院如图 3-5 所示，建筑表皮是非线性铝板，局部采用清水混凝土外挂墙板。这些曲率不一样的墙板在工厂预制可以准确地实现形状和质感要求。

不适宜做装配式的建筑风格包括：①体量小的不规则建筑；②连续性无缝立面，PC 建筑总是有缝的，无法做到无缝连续；③直线型墙面凹凸过多，墙面直线型凹凸过多，又没有规律可言，预制与现浇相比就没有优势。

装配式混凝土建筑结合自身特点，可以从以下三方面发展：

(1)表现重复主题及韵律美。用完全相同的元素重复排列，展示工业化的独特表现力，也是极简主义建筑表皮设计中采用的基本手法之一。

例如，深圳万科第五园第五寓(见图 3-6)。该项目是华南地区首个预制框架结构的装配式建筑，采用预制梁、预制柱、预制外墙板，采用同样造型符号相错布局，使立面产生横向带状长窗的错觉，增加立面的韵律感。

(2)重视连接节点的设计。展现初始连接，表达西方古典建筑的柱式、线脚；中国传统建筑装饰构件的斗拱、雀替等。特别是近些年来的新中式风格和特色小镇，更能表达传统建

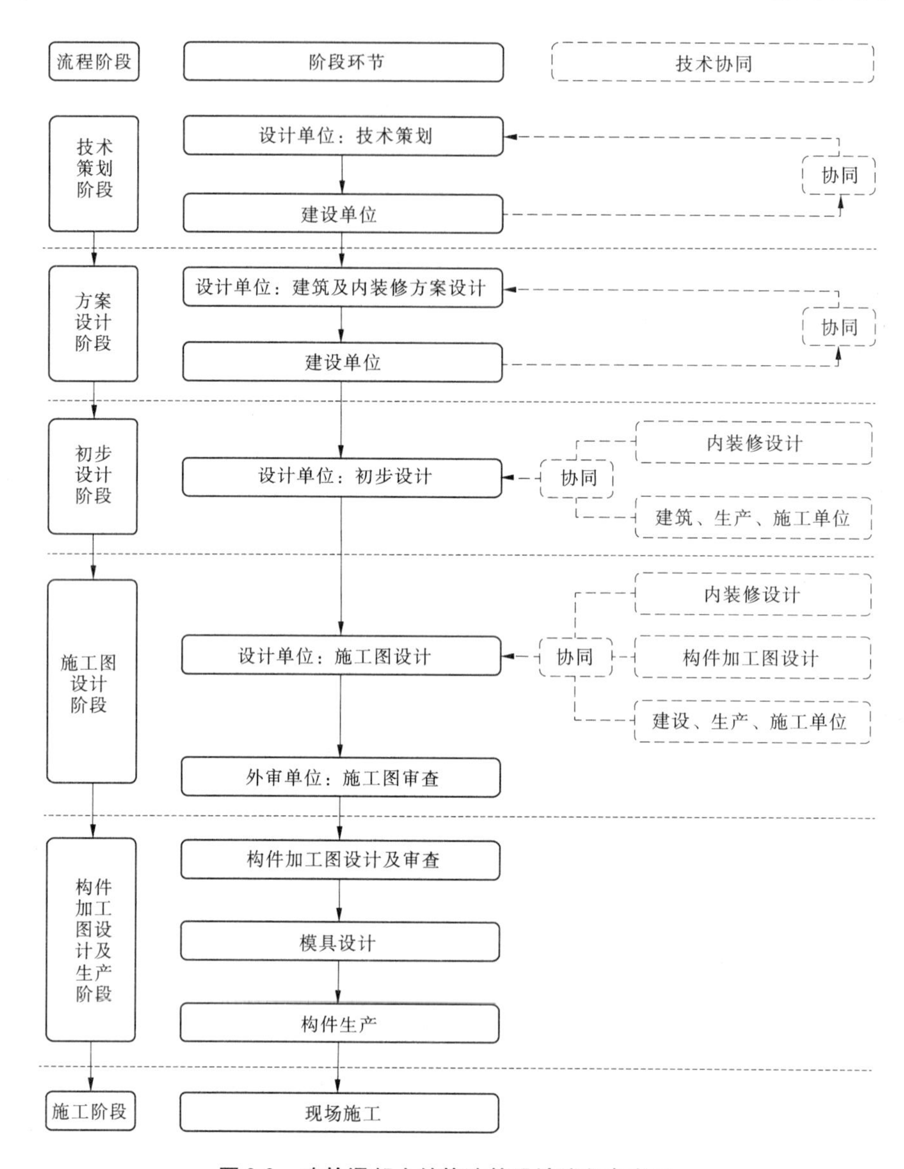

图 3-3　建筑混凝土结构建筑设计流程参考图

图 3-4　清水混凝土建筑

图 3-5　哈尔滨大剧院

筑的企口和榫卯，展现地方特色和本源装饰，成为现代建筑师表现的建筑倾向。

图3-6 深圳万科第五园第五寓

例如,郑州北龙湖某新中式风格小区(见图3-7)。该项目采用传统建筑大屋顶,简化的斗拱和檐椽,构件连接穿插,体现建筑的浑厚张力。

图3-7 某新中式风格小区

(3)新的建筑围护材料。现在复合型的工业化围护材料拓展了建筑师对材料表达方面的建筑观念。无论是起支撑作用的围护墙板,还是纯粹的围护墙保温表皮,或是编织幕墙,建筑的工业化都能按照预定的造型和尺寸生产。

例如,利物浦百货大楼(见图3-8)。该项目位于墨西哥塔巴斯科。鉴于当地属于热带气候,日晒强烈,湿度低,建筑师选择混凝土作为建筑材料。其立面采用扭曲的形如螺旋桨的混凝土预制构件搭建。利物浦百货大楼外观立面如图3-9所示。

图3-8 利物浦百货大楼

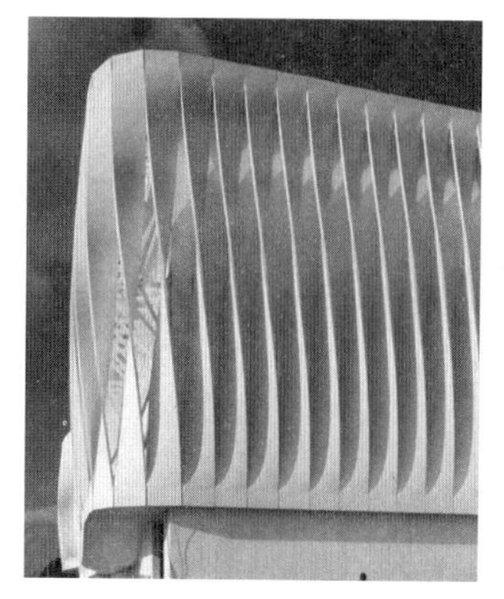
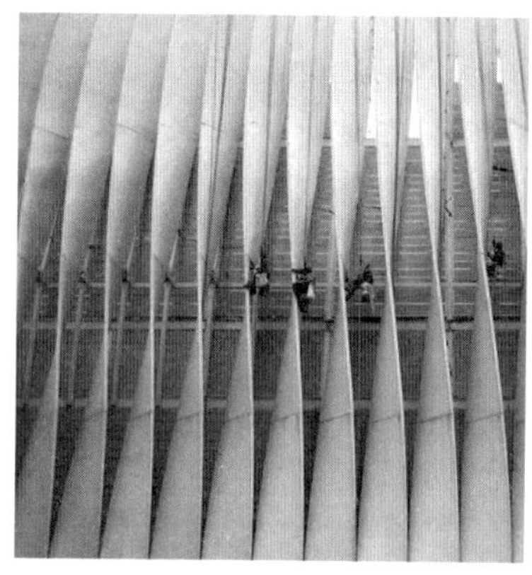

图 3-9 利物浦百货大楼外观立面

3.1.4 装配式建筑适用的高度

建筑物的适用高度与高宽比主要受结构规范限制，其限值应当由结构设计师给出。但确定建筑尺度是建筑设计的重要内容，它制约着层数、层高、容积率等，也是建筑形体、建筑风格设计的重要参数。建筑师应当清楚装配式混凝土结构与现浇混凝土结构在建筑尺度上有什么不同。装配式混凝土结构与现浇混凝土结构最大适用高度比较见表 3-1。

表 3-1 装配式混凝土结构与现浇混凝土结构最大适用高度比较 （单位：m）

结构体系	非抗震设计		抗震设防烈度							
			6 度		7 度		8 度(0.2g)		8 度(0.3g)	
	《高规》混凝土结构	《装规》装配式混凝土结构	《高规》混凝土结构	《装规》装配式混凝土结构	《高规》混凝土结构	《装规》装配式混凝土结构	《高规》混凝土结构	《装规》装配式混凝土结构	《高规》混凝土结构	《装规》装配式混凝土结构
框架结构	70	70	60	60	50	50	40	40	35	30
框架－剪力墙结构	150	150	130	130	120	120	100	100	80	80
剪力墙结构	150	140(130)	140	130(120)	120	110(100)	100	90(80)	80	70(60)
框支剪力墙结构	130	120(110)	120	110(100)	100	90(80)	80	70(60)	50	40(30)
框架－核心筒	160		150		130		100		90	
筒中筒	200		180		150		120		100	
板柱－剪力墙	110		80		70		55		40	

注：1. 表中框架－剪力墙结构剪力墙部分全部现浇。

2. 装配整体式剪力墙结构和装配整体式框支剪力墙结构，在规定的水平力作用下，当预制剪力墙结构底部承担的总剪力大于该层总剪力的 50% 时，其最大适用高度应适当降低；当预制剪力墙构件底部承担的总剪力大于该层总剪力 80% 时，最大适用高度应取表中括号内的数值。

3.《高规》指《高层建筑混凝土结构技术规程》(JGJ 3—2010)，《装规》指《装配式混凝土结构技术规程》(JGJ 1—2014)。

3.1.5　装配式建筑构造设计要求

(1)楼地面设计构造:采用叠合楼板,叠合板的厚度不宜小于 60 mm,现浇混凝土叠合层厚度不应小于 60 mm,通过现场浇筑叠合层组合成叠合楼板。

(2)屋面设计构造:叠合板屋盖,应采取增强结构整体刚度的措施,采用细石混凝土找平层;基层刚度较差时,宜在混凝土内加钢筋网片。屋面应形成连续的完全封闭的防水层;选用耐候性好、适应变形能力强的防水材料。

(3)墙体设计构造:外墙应满足结构、防水、防火、保温、隔热、隔音及建筑造型设计等要求。宜采用夹芯保温墙体,保温层厚度根据节能计算确定,外页板厚度不应小于 50 mm。当内页墙板为承重墙(剪力墙结构)时按结构计算厚度确定,当内页墙板为非承重墙(框架结构挂板)时厚度不应小于 120 mm。承重墙板水平接缝处上下 100 mm 范围内应设 A 级保温材料,当为外挂墙板时,与梁、柱、楼板等的连接处应选用符合防火要求的保温材料填塞,弹性嵌缝材料封堵结合内装修抹灰形成一体。墙体构造示意图如图 3-10 所示。

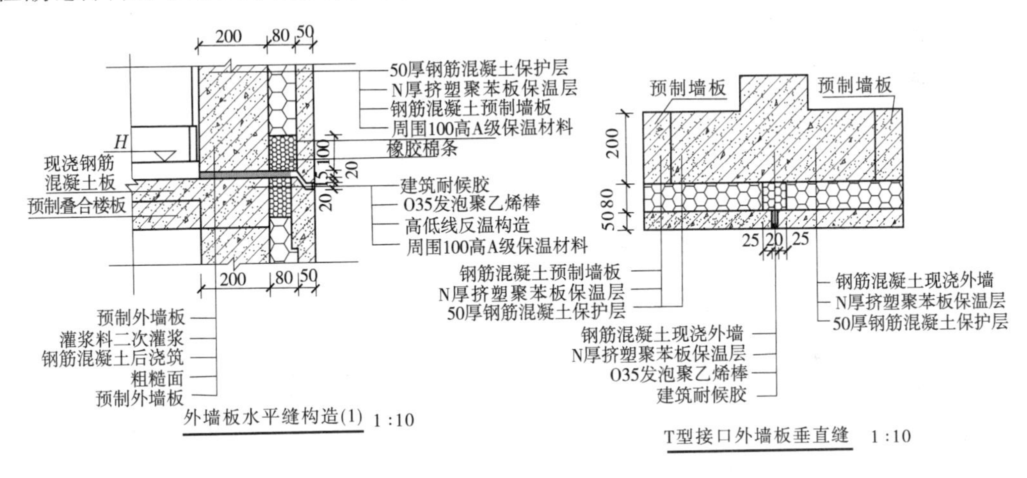

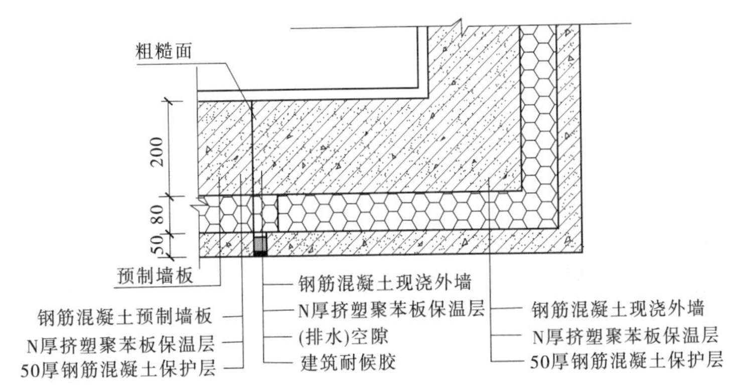

外墙板阳角垂直缝　1:10

图 3-10　墙体构造示意图

(4)装配式外墙防水、保温设计构造:墙板水平缝宜采用高低缝或企口缝构造,一般建议做成高低缝。墙板竖缝可采用平口或槽口构造。十字缝每隔 2 ~ 3 层应设置导水管作引水处理,当板缝空腔需设置导水管排水时,板缝内侧应增设气密条密封构造。

(5)接缝处密封材料设计要求:密封胶应与混凝土具有相溶性,以及规定的抗剪切和伸缩变形能力;密封胶尚应具有防霉、防水、防火、耐候等性能。夹芯外墙板接缝处填充用保温材料的燃烧性能应满足国家标准《建筑材料及制品燃烧性能分级》(GB 8624—2012)中 A 级的要求。

(6)接缝宽度设计要求:应控制在 10 ~ 35 mm,一般外挂板取 25 mm 或 30 mm,剪力墙取 20 mm。

(7)门窗安装构造:北方地区采用后装法安装,预制外墙板上预埋连接件及连接构造。也可根据情况一体化安装。一体化节点如图 3-11 所示。

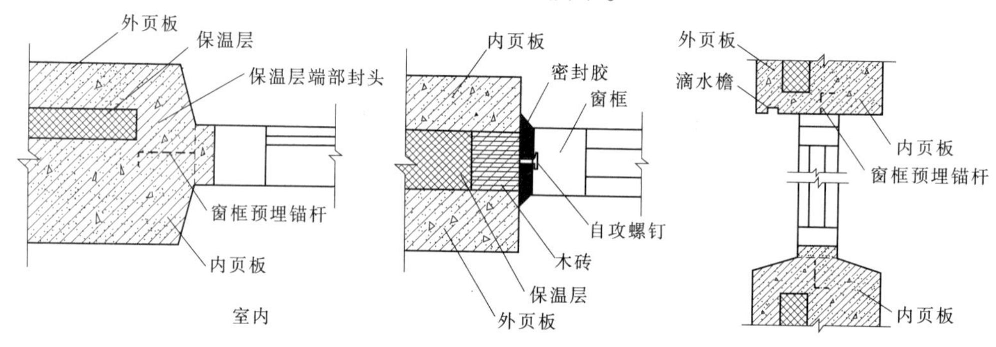

图 3-11　一体化节点

(8)装饰构件:预制装饰构件应结合外墙板整体设计,保证与主体结构的可靠连接,并满足安全、防水及热工的要求。

(9)防火构造:预制构件节点外露部位应采取防火保护措施,应与各层楼板、防火墙、隔墙相交部位设置防火封堵措施。幕墙与每层楼板、隔墙处的缝隙应采用防火封堵材料封堵。一般选用岩棉 + 弹性嵌缝墙体防火构造,如图 3-12 所示。

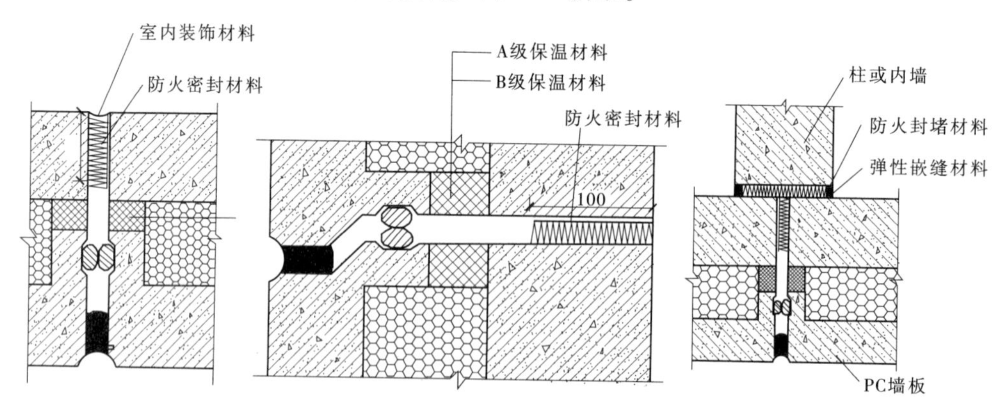

图 3-12　墙与柱或内墙之间缝隙防火构造

3.2　装配式建筑模数

建筑设计应符合现行国家标准《建筑模数协调标准》(GB/T 20002—2013)的规定。采用系统性的建筑设计方法,满足构件和部品标准化及通用化要求。建筑结构形式宜简单、规整,设计应合理确定建筑结构体的耐久性要求,满足建筑使用的舒适性和适应性要求。建筑的外墙围护结构以及楼梯、阳台、内隔墙、空调板、管道井等配套构件、室内装修材料宜采用工业化、标准化的部件部品。建筑体型和平面布置应符合国家标准《建筑抗震设计规范》(GB 50011—2010)关于安全性及抗震性等相关要求。

3.2.1　模数化对装配式混凝土建筑的意义

模数化对装配式混凝土建筑尤为重要,是建筑部品制造实现工业化、机械化、自动化和智能化的前提,是正确和精确装配的技术保障,也是降低成本的重要手段。

建筑生产现代化一直是我国重要的产业技术政策与发展目标,《建筑工业化发展纲要》(建字第188号文)指出,建筑工业化的基本内容之一就是制定统一的建筑模数和重要的基础标准,合理解决标准化和多样化的关系。《民用建筑设计通则》(GB 50352—2005)、《住宅设计规范》(GB 50096—2011)等技术标准也都将“建筑设计标准化、模数化”作为基本原则,以正式条文的方式予以强调。

住宅标准化、量化生产首先不是以整个房屋为单位的,而是表现在对各类房屋构成部品的有机组织上,各个工厂生产的产品之间建立起某种尺寸上的秩序,而这种秩序恰好可以通过传统“模数”概念所具有的“尺寸把控”特征来实现。如果对装配式混凝土构件进行大量生产,就需要按照住房的规格化构成单位——可构成各种形状,可任意组合安装,部品规格统一,在不同建造方式的建筑间具有互换性,不但在规划、设计上可获得很大的自由度,而且可以实现部品的大量生产。

在现代模数理论中,“模数”一词包含两层含义:一个是“尺寸单位”,是比例尺的比例,其他尺寸数值都是它的倍数,如 $M = 100$ mm;另一个是指形成一组数值群的规则。研究者们曾想用各种数列来表达建筑模数的生成规则,如自然数列、等差数列、等比数列等,多数建筑模数生成规则的提案都是多个数列的复合体。为尺寸单位的模数取值应该足够小,以便确保各种用途的小型部品选用中具有必要的灵活性,又应该足够大,可以进一步简化各种大型部品的数目。目前,国际标准化组织ISO模数标准采用的是基本模数(M)、扩大模数(6 M,12 M)等差数列的形式。同时,为了不同规模部品选择的方便,不同种类部品的模数尺寸选择有上下限的推荐。

模具在构件制作中占成本比例较大。模具或边模大多是钢结构或其他金属材料,可周转几百次、上千次甚至更多,可实际工程一种构件可能只做几十个,模具实际周转次数太少,加大了无效成本。模数化设计可以使不同工程不同规格的构件共用或方便地改用模具。

模数化适用于一般民用与工业建筑,适用于建筑设计中的建筑、结构、设备、电气等各种技术文件及它们之间的尺寸协调原则,以协调各工种之间的尺寸配合,保证模数化部件和设备的应用。同时,也适用于确定建筑中所采用的建筑部件或分部件(如设备、固定家具、装饰制品等)需要协调的尺寸,以提供制定建筑中各种部件、设备的尺寸协调的原则方法,指导编制建筑各功能部位的分项标准,如厨房、卫生间、隔墙、门窗、楼梯等专项模数协调标准,以制定各种分部件的尺寸、协调关系。

部件的尺寸对部件的安装有着重要的意义。在指定领域中,部件基准面之间的距离,可采用标志尺寸、制作尺寸(构造尺寸)(见图 3-13)和实际尺寸来表示,对应着部件的基准面、制作面和实际面。部件预先假设的制作完毕后的面,称为制作面,部件实际制作完成的面称为实际面。

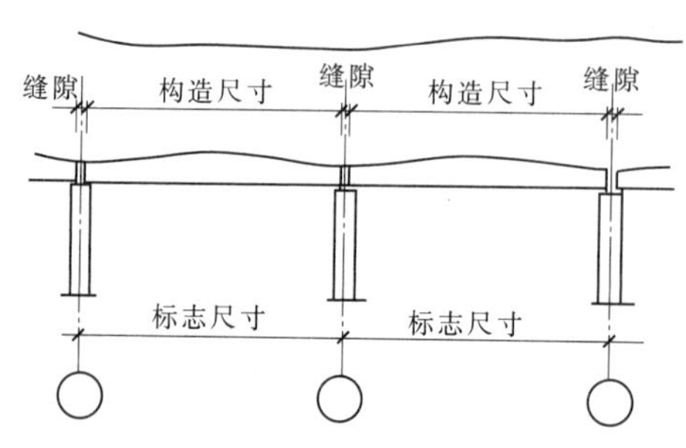

图 3-13　尺寸缝隙示意图

装配式混凝土建筑的模数化就是在建筑设计、结构设计、拆分设计、构件设计、构件装配设计、一体化设计和集成化设计中,采用模数化尺寸,给出合理公差,实现建筑物、建筑的一部分和部件尺寸与安装位置的模数协调。

3.2.2　建筑模数的基本概念与要求

3.2.2.1　模数

所谓模数,就是选定的尺寸单位,作为尺度协调中的增值单位。例如,以 100 mm 为建筑层高的模数,建筑层高的变化就以 100 mm 为增值单位,设计层高有 2.8 m、2.9 m、3.0 m,而不是 2.84 m、2.96 m、3.03 m……

以 300 mm 为跨度变化模数,跨度的变化就以 300 mm 为增值单位,设计跨度有 3 m、3.3 m、4.2 m、4.5 m,而没有 3.12 m、4.37 m、5.89 m……

3.2.2.2　模数协调

模数协调是应用模数实现尺寸协调及安装位置的方法和过程。

3.2.2.3　建筑基本模数

基本模数是指模数协调中的基本尺寸单位,用 M 表示。建筑设计的基本模数为 100 mm, 也就是 $1M = 100$ mm。建筑物、建筑的一部分和建筑部件的模数化尺寸,应当是 100 mm 的倍数。

3.2.2.4　扩大模数和分模数

由基本模数可以导出扩大模数和分模数。

1. 扩大模数

扩大模数是基本模数的整数倍数,扩大模数基数应为 $2M$、$3M$、$6M$、$9M$、$12M$……

上述例子中,层高的模数是基本模数,而跨度的模数则是扩大模数,为 $3M$。

2. 分模数

分模数是基本模数的整数分数，分模数基数应为 $M/10$、$M/5$、$M/2$，也就是 10 mm、20 mm、50 mm。

3. 模数数列

以基本模数、扩大模数、分模数为基础，扩展成的一系列尺寸，被称作模数数列。模数数列应根据功能性和经济性原则确定。

(1)建筑物的开间或柱距、进深或跨度，梁、板、隔墙和门窗洞口的宽度等分部件的截面尺寸宜采用水平基本模数和水平扩大模数数列，且水平扩大模数数列宜采用 $2nM$、$3nM$(n 为自然数)。

(2)建筑物的高度、层高和门窗洞口的高度等宜采用竖向基本模数和竖向扩大模数数列，且竖向扩大模数数列宜采用 nM。

(3)构造节点和分部件的接口尺寸等宜采用分模数数列，且分模数数列宜采用 $M/10$、$M/5$、$M/2$。

4. 优先尺寸

优先尺寸是从模数数列中事先排选出的模数或扩大模数尺寸。部件的优先尺寸应由部件中通用性强的尺寸系列确定，并应指定其中若干尺寸作为优先尺寸系列。

(1)承重墙和外围护墙厚度的优先尺寸系列宜根据 $1M$ 的倍数及其与 $M/2$ 的组合确定，宜为 150 mm、200 mm、250 mm、300 mm。

(2)内隔墙和管道井墙厚度优先尺寸系列宜根据分模数或 $1M$ 分模数的组合确定，宜为 50 mm、100 mm、150 mm。

(3)层高和室内净高的优先尺寸系列宜为 nM。

(4)柱、梁截面的优先尺寸系列宜根据 $1M$ 的倍数与 $M/2$ 的组合确定。

(5)门窗洞口水平、垂直方向定位的优先尺寸系列宜为 nM。

3.2.3　装配式住宅建筑模数化要求及常用模数

住宅模数化要求如下：

(1)应用模数数列调整装配整体式住宅建筑与部件的尺寸关系，优化部件的尺寸与种类。部件组合时，能明确各部件的尺寸与位置，使设计、制造与安装等各个部门配合简单，达到装配整体式住宅设计精细化、高效率和经济性。

(2)装配整体式住宅宜采用 $2M+3M$(或 $1M$、$2M$、$3M$)灵活组合的模数网格进行设计，以适应墙体改革，满足住宅建筑平面功能布局的灵活性，达到模数网格的协调。

(3)优先选用部件中通用性强的尺寸关系，并指定其中几种尺寸系列作为优先尺寸。其他部件的尺寸，要与已选定部件的优先尺寸关联配合。优先尺寸要适用于部件或组合件基准面之间的尺寸。

(4)厨房、卫生间均是具有多道工序的空间，此部分空间应满足下道工序安装各类部件或组合件的模数空间要求。此外，还应满足《住宅厨房模数协调标准》(JGJ/T 262—2012)、《住宅卫生间功能及尺寸系列》(GB/T 11977—2008)的要求。

住宅常用模数如表 3-2 ~ 表 3-4 所示。

表 3-2　客厅、卧室、厨房、卫生间模数化标准模块　（单位：m）

客厅模块	主卧模块	次卧模块	书房模块	餐厅模块	厨房模块	卫生间模块
3.0×4.2 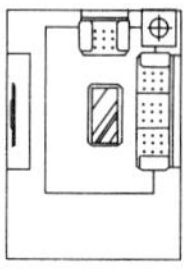	3.0×3.6 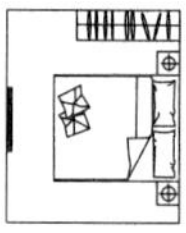	2.4×3.6 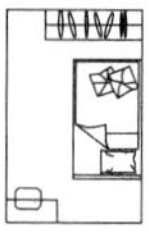	2.7×4.2 	2.4×2.4 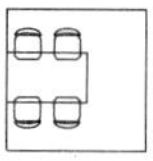	1.8×3.3 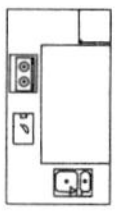	1.8×2.1 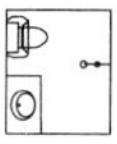
3.6×4.5 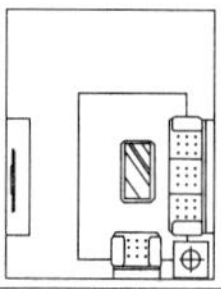	3.3×4.5 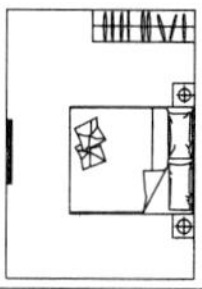	3.0×4.2 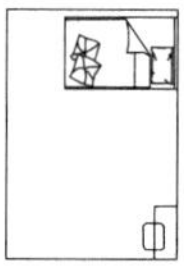	3.3×3.3 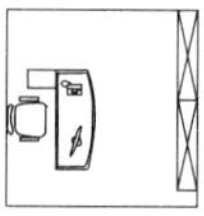	2.2×2.4 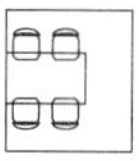	1.8×3.3 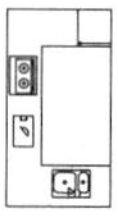	1.8×2.4 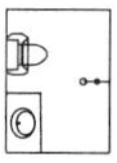
3.9×3.8 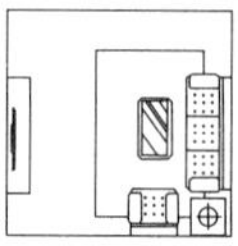	3.3×4.2 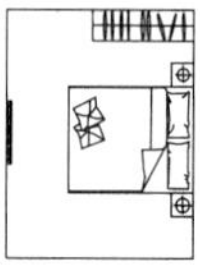	3.3×3.3 	3.0×3.9 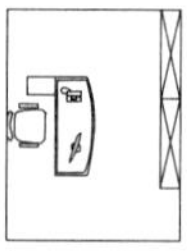	2.1×3.2 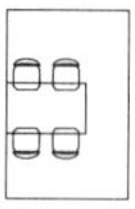	1.8×3.9 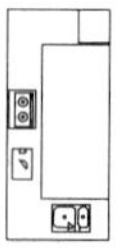	1.8×2.4 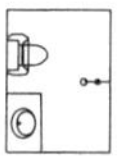
3.9×4.2 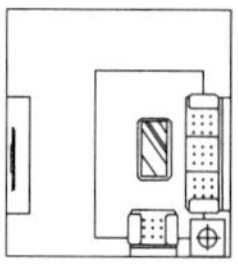	3.6×4.2 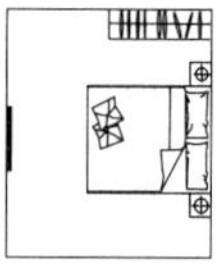	3.3×3.6 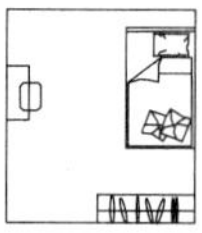		3.0×3.0 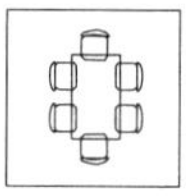	3.0×3.3 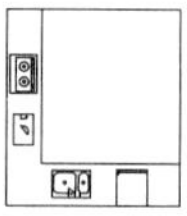	
4.2×4.2 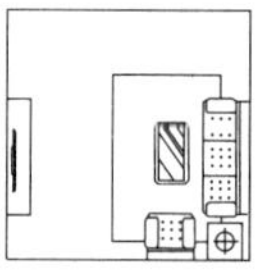	3.9×4.2 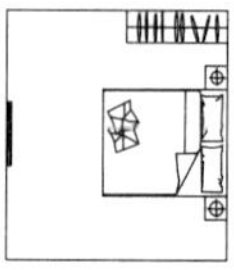	3.3×3.6 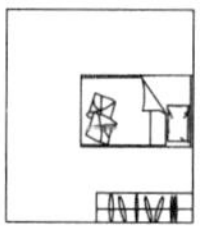				

表 3-3　面积分配参考　（单位：m）

序号	面积标准	功能配置	客厅模块	主卧模块	次卧模块	书房模块	餐厅模块	厨房模块	主卫模块	客卫模块
1	60 m^2	两室一厅一厨一卫	3.0×4.2	3.0×3.6	3.0×3.6	—	—	1.8×3.3	—	2.4×1.8
2	80 m^2	两室两厅一厨一卫	3.6×4.5	3.3×4.5	3.0×4.2	—	2.4×2.4	1.8×3.3	—	2.4×1.8

续表 3-3

序号	面积标准	功能配置	客厅模块	主卧模块	次卧模块	书房模块	餐厅模块	厨房模块	主卫模块	客卫模块
3	90 m^2	三室两厅一厨一卫	3.9×3.8	3.3×4.2	3.3×3.3	2.7×4.2	2.1×2.7	1.8×3.3	—	2.1×1.8
4	100 m^2	三室两厅一厨一卫	3.9×4.2	3.6×4.2	3.3×3.6	3.3×3.3	1.8×2.1	1.8×3.9	—	2.4×1.8
5	120 m^2	三室两厅一厨两卫	4.2×4.2	3.9×4.2	3.3×3.6	3.0×3.6	3.0×3.0	3.0×3.3	2.4×1.8	2.4×1.8

表 3-4　阳台模数化设计

套型面积区间	阳台分类	阳台进深模数	阳台开间模数	尺寸示意图
40～90 m^2	生活阳台	1 200 mm	2 700 mm,3 000 mm, 3 300 mm,3 600 mm	1 200；阳台；2 700~3 600
90～125 m^2	生活阳台	1 500 mm	3 300 mm,3 600 mm, 3 900 mm,4 200 mm	1 500；阳台；3 300~4 200
	工作阳台	1 200 mm	1 800 mm,2 100 mm, 2 400 mm	1 200；阳台；1 800~2 400
125 m^2 以上	生活阳台	1 500 mm 1 800 mm	3 600 mm,3 900 mm, 4 200 mm,4 500 mm	1 800(1 500)；阳台；3 600~4 500
	工作阳台	1 200 mm	1 800 mm,2 100 mm, 2 400 mm,2 100 mm, 3 000 mm	1 200；阳台；1 800~3 000

3.2.4　装配式建筑模数化设计的目标

装配式建筑模数化设计的目标是实现模数协调,具体目标包括以下几点:

(1)实现设计、制造、施工各个环节和建筑、结构、装饰、水电暖各个专业的互相协调。

(2)对建筑各部位尺寸进行分割,并确定各个一体化部件、集成化部件、PC 构件的尺寸和边界条件。

(3)尽可能实现部品、构件和配件的标准化,如用量大的叠合楼板、预应力叠合楼板、剪力墙外墙板、剪力墙内墙板、楼梯板等板式构件,优选标准化方式,使得标准化部件的种类最优。

(4)有利于部件、构件的互换性,模具的共用性和可改用性。

(5)有利于建筑部件、构件的定位和安装,协调建筑部件与功能空间之间的尺寸关系。

3.2.5 装配式建筑模数化设计主要工作

3.2.5.1 设定模数网格

结构网格宜采用扩大模数网格,且优先尺寸应为 $2nM$、$3nM$ 模数系列。

装修网格宜采用基本模数网格或分模数网格。

隔墙、固定橱柜、设备、管井等部件宜采用基本模数网格,构造做法、接口、填充件等分部件宜采用分模数网格,分模数的优先尺寸应为 $M/2$、$M/5$。

3.2.5.2 将部件设计在模数网格内

将每一个部件,包括预制混凝土构件、建筑结构装饰一体化构件和集成化部件,都设计在模数网格内,部件占用的模数空间尺寸应包括部件尺寸、部件公差,以及技术尺寸所必需的空间。技术尺寸是指模数尺寸条件下,非模数尺寸或生产过程中出现误差时所需的技术处理尺寸。

1. 确定部件尺寸

部件尺寸包括标志尺寸、制作尺寸和实际尺寸。

标志尺寸是指符合模数数列的规定,用以标注建筑物定位线或基准面之间的垂直距离以及建筑部件、建筑分部件、有关设备安装基准面之间的尺寸。

制作尺寸是指制作部件或分部件所依据的设计尺寸,是依据标志尺寸减去空隙和安装公差、形位公差后的尺寸。

实际尺寸是部件、分部件等生产制作后的实际测得的尺寸,是包括了制作误差的尺寸。

设计者应当根据标志尺寸确定构件尺寸,并给出公差,即允许误差。

2. 定部件定位方法

部件或分部件的定位方法包括中心线定位法、界面定位法或两者结合的定位法。

对于主体结构部件的定位,采用中心线定位法或界面定位法。

对于柱、梁、承重墙的定位,宜采用中心线定位法。

对于楼板及屋面板的定位,宜采用界面定位法,即以楼面定位。

对于外挂墙板,应采用中心线定位法和界面定位法相结合的方法。板的上下和左右位置,按中心线定位,力求减少缝的误差;板的前后位置按界面定位,以求外墙表面平整。

3. 节点设计

在节点设计时考虑安装顺序和安装的便利性。

3.3 装配式建筑户型选择与户型拼接

装配式建筑的发展应适应建筑功能和性能的要求,建筑设计须满足功能需求,且宜选用结构规整、大空间的平面布局,并遵循标准化设计、模数协调、构件工厂化加工制作、专业化施工安装的指导原则。

标准化程度较高的建筑平面与空间设计宜采用标准化与模块化方法,可在模数协调的基础上以建筑单元或套型等为单位进行设计,合理布置承重墙、柱等承重构件及管井的位置。

设备管线的布置应集中紧凑、合理使用空间。竖向管线等宜集中设置,集中管井宜设置

在共用空间部位，对建筑的标准化程度要求比较高。在满足建筑使用空间的灵活性、舒适性的前提下，主体结构布置宜简单、规整，考虑承重墙体上下对应贯通，突出部分不宜过大，平面凸凹变化不宜过多过深，应控制建筑的体形系数，建筑平面尽量规整。确保产品尺寸规格的标准化、模数化，这样易于产品在流水线上生产，最终实现预制构件工厂化大规模生产。

3.3.1　住宅建筑设计分类、常用空间形式

3.3.1.1　住宅分类

按层数进行分类：一至三层为低层住宅，四至六层为多层住宅，七至九层为中高层住宅，十层及十层以上为高层住宅。

按《建筑设计防火规范》(GB 50016—2014)分类：建筑高度不大于27 m的住宅(包括设置商业网点的住宅)为单、多层住宅，建筑高度大于27 m，但不大于54 m的住宅建筑(包括设置商业网点的住宅)为二类高层住宅；建筑高度大于54 m(包括设置商业网点的住宅)的住宅为一类高层建筑。

按国家建设类型分类：商品住宅和保障性住宅(含经济适用房和廉租房)

3.3.1.2　住宅常用空间形式

根据住宅使用功能，主要使用空间有客厅、卧室、厨房、卫生间、阳台，使用空间的不同组合形成不同的户型。主要有一室一厅、二室一厅、二室二厅、三室一厅、三室二厅、四室二厅、五室三厅户型。在空间上不同又有跃层、大平层和错层户型。

3.3.2　装配式住宅的户型选择原则

户型设计的本质是创造良好空间，提高居住品质，这不仅是传统住宅户型设计的原则，更是装配式住宅户型设计的出发点。在装配式住宅户型设计中，轴线的调整和功能的微调都是为了使户型更优化，创造更为宜居的居住空间。户型的选择尤为重要，主要遵循以下原则：

(1)减少户型数量满足不同方位布置可行性。整个小区户型越少，越能做到标准化，统一化设计，提高装配构件的制作，减少模具套数，在满足功能要求的前提下起到降低造价的作用。

(2)采用标准模块、可变模块和核心筒模块组合，如图3-14所示。

(3)宜选用大开间、大进深的平面布置。大空间使户内设计分隔灵活，预制装配率提高，平面户型易做到规整。

(4)厨房、卫生间要标准化设计。厨房、卫生间布局和尺寸变化较小，不仅使得功能空间的布置更为集成优化，也为整体式卫生间的安装和性能提升提供了可能。

(5)门窗洞宜上下对齐、成列布置，其平面位置和尺寸应满足结构受力及预制构件的设计要求；剪力墙结构不宜采用转角窗。

(6)考虑承重墙体上下对应贯通，避免形体过大的凹凸变化。

3.3.3　竖向核心筒的选择

(1)核心筒首先应满足消防防火规范要求。

(2)根据不同高度选择合适的核心筒。

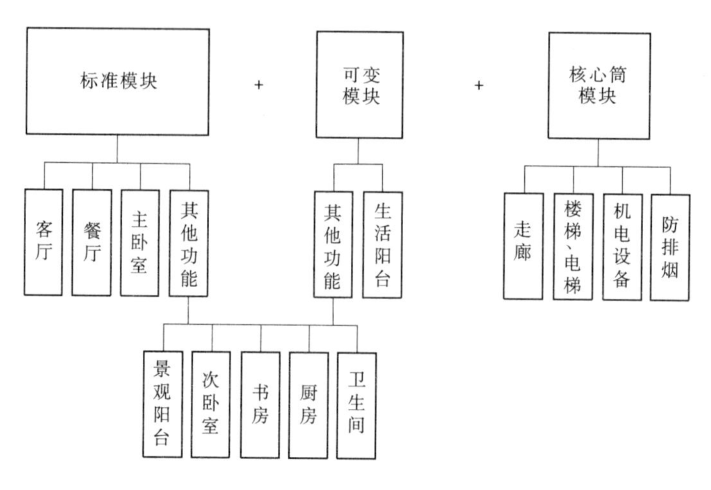

图 3-14　模块组合示意图

(3)要满足户型组合需求,东、西、南及东北和西北方向均能放置户型要求。

(4)核心筒要综合走廊、电梯、楼梯、机电管井、防排烟管井等功能。

不同类型的核心筒形式如图 3-15 所示。

3.3.4　户型拼接和常用形式

建筑工业化中的住宅标准组合模块主要包括户型模块和核心筒模。模块化设计能够将预制产品进行成系列的设计,形成鲜明的套系感和空间特征,使之具有系列化、标准化、模数化和多样化的特点。

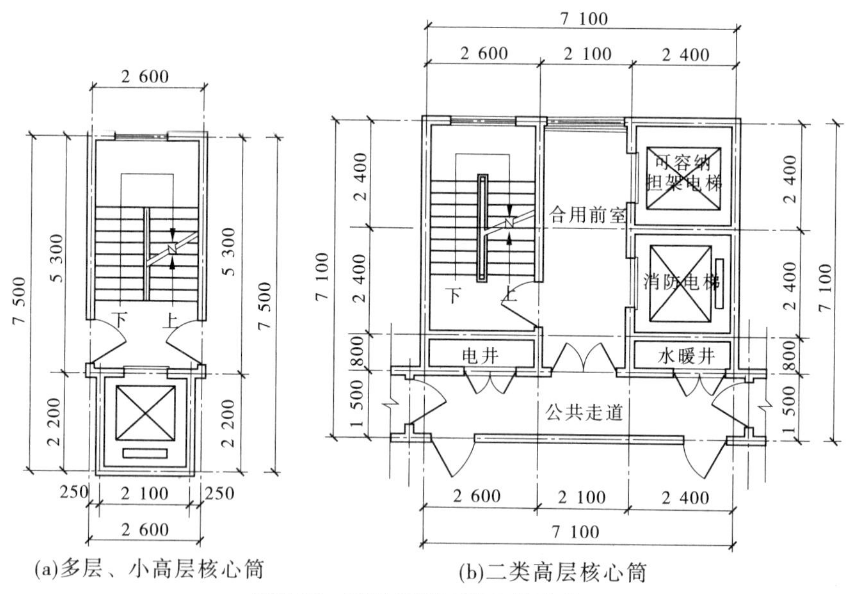

(a)多层、小高层核心筒　(b)二类高层核心筒

图 3-15　不同类型的核心筒形式

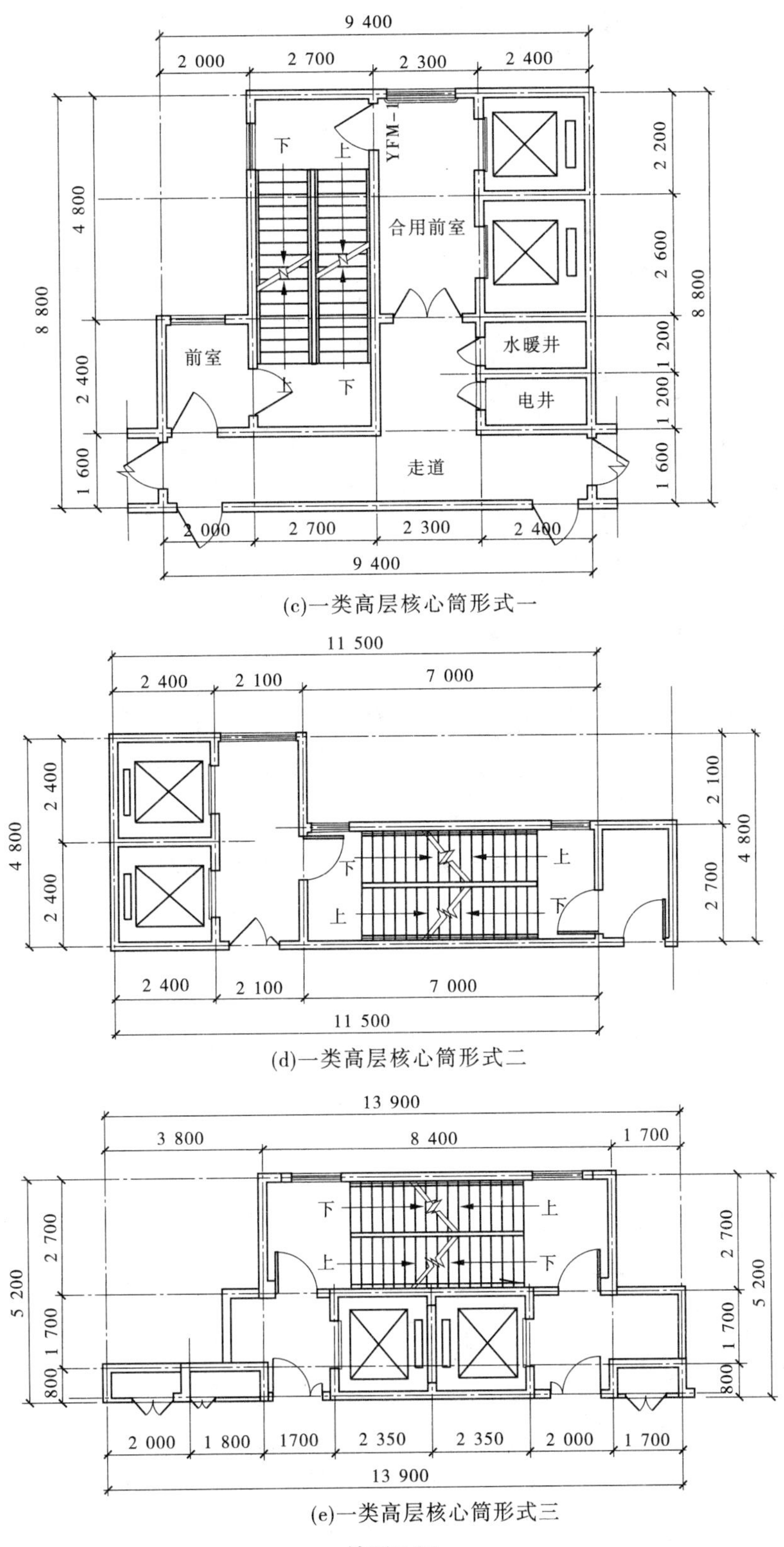

(c)一类高层核心筒形式一

(d)一类高层核心筒形式二

(e)一类高层核心筒形式三

续图 3-15

标准化的组件，使得产品可以进行高效率的流水生产，节省开发和生产成本；户型拆分的系列化的建筑部品是同一系列的产品，具有相同功能、相同原理方案、基本相同的加工工艺的特点。重复越多对工业化的批量生产越有利，同时也越能大幅降低成本。

下面分两种体系图解户型组合拼接形式：

(1)保障房体系：装配式住宅最适宜保障房建设，单个户型少，易做到规整统一。

保障房——A 体系，如图 3-16 所示。

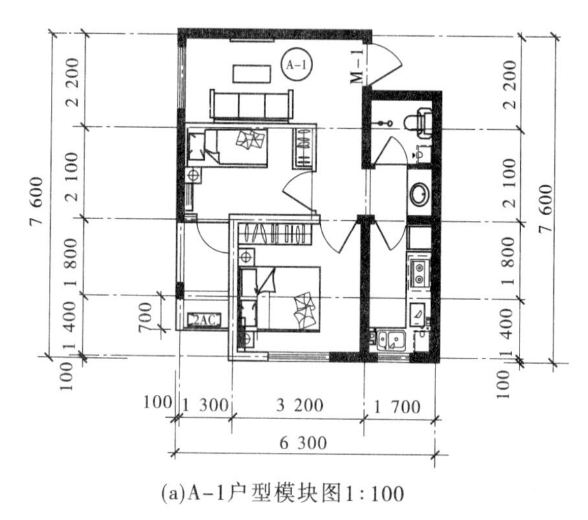

(a)A-1户型模块图1:100

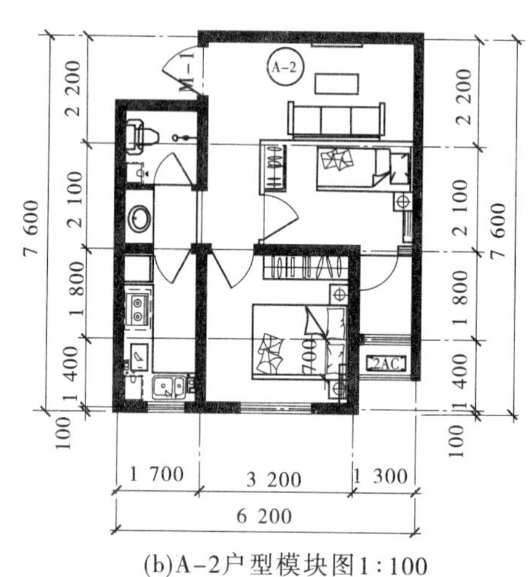

(b)A-2户型模块图1:100

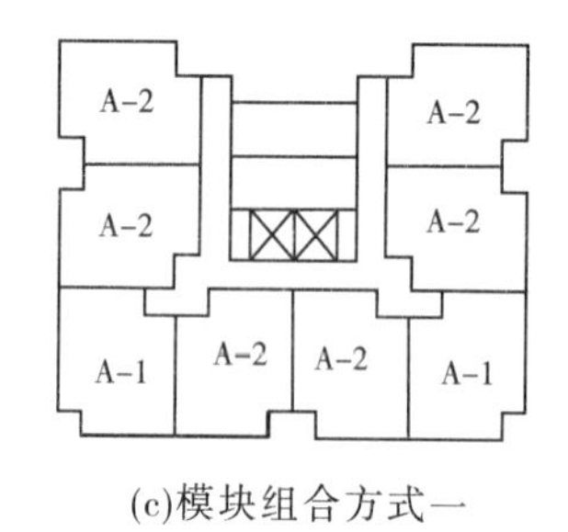

(c)模块组合方式一

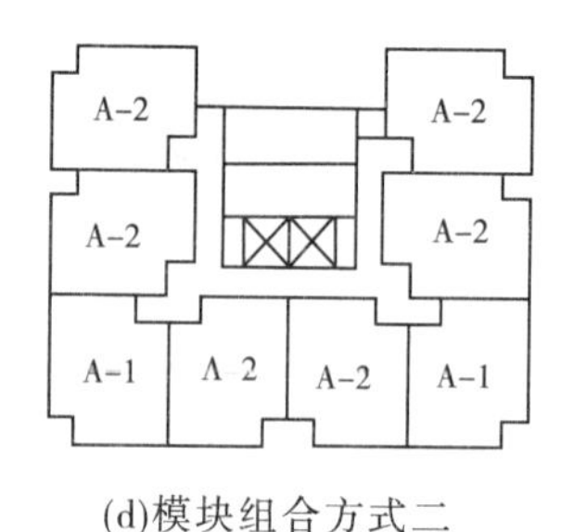

(d)模块组合方式二

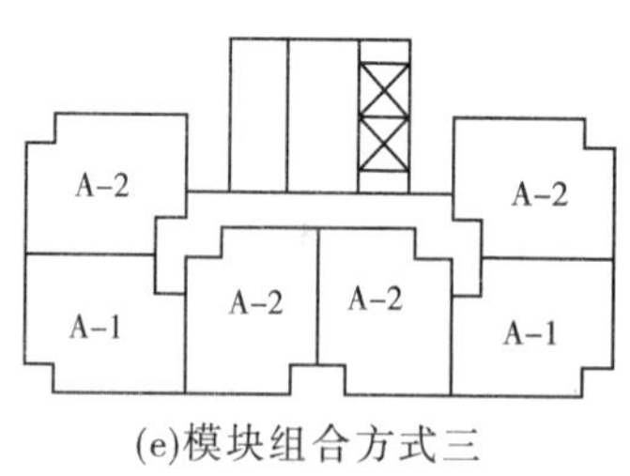

(e)模块组合方式三

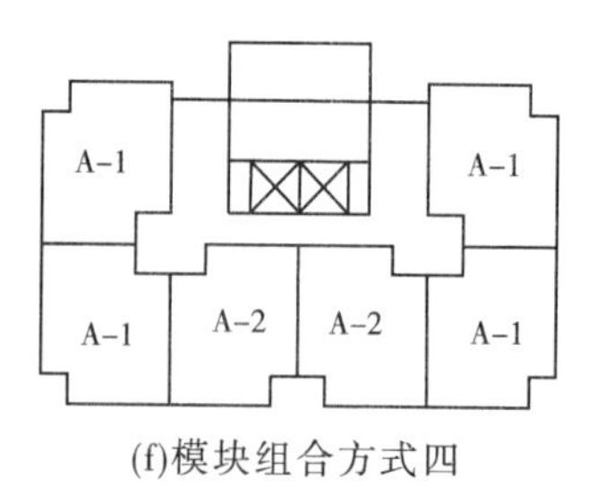

(f)模块组合方式四

注：A系列户型模块有四种常见组合方式：

组合一和组合二：标准层八户塔楼户型，适用于19~33层住宅楼栋，可作为独立单元。

组合三和组合四：标准层六户短板式户型单元，通常用于19~33层住宅楼栋，可作为独立单元。

图 3-16 保障房——A 体系

保障房——B 体系，如图 3-17 所示。

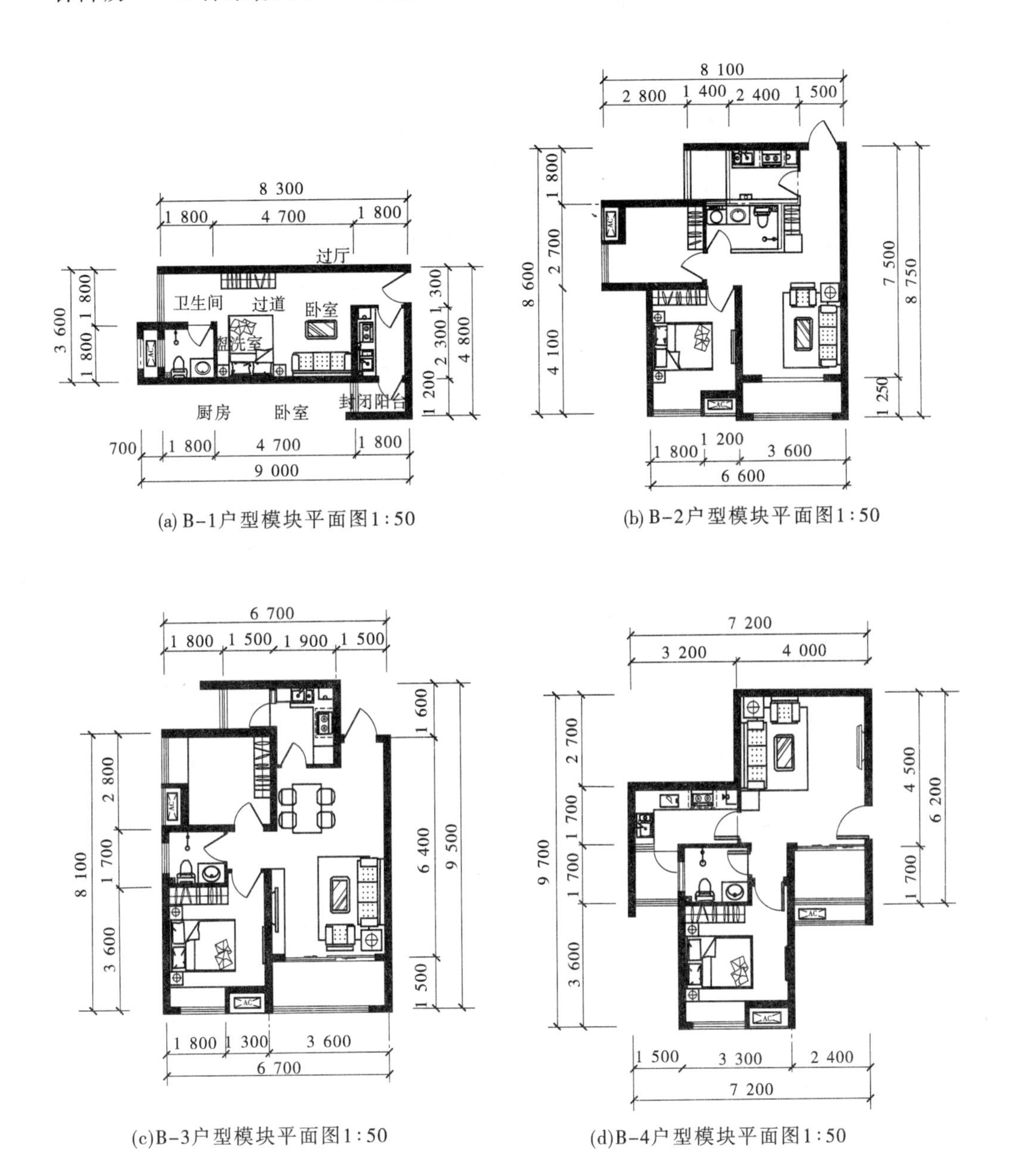

(a) B-1户型模块平面图1:50

(b) B-2户型模块平面图1:50

(c)B-3户型模块平面图1:50

(d)B-4户型模块平面图1:50

图 3-17　保障房——B 体系

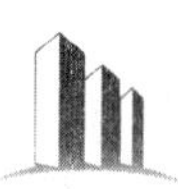

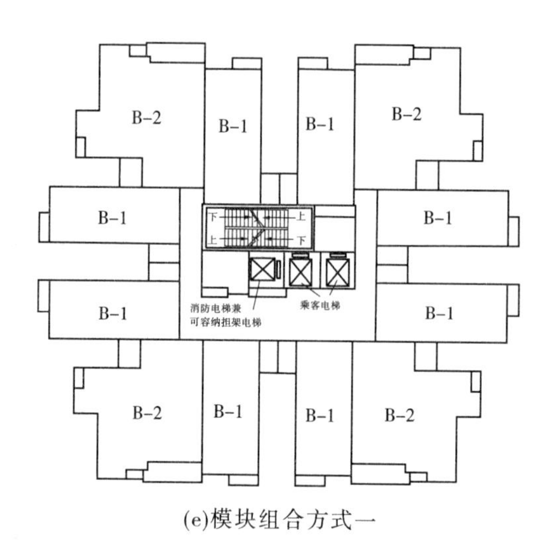

(e)模块组合方式一

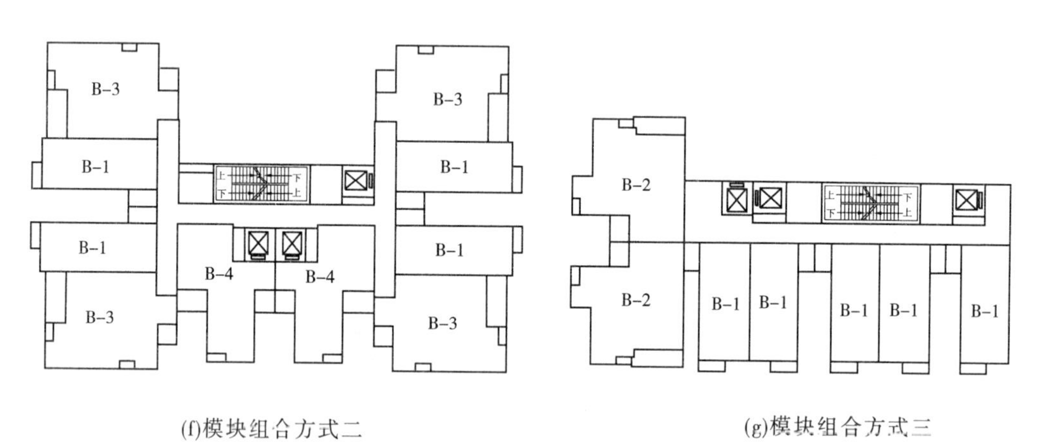

(f)模块组合方式二

(g)模块组合方式三

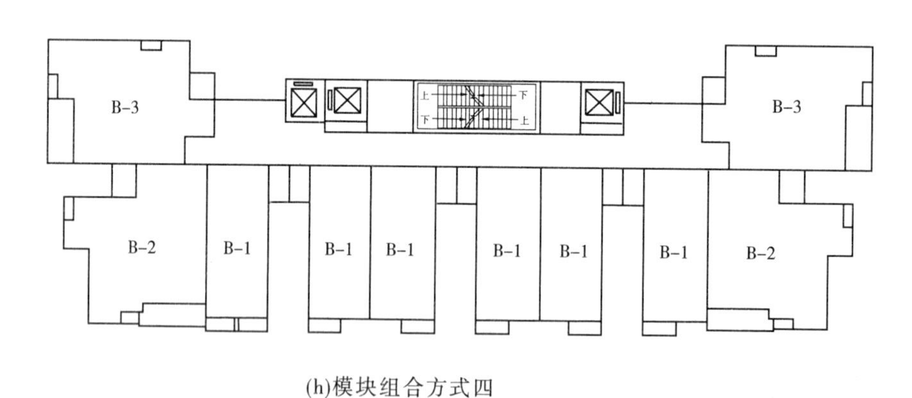

(h)模块组合方式四

续图 3-17

保障房——C 体系,如图 3-18 所示。

(2)商品房体系:商品房单个户型多,需要进行布局优化,做到规整,减少凹凸变化。

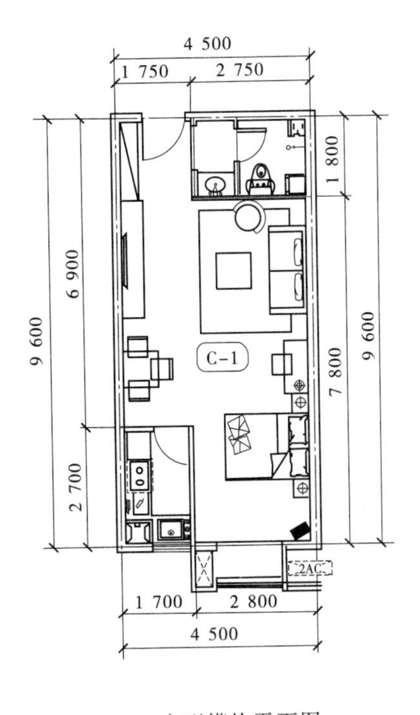

(a)C-1户型模块平面图

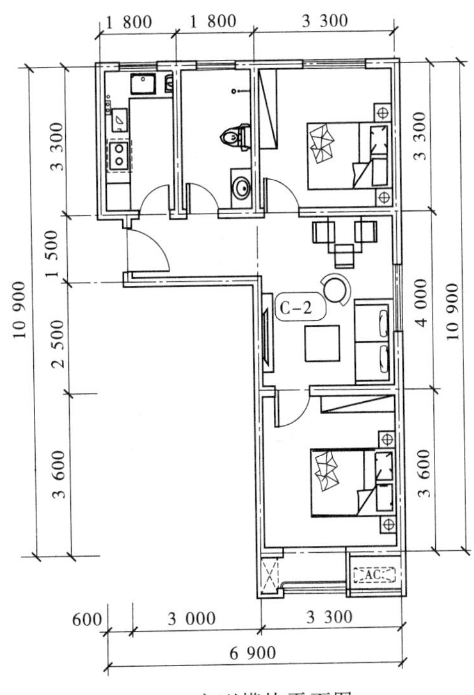

(b)C-2户型模块平面图

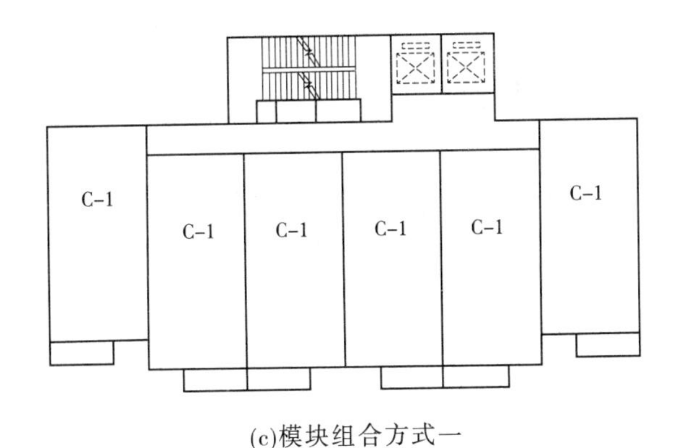

(c)模块组合方式一

(d)模块组合方式二

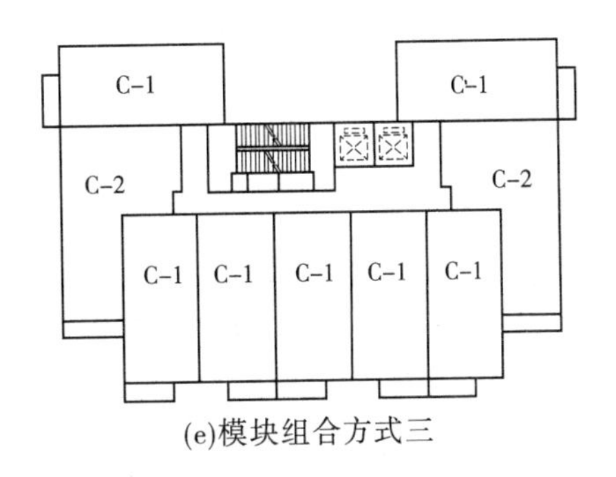

(e)模块组合方式三

图3-18　保障房——C体系

商品房户型组合体系，如图3-19所示。

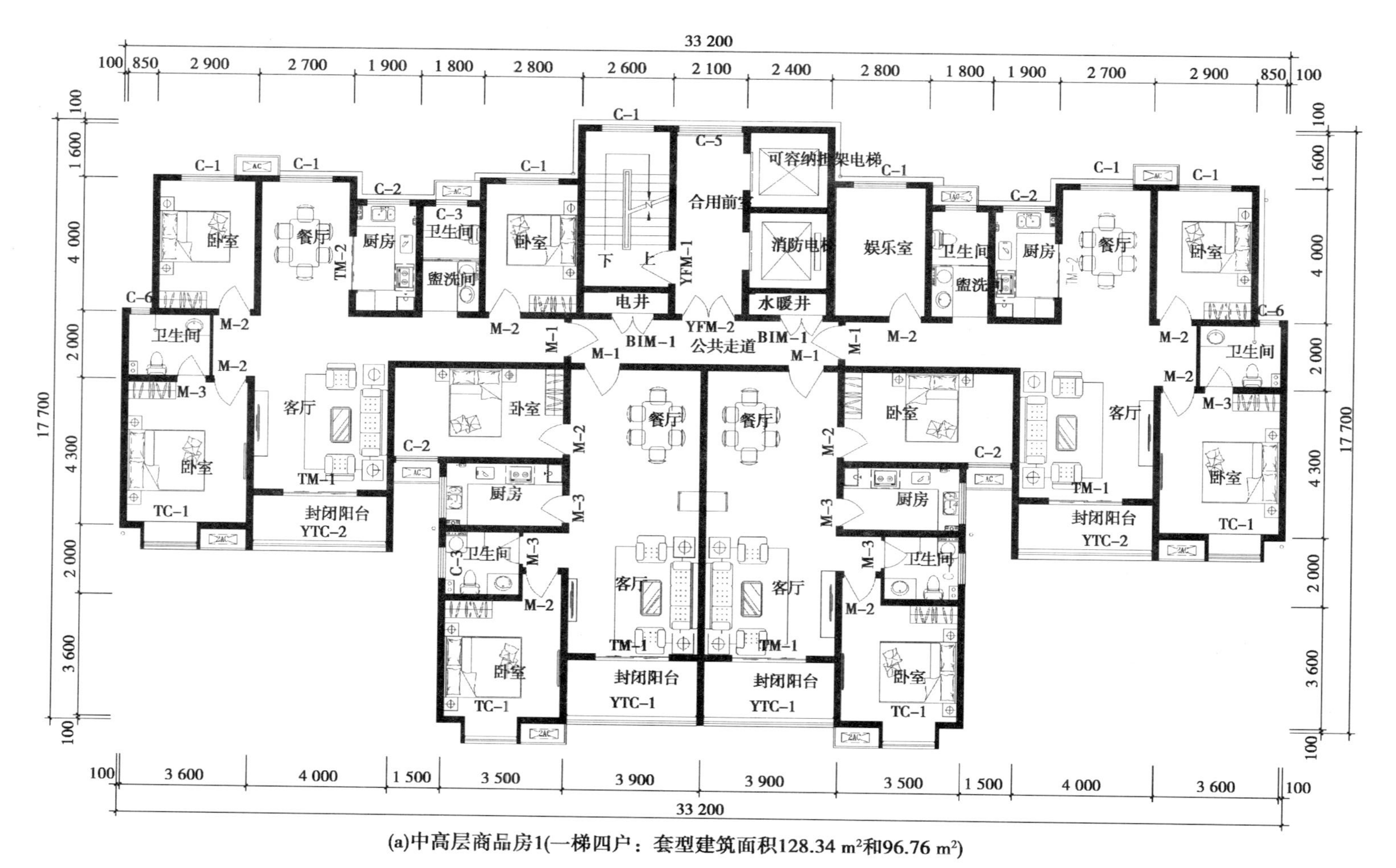

(a)中高层商品房1(一梯四户：套型建筑面积128.34 m²和96.76 m²)

图 3-19　商品房户型组合体系

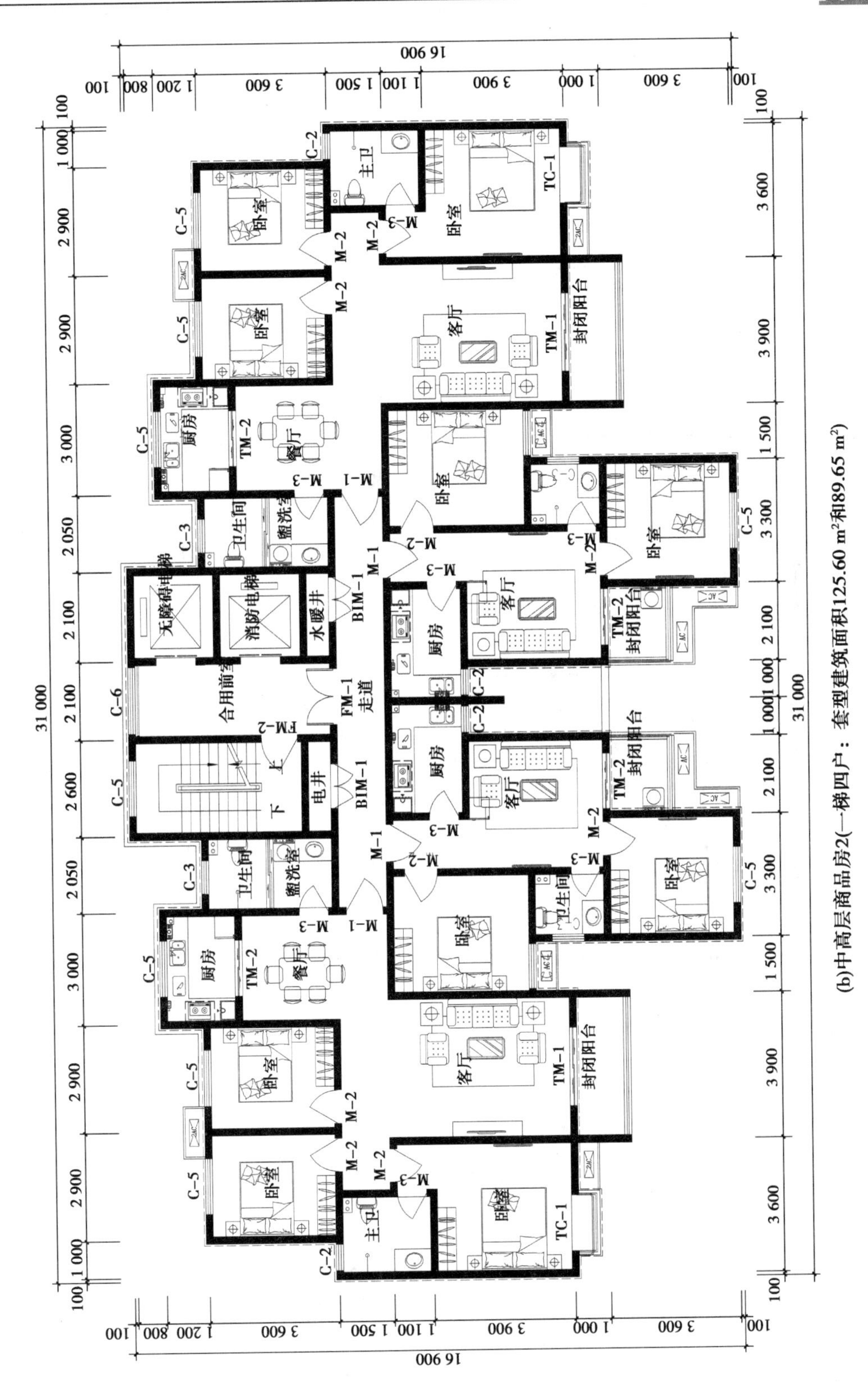

(b)中高层商品房2(一梯四户：套型建筑面积125.60 m²和89.65 m²)

续图 3-19

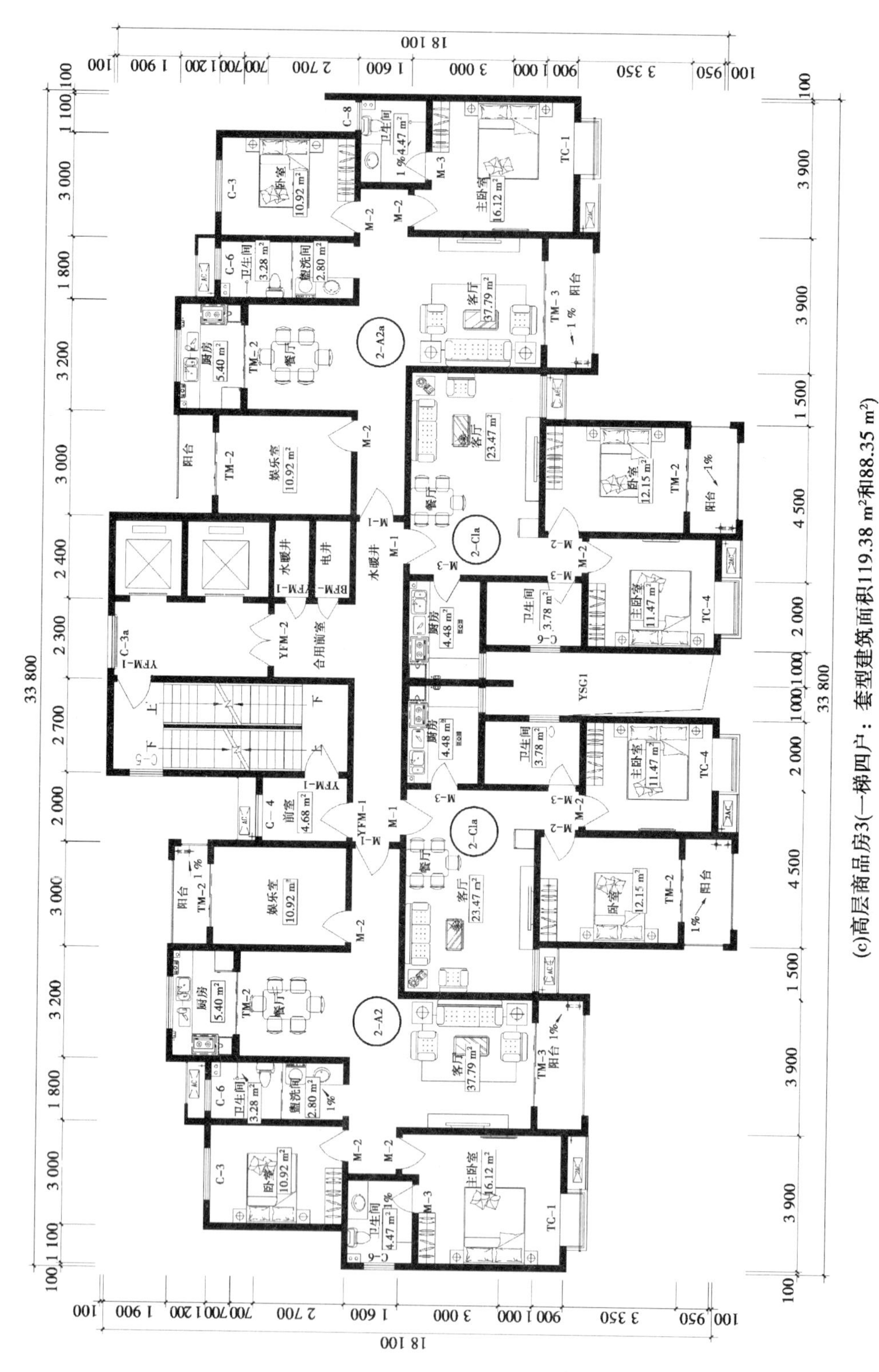

(c)高层商品房3(一梯四户：套型建筑面积119.38 m²和188.35 m²)

续图 3-19

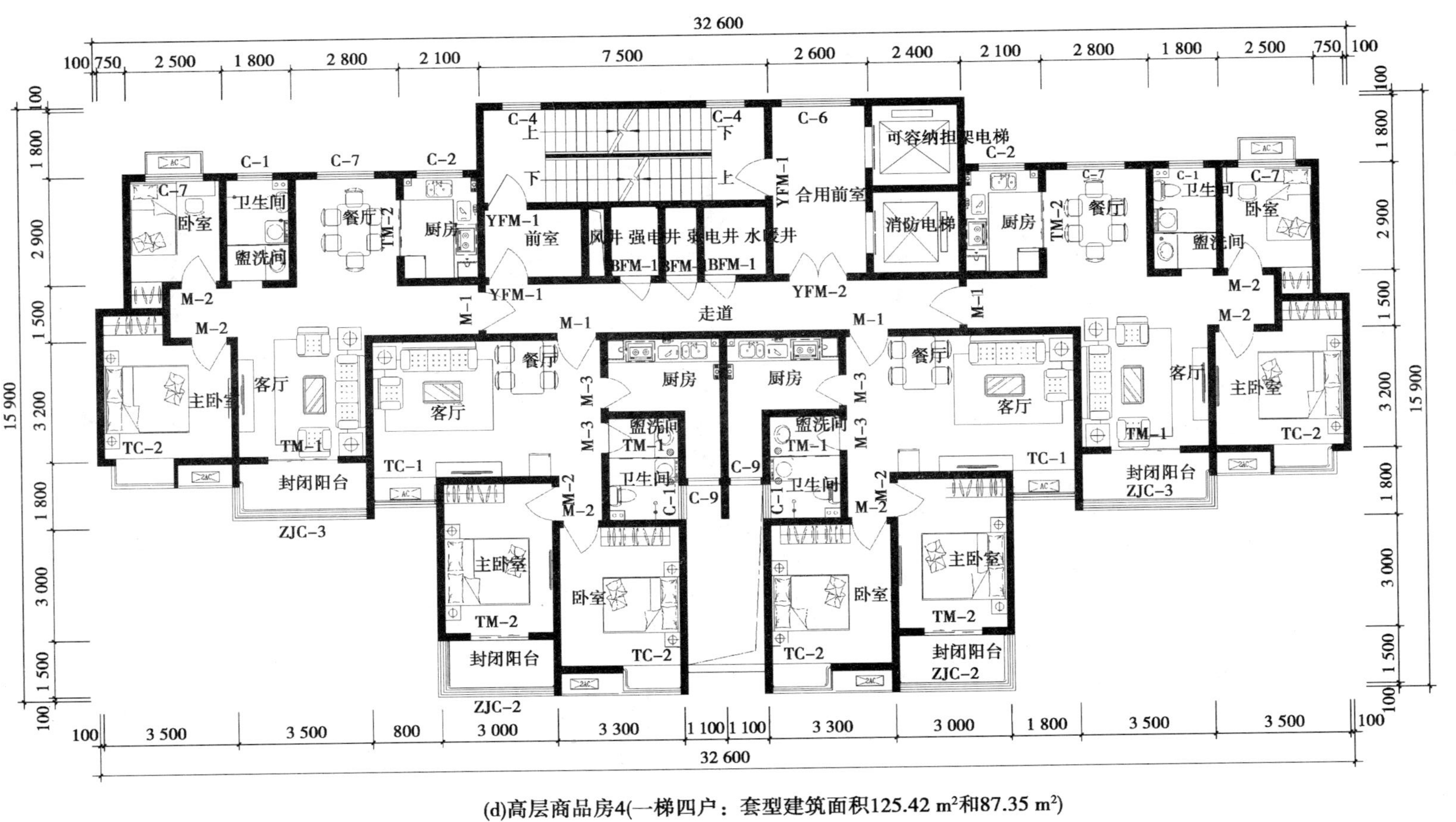

(d)高层商品房4(一梯四户：套型建筑面积125.42 m²和87.35 m²)

续图 3-19

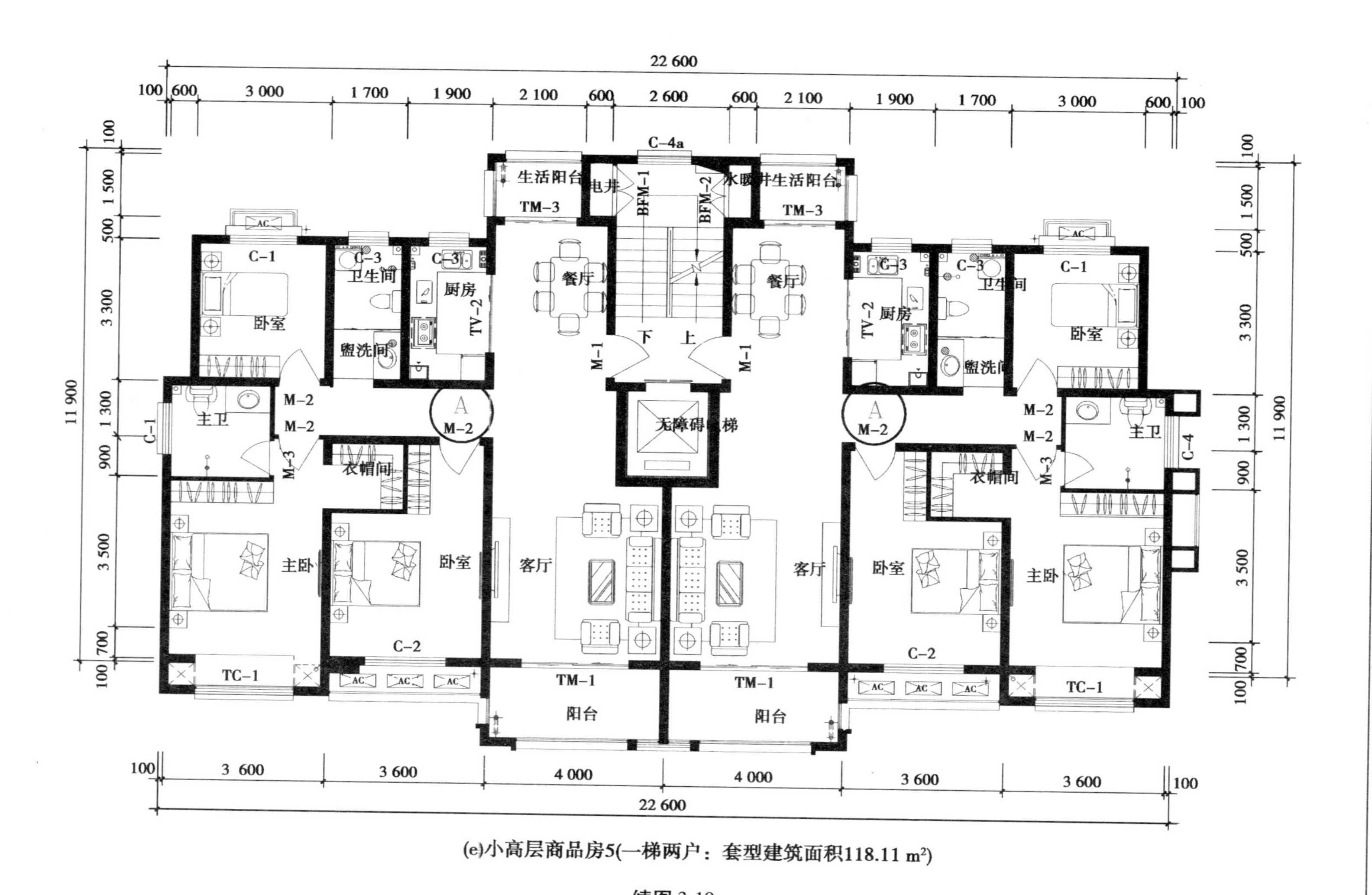

(e)小高层商品房5(一梯两户：套型建筑面积118.11 m²)

续图 3-19

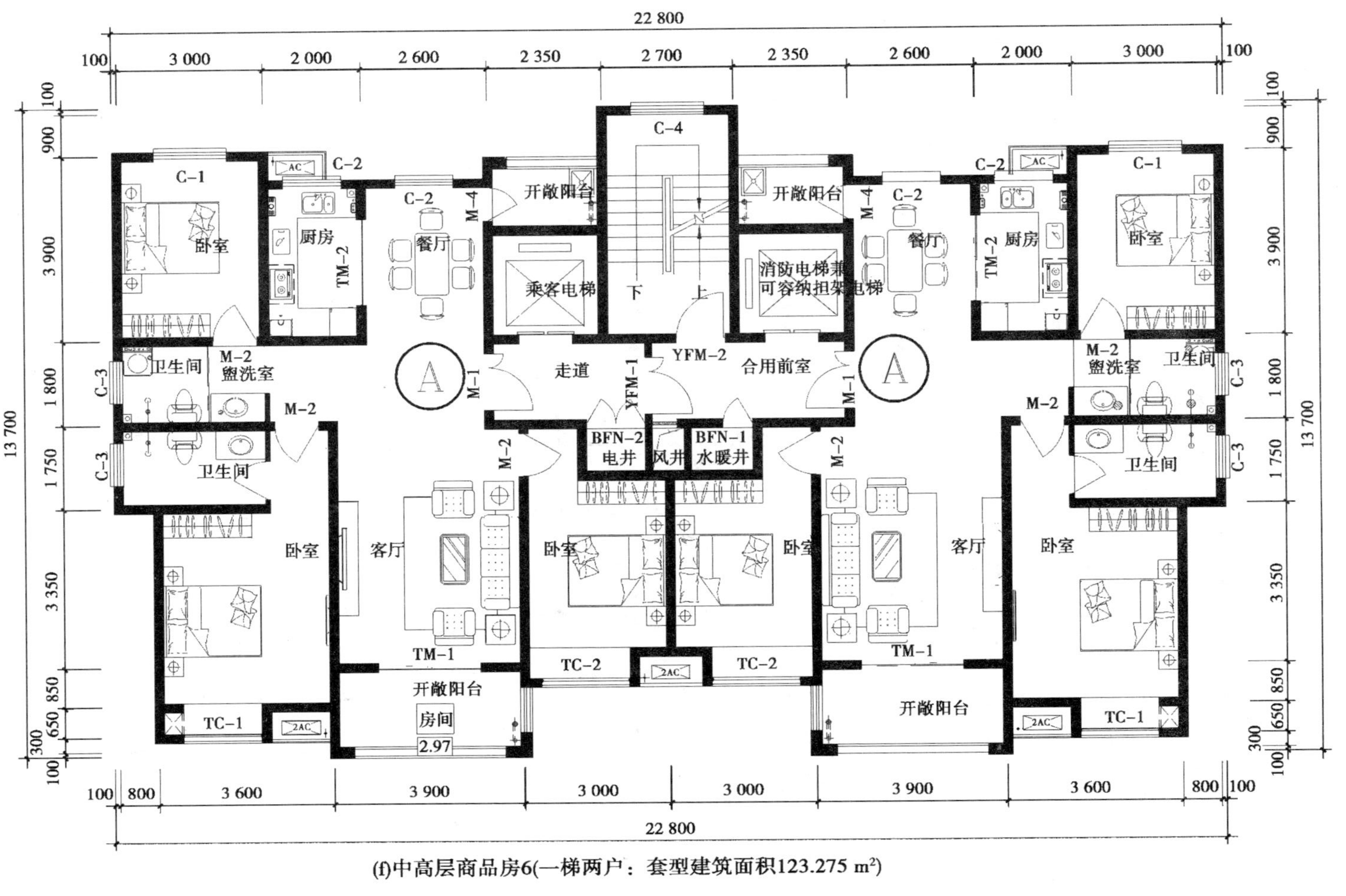

(f)中高层商品房6(一梯两户：套型建筑面积123.275 m²)

续图 3-19

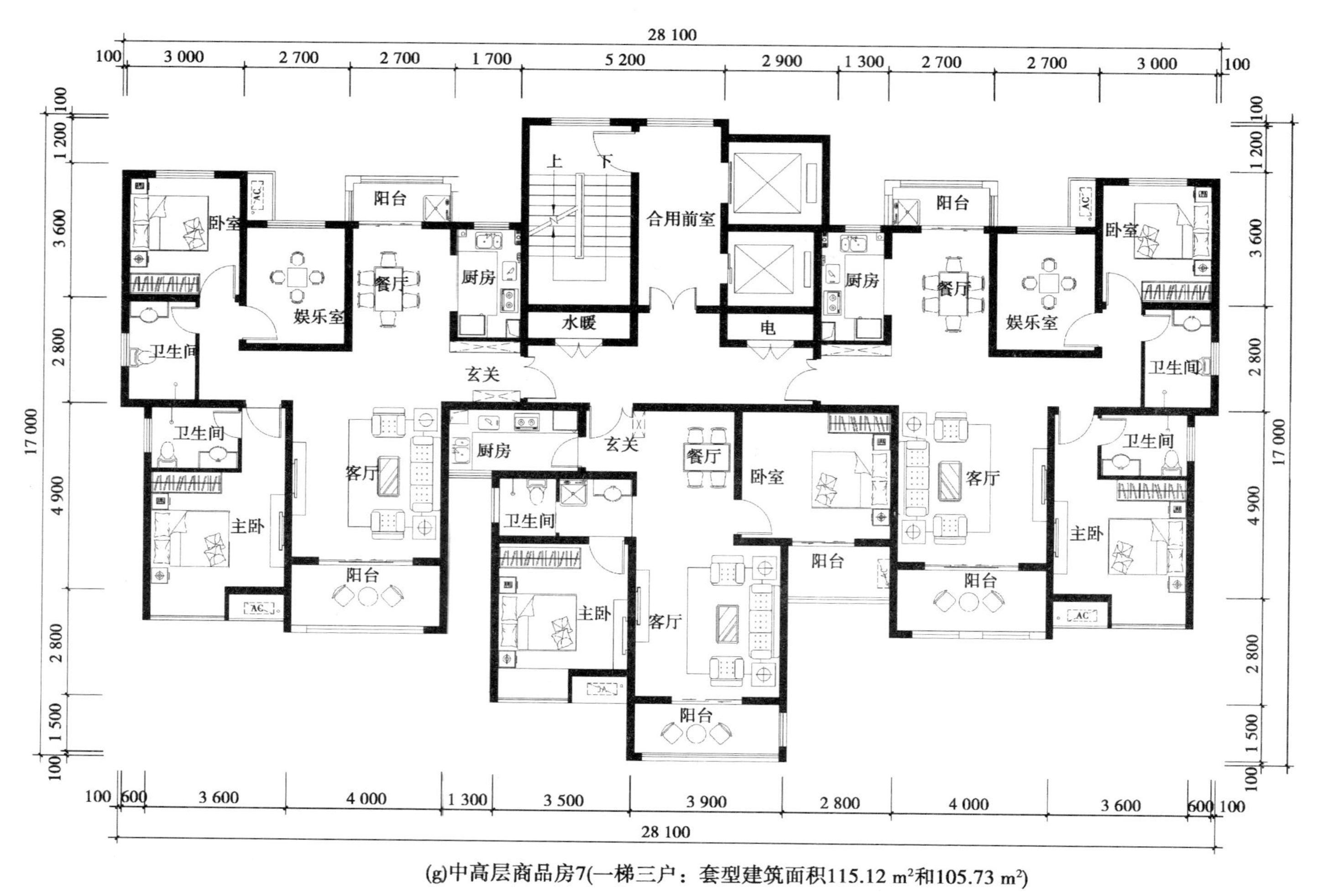

(g)中高层商品房7(一梯三户：套型建筑面积115.12 m²和105.73 m²)

续图 3-19

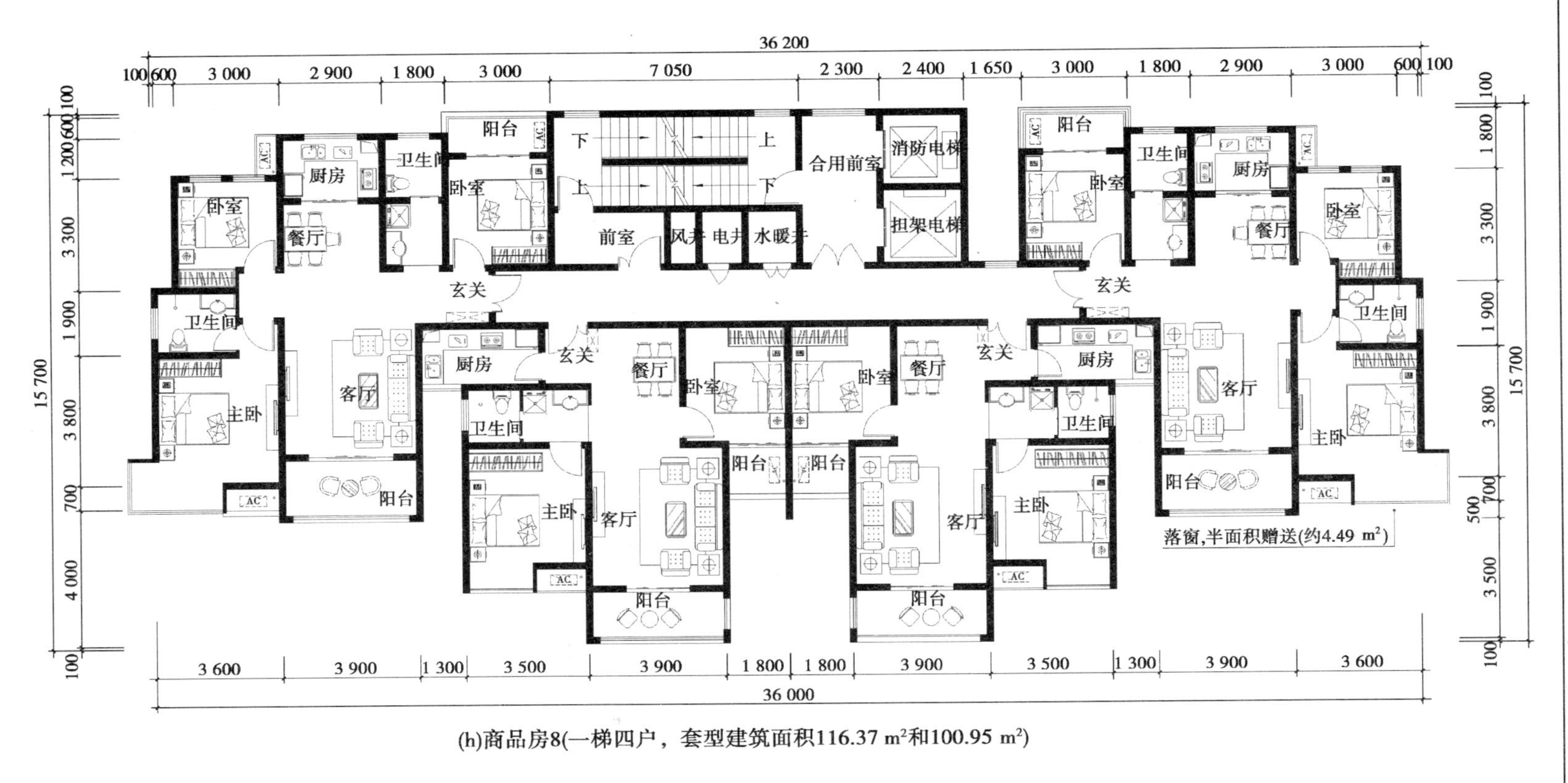

(h)商品房8(一梯四户，套型建筑面积116.37 m²和100.95 m²)

续图 3-19

习　题

1. 简述模数化、标准化在装配式建筑平面设计中的运用。
2. 简述模数化对装配式建筑发展的重要意义。
3. 简述装配式混凝土建筑设计的独特特点,宜向哪方面发展?
4. 简要介绍装配式混凝土建筑的不同户型及户型拼接方式。
5. 了解装配式建筑构造要求。

第4章　结构设计

学习内容

本章介绍了装配式结构设计相关规范的一些要求,设计中需要遵循的一些基本要求及设计方法,包括作用、结构分析、预制构件设计和楼盖设计等。

学习要点

了解装配式结构设计的内容。掌握相关规范规定的具体设计方法,对装配式结构能够进行合理的结构分析。

4.1　一般规定

(1)装配式结构应依据《装配式混凝土结构技术规程》(JGJ 1—2014)、《高层建筑混凝土结构技术规程》(JGJ 3—2010)等相关规范要求进行设计。

(2)预制装配整体式钢筋混凝土结构,整体计算可按现浇混凝土结构同样的方法进行。

(3)预制装配式建筑的最大适用高度、高宽比、抗震等级应按照《装配式混凝土结构技术规程》(JGJ 1—2014)及其他相关规范的要求。

(4)结构的平面和立面布置应满足《建筑抗震设计规范》(GB 50011—2010)、《高层建筑混凝土结构技术规程》(JGJ 3—2010)相关要求。

(5)高层装配整体式结构应符合下列规定:

①宜设置地下室,地下室宜采用现浇混凝土。

②剪力墙结构底部加强部位的剪力墙宜采用现浇混凝土。

③框架结构首层柱宜采用现浇混凝土,顶层宜采用现浇楼盖结构。

(6)抗震设计时,构件、节点的承载力抗震调整系数按《装配式混凝土结构技术规程》(JGJ 1—2014)的相关要求。

(7)装配式结构构件的设计应便于标准化生产、运输和安装。预制剪力墙宜保证门窗洞口的完整性。

(8)外围墙体宜按剪力墙设计,以便于加工和安装。

(9)无楼板约束墙体宜采用现浇混凝土或加大现浇区域,楼梯间外侧无楼板约束墙体不宜做预制剪力墙,宜按填充墙处理。

(10)装配式建筑在前期设计阶段应与构件加工方进行沟通,考虑预制构件的设计、加工、安装等要素。

4.2　作用及作用组合

(1)装配式结构的作用及作用组合应根据国家现行标准《建筑结构荷载规范》(GB

50009—2012)、《建筑抗震设计规范》(GB 50011—2010)、《高层建筑混凝土结构技术规程》(JGJ 3—2010)和《混凝土结构工程施工规范》(GB 50666—2011)等确定。

(2)预制构件在翻转、运输、吊运、安装等短暂设计状况下的施工验算,应将构件自重标准值乘以动力系数后作为等效静力荷载标准值。构件运输、吊运时,动力系数宜取1.5;构件翻转及安装过程中就位、临时固定时,动力系数可取1.2。

(3)预制构件进行脱模验算时,等效静力荷载标准值应取构件自重标准值乘以动力系数后与脱模吸附力之和,且不宜小于构件自重标准值的1.5倍。

(4)设防烈度地震作用下进行结构分析时,应根据不同的抗震性能目标进行结构构件的截面抗震验算。对平面、竖向特别不规则结构以及超限高层建筑宜采用弹塑性静力或动力分析方法进行罕遇地震作用下的结构分析。

4.3 结构分析

(1)结构的变形和内力按弹性计算。选取能反映结构中各构件的实际受力状况的空间模型进行分析。内力和位移计算时,应假定楼板面内无限性刚度。

(2)当同一层内既有预制又有现浇抗侧力构件时,地震设计状况下应对现浇抗侧力构件在地震作用下的弯矩和剪力进行适当放大。

(3)多遇地震作用和设防烈度地震作用下,按弹性方法进行结构整体分析;罕遇地震作用下,按弹塑性方法进行结构整体分析。

(4)在结构内力与位移计算中,楼面的中梁刚度可根据翼缘情况取1.3~2.0的增大系数,楼面的边梁刚度可根据翼缘情况取1.2~1.5的增大系数。

(5)当采用基于性能目标进行抗震设计时,结构和构件抗震性能目标可按《高层建筑混凝土结构技术规程》(JGJ 3—2010)的要求进行设定。

4.4 预制构件设计

(1)预制构件主要包括预制墙板、预制梁、预制楼板、预制楼梯以及飘窗等其他节点构件。其中,预制墙板包括预制剪力墙、预制填充墙、预制剪力墙和填充墙(简称预制混合墙)三种情况。

(2)预制剪力墙、梁、板等应具有与现浇构件相同的强度、耐久性、耐火性、防水性等性能。剪力墙、梁等应根据相互之间的连接做法选用正确的计算方法,叠合楼板要保证有充分的强度和刚度以满足面内无限刚性假定。

(3)预制构件的设计应符合下列规定:

①预制构件的设计应满足建筑使用功能,并符合标准化要求。

②对持久设计状况,应对预制构件进行承载力、变形、裂缝控制验算。

③地震设计状况,应对预制构件进行承载力验算。

④对制作、运输和堆放、安装等短暂设计状况下的预制构件验算,应符合现行国家标准《混凝土结构工程施工规范》(GB 50666—2011)的有关规定。

(4)预制板式楼梯的梯段板底应配置通长的纵向钢筋。板面宜配置通长的纵向钢筋;

当楼梯两端均不能滑动时，板面应配置通长的纵向钢筋。

（5）预制外挂墙板、接合面、连接件的内力计算应按实际边界条件，并考虑竖向荷载、风荷载、地震作用。

（6）围护墙和隔墙应优先采用轻质墙体材料。与主体结构应有可靠的拉结，并宜采用柔性连接，适应主体结构不同方向的层间位移。围护墙和隔墙应考虑对结构抗震的不利影响，避免不合理设置而导致主体结构的破坏。

4.5　楼盖设计

（1）高层建筑不宜采用装配式楼、屋盖，应采用装配整体式楼、屋盖，并应采取措施保证楼、屋盖的整体性及与抗震墙的可靠连接。

（2）装配整体式结构的楼盖宜采用叠合楼盖。地下室楼板、结构转换层、平面复杂或开洞较大的楼层宜采用现浇楼盖。

（3）叠合板应按现行国家标准《混凝土结构设计规范》（GB 50010—2010）进行设计，并应符合下列规定：

①叠合板的预制板厚度不宜小于60 mm，后浇混凝土叠合层厚度不应小于60 mm。

②当叠合板的预制板采用空心板时，板端空腔应封堵。

③跨度大于3 m的叠合板，宜采用桁架钢筋混凝土叠合板。

④跨度大于6 m的叠合板，宜采用预应力混凝土预制板。

⑤板厚大于180 mm的叠合板，宜采用混凝土空心板。

习　题

1. 装配式结构分析有哪些具体的要求？

2. 装配式结构中预制构件有哪些？预制构件设计的要求是什么？

3. 装配式结构中楼盖设计有哪些要求？

第5章 装配式框架结构设计

学习内容

装配式混凝土结构与现浇混凝土结构设计的区别主要体现在结构选型、预制构件的拆解布置和特殊的构造要求等方面。目前,装配式混凝土建筑从结构形式角度主要有剪力墙结构、框架结构、框架－剪力墙结构、框架－核心筒结构等结构体系。本章重点介绍装配式混凝土框架结构的分类、预制构件的特点和设计方法以及连接节点设计等。

学习要点

1. 了解装配式混凝土框架结构的分类。
2. 了解装配整体式混凝土框架结构体系。
3. 掌握装配整体式混凝土框架结构预制构件的设计方法以及连接节点的设计。

5.1 装配式混凝土框架结构

5.1.1 装配式混凝土框架结构体系的分类

装配式混凝土框架结构按照结构中预制混凝土的应用部位可分为以下三种:

(1)竖向承重构件现浇,外围护墙、内隔墙、楼板等采用预制构件。

(2)部分竖向承重结构构件以及外围护墙、内隔墙、楼板、楼梯等采用预制构件。

(3)全部竖向承重结构、水平构件和非结构构件均采用预制构件。

以上三种装配式混凝土建筑结构的预制率由低到高,施工安装的难度也逐渐增加,是循序渐进的发展过程。目前三种方式均有应用。其中,第一种从结构设计、受力和施工的角度,与现浇结构更接近,《装配式混凝土结构技术规程》(JGJ 1—2014)规定可以等同于现浇结构进行设计。

按照结构中主要预制承重构件连接方式的整体性能,可区分为全装配式混凝土结构和装配整体式混凝土结构。前者预制构件间可采用干式连接方法,安装简单方便,但设计方法与通常的现浇混凝土结构有较大区别在国内的研究工作尚不充分。后者以钢筋和后浇混凝土为主要连接方式,性能等同或者接近于现浇结构,《装配式混凝土结构技术规程》(JGJ 1—2014)规定可按现浇结构进行设计(除规程另有要求),也是本章的主要内容。

5.1.2 装配整体式混凝土框架结构

全部或部分框架梁、柱采用预制构件建成的装配整体式混凝土结构简称装配整体式框架结构。根据预制构件的种类,该结构的装配形式可分为“预制柱＋叠合梁＋叠合板”和

“现浇柱 + 叠合梁 + 叠合板”两种类型,见图 5-1 ~ 图 5-5 所示。

图 5-1　装配式框架结构

图 5-2　预制柱和叠合梁

图 5-3　叠合楼板

图 5-4　叠合梁

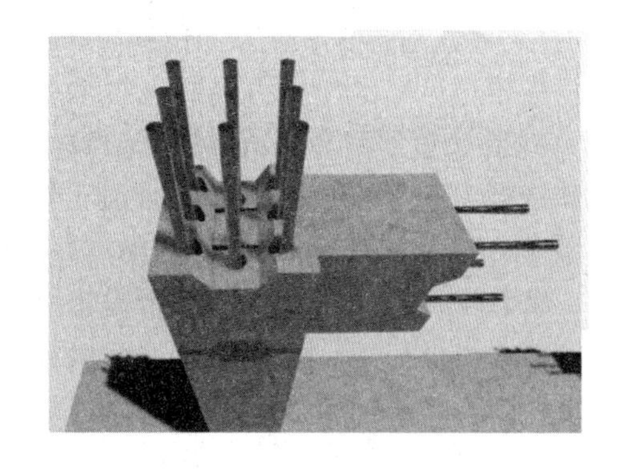

图 5-5　预制梁 - 柱节点

结构设计时，首先要遵循强柱弱梁、强剪弱弯、强节点弱构件等原则，且结构分析模型与结构实际情况一致。根据国内外的研究成果，对于在地震区的装配整体式框架结构，当采取了可靠的节点连接方式和合理的构造措施后，其性能可等同于现浇混凝土框架结构，可以采用"等同现浇"的方法进行结构分析和设计。目前的设计规范均基于此理论进行。

5.2　预制预应力混凝土框架结构

5.2.1　预制预应力混凝土框架结构研究现状

预制混凝土结构现代化的制造、运输、安装和科学管理是工业化建筑的生产方式。如今，预制混凝土已经历了140余年的发展历史。与现浇混凝土结构相比，预制混凝土结构具有现场湿作业量少、构件质量高、施工速度快、工期短、节约材料、耐久性好、经济和社会环境效益好等优点，但也存在节点连接可靠性和结构整体性差，在抗震区应用受到限制等不足。如在1976年唐山大地震、1988年Spitak地震、1994年Northridge地震、1995年阪神地震、1999年Marmara地震、2008年汶川地震、2011年新西兰Christchurch地震、2013年雅安地震中，预制混凝土结构的损伤和破坏较严重。预制混凝土结构的预制构件间连接既是结构连接的薄弱环节，也是结构整体抗震性能研究的前提和基础。

预制混凝土构件在地震中的破坏见图5-6。

图5-6　预制混凝土构件在地震中的破坏

1866年美国的Jackson P H和1888年德国的Dochring C E W率先在混凝土结构中应用预应力，大部分是低值预应力，但应用并没成功，主要是由于混凝土徐变和收缩导致预应力很快损失殆尽。使得预应力混凝土技术真正进入实用阶段的是法国工程师Freyssinet E，1928年他在大量研究和总结混凝土和钢材性能的基础上，指出预应力混凝土必须采用高强钢材和混凝土，这一论断在预应力混凝土技术领域取得了关键性突破。

预应力有很多优点：能充分利用构件的拉、压强度，提高结构的抗剪切承载力和抗疲劳强度；减小构件的截面高度，改善结构的使用性能；调节刚度，增加稳定性，减少变形；具有良好的裂缝闭合与变形恢复性能。因此，预制预应力混凝土结构易于实现大跨度预应力混凝土框架结构的梁铰机制；易于评估地震对结构造成的损伤；恢复性能好，残余变形小，易于修复。

近年来，预应力混凝土技术在桥梁以外的预制结构中也得到了迅速发展，发达国家预制混凝土结构在土木工程中的应用比例：美国为35%，俄罗斯为50%，欧洲为35%～40%；其中预制预应力混凝土结构在美国和加拿大等国预应力混凝土用量中占80%以上。我国预制预应力混凝土结构虽然起步晚，但发展非常迅速，现已成为重要的建筑结构形式之一，尤其在大跨度、大空间、桥梁等大型建筑中应用更加广泛。“十二五”规划我国进入了保障性住房建设阶段，充分发挥装配整体式住宅的优越性，对加快城市化发展进程具有重大意义；正在编制的“十三五”规划中将明确新建和竣工产业化住宅面积等发展目标以及分城市、分阶段的发展战略。

5.2.2　节点性能研究

1990 年美国和日本的学术界和工程界通力合作，开展了一项有关预制混凝土结构的抗震研究，即 PRESSS(Precast Seismic Structural Systems) 研究计划，主要目标是研发适用于抗震区应用的预制混凝土结构及新材料，通过试验和理论研究，得到相应的计算模型和计算方法。当时之所以要启动这个研究计划，主要是因为研究者们认为预制装配式结构是未来发展的方向之一，但是相关的研究并不广泛，在高烈度地区缺乏先进高效的预制结构体系。PRESSS 计划主要研究不同烈度地区预制结构的抗震性能和设计方法，同时寻找和发展新的预制结构设计概念、技术和建造材料。

1991 年，Cheok Geraldine S 等进行了预制预应力节点与现浇节点对比试验，结果表明预制预应力节点位移延性好，残余变形小，但耗能较差，主要原因是预应力筋屈服。为了避免预应力筋提前屈服，1993 年 Priestley M J N 和 Tao J 提出了部分无黏结预应力筋可改善节点核心区和梁端塑性铰区的受力性能和减小残余变形的概念，Priestley M J N 和 MacRae G A 于 1996 年的试验证明了节点核心区内采用无黏结预应力筋可显著降低在大侧移的情况下核心区的损伤程度。为了提高预应力连接的耗能能力，1995 年，Stone W C 等通过试验验证了预应力混合连接节点强度高、变形恢复能力好，归因于配置的普通钢筋能显著提高节点的耗能能力。1997 年，John Stanton 等通过预制无黏结预应力混合连接混凝土框架中节点试验，配置了一定数量的有黏结非预应力普通钢筋用于耗能，得到了较好的抗剪切性能和变形恢复能力。2007 年，Ozden S 和 Ertas O 开展了预应力混合连接框架边节点试验研究，不但验证了节点具有足够的抗弯强度，即使在相对侧移达 4% 时强度也无显著退化，而且表明了普通钢筋配置量为 50% ~65% 时，滞回性能和耗能能力接近对比现浇节点，普通钢筋配置的试件耗能能力太差，不能满足设计要求。

2005 年，柳炳康等开展了预压装配式预应力混凝土框架节点的试验研究，构件发生梁端弯曲破坏，滞回曲线在预应力筋屈服前捏缩，屈服后趋于饱满，残余变形较小。2006 年，董挺峰等重点试验研究了无黏结预应力筋连接节点，与现浇节点相比较，虽然耗能能力差，但破坏程度小，具有良好的变形恢复能力。为了改善预应力连接的耗能能力，2006 年李振宝等试验研究了预应力混合连接节点，普通钢筋通过屈服或拉断来吸收能量，梁端弯曲破坏时混凝土被压碎，节点表现出比较好的位移延性和变形恢复能力。2007 年陈申一试验研究表明，配置无黏结段的预应力非对称混合连接节点在试验过程中预应力钢筋不会发生提前屈服，位移延性和变形恢复能力会更好，同课题组的梁培新等在 2010 年通过试验验证表明，无黏结后张预应力不对称混合连接边节点耗能和变形恢复能力强。孟少平等拓展了部分无黏结预应力预制框架节点试验研究，将预应力分两批张拉，试件最终也是发生梁端弯曲破坏，核心区在达到较大位移时仍未屈服，卸载后残余变形较小，具有较强的恢复能力。2012 年，孟少平等在自己多年研究的基础上提出了一种新型的自复位预应力预制节点形式(PT-

ED),该节点形式具有稳定的屈服后刚度及延性,提高了结构震后可修复性,适合在地震区推广应用。2009 年,冯健等进行了带键槽的预制预应力节点试验,破坏主要集中于梁端键槽部位,核心区和预制柱均未发生破坏,滞回曲线丰满,耗能能力较强。另外,2010 年柳炳康等提出了预压装配式预应力混凝土框架节点核心区处于双向受压状态使得节点具有良好的抗裂和耗能性能的观点。

国内外已有的有关装配式和装配整体式预应力节点研究均没有考虑楼板影响,考虑楼板影响的 T 形梁装配整体式节点能大大提高节点的极限承载力,尤其对于边节点影响更大。另外,预制板与预制梁、叠合层间的滑移等值得进一步深入研究。

5.2.3 抗震性能分析

1996 年,Priestley M J N 在伊利诺斯大学开展了六层预制混凝土框架结构振动台试验,框架在小震作用下处于弹性状态均未发生破坏;在大震作用下,螺栓连接的预制框架首先发生螺栓屈服,预应力连接的框架在预应力屈服前均处于弹性状态,最终破坏时梁端混凝土被压碎。Priestley M J N 等于 1999 年在加利福尼亚大学开展了一个 60% 缩尺比例的振动台试验,试验模型为五层两开间框架剪力墙结构,结果表明其抗震性能好,残余变形小,该试验一直被认为是 PRESSS 研究项目的巅峰之作,得到了很多重要的成果,并且被 ACI 采纳。1996 年,廖莎和易伟建开展了预应力叠合框架的试验研究,发现叠合面水平裂缝会导致支座截面的负钢筋得不到充分利用。为了验证大型工程的安全性,2006 年薛伟辰等进行了预制预应力混凝土空间结构的试验研究,框架整体性良好,符合设计要求。2006 ~ 2007 年,徐远征和柳炳康等相继开展了预压装配式预应力混凝土框架抗震性能研究,试验得到的滞回曲线饱满,耗能良好,残余变形小,具有较强的变形恢复能力。2010 ~ 2012 年,柳炳康等开展了两跨两层和单跨三层预压装配式混凝土框架的拟动力和拟静力试验,框架梁端首先出现塑性铰,满足“强柱弱梁”的设计原则,核心区处于双向受压状态,抗裂性、节点刚度和框架抗侧移刚度都较好,变形恢复能力强。2010 年,李振宝等验证了预应力装配式混凝土框架具有与现浇框架相近的抗震能力。2012 年,孟少平等开展的后张预应力筋预制混凝土框架的试验具有典型的梁端破坏和较好的恢复能力,设置无黏结段的框架耗能能力和恢复能力更好。当前国内外对于预制预应力框架的抗震性能研究领域包括装配式与装配整体式、先张拉和后张拉、预应力筋与非预应力普通钢筋混合配筋、无黏结和有黏结连接方式,但对于考虑叠合楼板、混合配筋的预应力筋、曲线布筋、部分无黏结等对预制预应力混凝土框架性能的影响还有待系统研究,为预制预应力混凝土框架结构在抗震设防地区的推广应用提供理论依据和基础资料。

5.2.4 工程应用

5.2.4.1 国外应用

2001 年在美国旧金山建成的 39 层的 Paramount Building(见图 5-7)是预制预应力结构在高层建筑中成功应用的典型标志。采用预应力改善预制结构梁柱结合部的抗震性能最早起源于日本,即“压着工法”:后张预应力既作为施工阶段的安装手段,又承受使用阶段梁端弯矩,使预制梁板柱组成一个整体受力节点和连续受力框架。20 世纪 90 年代初,日本开始采用“压着工法”施工技术,建造了日本横滨国际综合竞技场和普洛斯日本大阪新型的工业园区，是当时亚洲最大的物流设施，地下一层，地上七层。

图 5-7　Paramount Building

2011 年 2 月新西兰 Christchurch 地震中大量传统 RC 结构遭到严重的破坏，剪力墙结构也未幸免。但是一些采用新型结构体系的建筑却表现出了预期的良好抗震性能，比如采用 PRESSS 技术的 Southern Cross Hospital（见图 5-8）。Southern Cross Hospital 位于新西兰南岛，建于 2010 年，为后张预应力框架－剪力墙结构。在本次地震中，该结构东西方向有明显的瞬时变形，南部的联肢剪力墙顶部交界处有少量混凝土保护层的压碎，计算分析表明该结构在本次地震中的瞬时层间位移角超过 2.5%。但是由于采用了 PRESSS 技术，结构具备自复位能力，整个医疗设施正常运行。

图 5-8　Southern Cross Hospital

5.2.4.2　国内应用

1975～1995 年，我国全部或部分采用叠合结构的高层建筑近 30 幢，如北京国际大厦、昆仑饭店（见图 5-9）等均采用了预应力混凝土叠合板，即预应力预制双 T 板。图 5-10 所示的上海旗忠网球中心是同济大学薛伟辰教授把预制预应力混凝土结构应用在大型体育公共建筑上的典型案例。南京审计学院国际学术交流中心建筑面积 1.34 万 m^2，采用预制柱、预制预应力混凝土叠合梁、叠合板的装配式框架结构。南京金盛国际家居广场建筑面积 16 万

m^2,采用现浇柱、预制预应力混凝土叠合梁、板装配式框架结构。目前,我国编制了一系列预制预应力混凝土结构体系行业标准、规程,如《整体预应力装配式板柱结构技术规程》(CECS 52：2010)、《装配式混凝土结构技术规程》(JGJ 1—2014)、《预制预应力混凝土装配整体式框架结构技术规程》(JGJ 224—2010)等。

图 5-9 昆仑饭店

(a)

(b)

图 5-10 上海旗忠网球中心

5.3　一般规定

(1)适用高度:装配整体式框架结构房屋的最大适用高度应满足表 5-1 的要求。

表 5-1　装配整体式框架结构房屋的最大适用高度　　(单位:m)

结构类型	非抗震设计	抗震设防烈度			
		6 度	7 度	8 度(0.2g)	8 度(0.3g)
装配整体式框架结构	70	60	50	40	30

注:房屋高度指室外地面到主要屋面的高度,不包括局部突出屋顶的部分。

当结构中竖向构件全部为现浇且楼盖采用叠合梁板时,房屋的最大适用高度可满足表 5-2 的要求。

表 5-2　叠合梁板的装配式框架结构房屋的最大使用高度　　(单位:m)

结构类型	非抗震设计	抗震设防烈度				
		6 度	7 度	8 度		9 度
				(0.2g)	(0.3g)	
装配整体式框架结构	70	60	50	40	35	24

注:本表不包含异形柱的框架结构。

(2)除《装配式混凝土结构技术规程》(JGJ 1—2014)另有规定外,装配整体式框架结构可按现浇混凝土框架结构进行设计。

(3)装配式整体框架结构中,预制柱的纵向钢筋连接应符合下列规定:

①当房屋高度不大于 12 m 或层数不超过 3 层时,可采用套筒灌浆、浆锚搭接、焊接等连接方式。

②当房屋高度大于 12 m 或层数超过 3 层时,宜采用套筒灌浆连接。

(4)由于建筑功能的需要,框架结构底部或首层不太规则,地震作用下截面大,配筋多,不适用于采用预制构件或不利于预制构件的连接,因此《装配式混凝土结构技术规程》(JGJ 1—2014)规定:

①对于预制混凝土框架,当设置地下室时,地下室宜采用现浇混凝土。

②框架结构首层宜采用现浇混凝土,顶层宜采用现浇楼盖结构或采取其他相应措施。

(5)装配整体式框架结构中,预制柱水平连接缝不宜出现拉力。

5.4　承载力设计

根据相关规范规定,各种设计工况下,装配整体式结构可采用与现浇楼盖相同的设计方法。叠合式受弯构件的设计分为两部分,即预制混凝土受弯构件设计和现浇混凝土受弯构件设计。预制构件与现浇构件彼此连接,形成一个具有足够抵抗外荷载能力的整体。所有起控制作用的受荷阶段,每个构件都应进行相应阶段的验算,具体设计计算在本章的构件设计与节点连接中也会提及。

5.4.1 叠合梁的受弯承载力设计

预制构件与叠合构件的正截面受弯承载力应按现有的相应规范进行计算，其中弯矩设计值应按下列公式取用。

预制构件：

$$M_1 = M_{1G} + M_{1Q} \tag{5-1}$$

叠合构件的正弯矩区段：

$$M = M_{1G} + M_{2G} + M_{2Q} \tag{5-2}$$

叠合构件的负弯矩区段：

$$M = M_{2G} + M_{2Q} \tag{5-3}$$

式中 M_{1G}——预制构件自重、预制楼板自重和叠合层自重在计算截面产生的弯矩设计值；

M_{2G}——在计算截面的第二阶段面层、吊顶等自重产生的弯矩设计值；

M_{1Q}——第一阶段施工活荷载在计算截面产生的弯矩设计值；

M_{2Q}——第二阶段可变荷载在计算截面产生的弯矩设计值，取本阶段施工活荷载和施工阶段可变荷载在计算截面产生的弯矩设计值中的较大值。

在计算中，正弯矩区段按叠合层的混凝土强度等级选用；负弯矩区段按计算截面实际受压区情况的混凝土强度等级选用。

5.4.2 叠合梁斜截面承载力设计计算

叠合构件的斜截面受剪承载力除按照现有的规范计算外，尚应符合下面的公式计算。

预制构件：

$$V_1 = V_{1G} + V_{1Q} \tag{5-4}$$

叠合构件：

$$V_1 = V_{1G} + V_{2G} + V_{2Q} \tag{5-5}$$

式中 V_{1G}——预制构件自重、预制楼板自重和叠合层自重在计算截面产生的剪力设计值；

V_{2G}——第二阶段面层、吊顶等自重在计算截面产生的剪力设计值；

V_{1Q}——第一阶段施工活荷载在计算截面产生的剪力设计值；

V_{2Q}——第二阶段可变荷载在计算截面产生的剪力设计值，取本阶段施工活荷载和施工阶段可变荷载在计算截面产生的剪力设计值中的较大值。

在计算中，在受力构件的斜截面上箍筋与混凝土受剪承载力设计值 V_{CS}，叠合现浇层同构件预制的混凝土等级相比，选用两者偏低等级进行设计，同时不小于构件预制的受剪承载力设计值。

5.4.3 叠合面水平方向受剪承载力设计计算

当叠合梁符合上述几个公式及构造要求时，其叠合面的受剪承载力应符合下列规定：

$$V \leqslant 1.2f_t bh_0 + 0.85f_{yv}\frac{A_{sv}}{s}h_0 \tag{5-6}$$

式中 h_0——叠合后的计算高度；

f_{yv}——箍筋抗拉强度；

s——箍筋间距；

A_{sv}——箍筋横截面面积；

b——箍筋截面宽度。

此处 f_t 取叠合层和预制构件中混凝土的抗拉强度设计值较低值。

对于叠合板（不配箍筋），叠合面的受剪强度应符合下式的要求：

$$\frac{V}{bh_0} \leqslant 0.4 \quad (\mathrm{N/mm^2}) \tag{5-7}$$

5.4.4　裂缝宽度的验算

钢筋混凝土叠合构件对于裂缝宽度必须进行验算，考虑了长期作用的影响。根据荷载效应的标准组合所计算的最大裂缝宽度 ω_{max} 不超过最大裂缝宽度限值。

结构构件的裂缝控制等级及最大裂缝宽度限值见 5-3。

表 5-3　结构构件的裂缝控制等级及最大裂缝宽度限值

环境类别	钢筋混凝土结构		预应力混凝土结构	
	裂缝控制等级	ω_{lim}（mm）	裂缝控制等级	ω_{lim}（mm）
一	三	0.3(0.4)	三	0.2
二 a	三	0.2		0.1
二 b	三	0.2	二	
三 a、三 b				

考虑长期作用的影响，根据荷载效应的标准组合的最大裂缝宽度 ω_{max} 可按下列公式计算：

钢筋混凝土构件

$$\omega_{max} = \frac{2\varphi(\sigma_{s1k} + \sigma_{s2k})}{E_s}\left(1.9c + 0.08\frac{d_{eq}}{\rho_{tel}}\right) \tag{5-8}$$

$$\varphi = 1.1 - \frac{0.65f_{tk1}}{\rho_{tel}\sigma_{s1k} + \rho_{te}\sigma_{s2k}}$$

预应力混凝土构件

$$\omega_{max} = 1.6\frac{\varphi(\sigma_{s1k} + \sigma_{s2k})}{E_s}\left(1.9c_s + 0.08\frac{d_{eq}}{\rho_{tel}}\right) \tag{5-9}$$

$$\varphi = 1.1 - \frac{0.65f_{tk1}}{\rho_{tel}\sigma_{s1k} + \rho_{te}\sigma_{s2k}}$$

式中　σ_{s1k}——预制构件纵向受拉钢筋应力；

d_{eq}——受拉区纵向钢筋的等效直径；

ρ_{tel}、ρ_{te}——按预制构件、叠合件的有效受拉混凝土截面面积计算的纵向受拉钢筋配筋率；

f_{tkl}——预制构件的混凝土抗拉强度标准值。

5.4.5 正常使用极限状态下的挠度验算

在正常使用极限状态下,叠合构件应按照相关规范规定进行挠度验算。其中,考虑了长期作用的影响,根据荷载效应的标准组合,叠合式受弯构件的刚度可按下式计算:

钢筋混凝土构件

$$B = \frac{M_q}{\left(\frac{B_{s2}}{B_{s1}} - 1\right)M_{1GK} + \theta M_q}B_{s2}$$

预应力混凝土构件

$$B = \frac{M_k}{\left(\frac{B_{s2}}{B_{s1}} - 1\right)M_{1GK} + (\theta - 1)M_q + M_k}B_{s2} \tag{5-10}$$

$$M_k = M_{1GK} + M_{2k} \tag{5-11}$$

$$M_q = M_{1GK} + M_{2GK} + \psi_q M_{2GK} \tag{5-12}$$

式中 θ——考虑荷载长期作用对挠度增大的影响系数;

M_k——叠合构件按荷载标准组合计算的弯矩值;

M_q——叠合构件按荷载标准永久组合计算的弯矩值;

B_{s1}——预制构件的短期刚度;

B_{s2}——叠合构件第二阶段的短期刚度;

Ψ_q——第二阶段可变荷载的准永久值系数;

M_{1Gk}——预制构件自重,预制楼梯自重和叠合层自重标准值在计算界面产生的弯矩值;

M_{2k}——第二阶段荷载标准组合下的计算界面上产生的弯矩值。

荷载准永久组合或标准组合下,叠合式受弯构件正弯矩区段内的短期刚度,可按照下式进行计算。

(1)钢筋混凝土叠合构件。

预制构件的短期刚度:

$$B_{s1} = \frac{E_s A_s h_0^2}{1.15\varphi + 0.2 + \frac{6\alpha_E \rho}{3.5\gamma'_f}} \tag{5-13}$$

叠合构件第二阶段的短期刚度:

$$B_{s2} = \frac{E_s A_s h_0^2}{0.7 + 0.6\frac{h_1}{h} + \frac{4.5\alpha_E \rho}{1 + 3.5\gamma'_f}} \tag{5-14}$$

(2)预应力混凝土叠合构件。

预制构件的短期刚度:

$$B_{s1} = 0.85E_c I_0$$

叠合层构件第二阶段的短期刚度:

$$B_{s2} = 0.7E_{c1} I_0$$

式中 α_E—— 钢筋弹性模量与叠合层混凝土弹性模量的比值,$\alpha_E = E_s/E_{c2}$;

φ——裂缝间纵向受拉普通钢筋应变不均匀系数 ;

γ_f'——受压翼缘截面面积与腹板有效截面面积的比值；

E_{c1}——预制构件混凝土弹性模量；

I_0——叠合构件换算截面惯性矩，此时，叠合层的混凝土截面面积应按弹性模量比换算成预制构件混凝土界面面积。

5.5　预制构件设计

预制混凝土构件（Precast Concrete Component）是指在工厂或现场预先制作的混凝土构件，简称预制构件。装配整体式框架结构一般包括以下预制构件：叠合梁、预制梁、预制柱、叠合楼板、预制外挂墙板、叠合阳台板、预制楼梯。典型的预制构件见图5-11，以下将分别介绍上述预制构件的特点和设计方法。

(a) 叠合梁

(b) 预制梁

(c) 预制柱

(d) 叠合楼板

(e) 预制外挂墙板

(f) 叠合阳台板

(g) 预制楼梯

图5-11　框架结构中的常见预制构件

《装配式混凝土结构技术规程》（JGJ 1—2014）对预制构件在翻转、运输、吊装、安装等短暂设计状况下的施工验算做了较为详细的规定，例如施工验算时应将构件自重标准值乘以动力系数后作为等效荷载标准值。构件吊装、运输时，动力系数取 1.5，构件翻转及安装过程中就位，临时固定时，动力系数可取 1.2。构件脱模验算时，等效静力荷载标准值应取构件自重标准值乘以动力系数后与脱模吸附力之和，且不宜小于构件自重标准值的 1.5 倍。其中，动力系数不宜小于 1.2，脱模吸附力根据实际情况选用，且不小于 1.5 kN/m^2。

5.5.1 叠合梁

叠合梁结构采用预制底梁作为永久性模板，在上部现浇混凝土与楼板形成整体，它体现了预制构件和现浇结构的互相结合，同时兼有两者的优点和长处。如图 5-12 所示为工厂预制完成的叠合梁，图 5-13 是预制梁在现场施工吊装的情况。

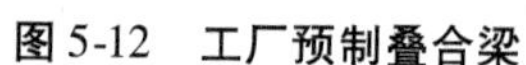
图 5-12　工厂预制叠合梁

图 5-13　现场吊装预制梁

对于施工阶段有可能支撑的叠合梁，可按普通受弯构件计算，但需对施工阶段的支撑情况进行受力计算复核。

对于施工阶段不加支撑的叠合梁，其内力应分别按下列两个阶段计算：

(1)第一阶段：叠合层混凝土未达到强度设计值之前的阶段。荷载由预制梁承担，预制梁按简支构件计算：荷载包括预制梁自重、预制楼板自重、现浇层自重以及本阶段的施工活荷载。

(2)第二阶段：叠合层混凝土达到设计规定的强度值之后的阶段。叠合梁按整体结构计算，荷载考虑下列两种情况并取较大值：

①施工阶段：计入叠合梁自重、预制楼板自重、现浇层自重和面层、吊顶灯自重以及本阶段的施工活荷载。

②使用阶段：计入叠合梁自重、预制楼板自重、现浇层自重和面层、吊顶灯自重以及使用阶段的可变荷载。

叠合梁结构设计的另一个关键问题是梁端结构面的抗剪设计。叠合梁端结构面主要包括框架梁和结构区的结合面、梁自身连接的结合面以及次梁和主梁的结合面等几种类型。结合面的受剪承载力的组成主要包括：新旧混凝土结合面的黏结力、键槽抗剪能力、后浇混凝土叠合层的抗剪能力、梁纵向钢筋的消栓抗剪能力等作用，而偏于安全的不考虑混凝土的自然黏结作用。叠合梁端面与现浇混凝土的结合面应采用粗糙面与抗剪槽联合使用，抗剪槽的数量应按计算确定。叠合梁端竖向接缝的受剪承载力设计值应按以下公式计算。

持久设计工况：

$$V_u = 0.07 f_c A_{cl} + 0.10 f_c A_k + 1.65 A_{sd} \sqrt{f_c f_y} \tag{5-15}$$

地震设计工况：

$$V_{uE} = 0.04 f_c A_{cl} + 0.06 f_c A_k + 1.65 A_{sd} \sqrt{f_c f_y} \tag{5-16}$$

式中　A_{cl}——叠合梁端截面后浇混凝土叠合层截面面积；

f_c——预制构件混凝土轴心抗压强度设计值；

f_y——垂直穿过结合面钢筋抗拉强度设计值；

A_k——各键槽的根部截面面积之和，按后浇键槽根部截面和预制键槽根部截面分别计算，并取二者较小值；

A_{sd}——垂直穿过结合面所有钢筋的面积，包括叠合层内的纵向钢筋。

5.5.2　预制柱

预制柱的设计除满足承载力及正常使用阶段的要求外，还需考虑到生产线、堆放等因素。预制柱设计的关键在于节点，详见 5.6 节。

5.5.3　叠合楼板

叠合楼板分为带桁架钢筋和不带桁架钢筋两种。当叠合板跨度较大时，为了满足预制板脱模吊装时的整体刚度与使用阶段的水平抗剪性能，可在预制板内设置桁架钢筋，如图 5-14 和图 5-15 所示，钢筋桁架的下弦钢筋可视情况作为楼板下部的受力钢筋使用。施工阶段，验算预制板的承载力及变形时，可考虑叠合梁的计算，此处不再赘述。关于预制预应力空心楼盖的计算可遵循相关规程进行设计。

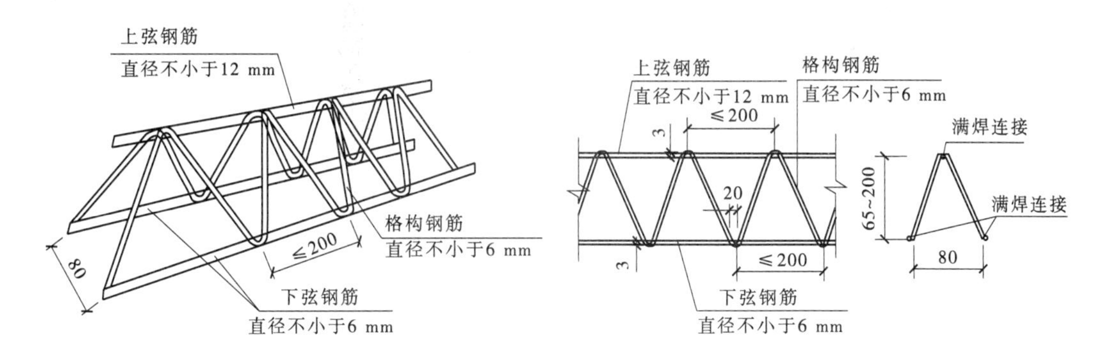

图 5-14　预制叠合板设置桁架钢筋构造示意图

5.5.4　预制外挂墙板

预制混凝土外挂墙板利用混凝土的可塑性强的特点，可充分表达建筑师的设计意愿，使大型公共建筑外墙具有独特的表现力。饰面混凝土外挂墙板采用反打成型工艺，带有装饰面层。装饰混凝土外挂墙板是在普通的混凝土表层，通过色彩、色调、质感、款式、纹理、肌理和不规则线条的创意设计、图案和颜色的有机组合，创造出各种天然大理石、花岗岩、砖、瓦、木等天然材料的装饰效果。清水混凝土的质朴与厚重感，充分体现了建筑古朴自然的独特风格。在工厂采用工业化生产，具有施工速度快、质量好、维修费用低的特点。根据工程需

图 5-15　预制叠合板设置桁架钢筋

要，可设计成集外装饰、保温、墙体维护与一体的复合保温外挂墙板，也可以设计成复合墙体的外装饰挂板。

饰面混凝土外挂板与主体结构连接宜采用下支上拉式柔性连接节点。目前，柔性连接节点主要有弹性滑移节点和塑性变形节点两种。板与主体结构间距为 30 ~ 50 mm，板与板之间的接口尺寸为 15 ~ 25 mm。

5.6　节点连接设计

由于装配式结构连接节点数量多且构造复杂，节点的构造措施及制作安装的质量对结构的整体抗震性能影响较大，因此需要重点针对预制构件的连接点进行设计。

5.6.1　柱 - 柱连接

目前，常用的柱 - 柱连接有浆锚式连接、套筒灌浆连接、榫式连接、插入式连接等。

5.6.1.1　浆锚式连接

浆锚式连接又称为间接锚固或间接搭接，是将搭接钢筋拉开一定距离后进行搭接的方式，如图 5-16 所示。连接钢筋的拉力通过剪力传递给灌浆料，再通过剪力传递到灌浆料和周围混凝土之间的界面上去。浆锚式连接的特点是利用高强砂浆锚固柱纵向受力钢筋，取消了现场焊接和后浇混凝土，施工方便。这种连接多用于民用框架和轻板框架中。主要关键是浆锚孔和插筋的位置要准确并保证浆锚质量。通常，为保证浆锚插筋有可靠的约束，应在浆锚孔范围内设置必要的封闭加焊箍筋。

当纵向钢筋采用浆锚搭接连接时，对预留孔成孔工艺、孔道形状和长度、构造要求、灌浆料和被连接钢筋，应进行力学性能以及适用性的试验验证。直径大于 20 mm 的钢筋不宜采用浆锚搭接连接，使用阶段直接承受动力荷载的构件，其纵向钢筋不应采用浆锚搭接连接。

5.6.1.2　套筒灌浆连接

套筒灌浆方式在日本、欧美等国家已经有长期、大量的实践经验，国内也有充分的试验研究、一定的应用经验以及相关的产品标准和技术规程。对于低层框架结构，柱的纵向钢筋也可

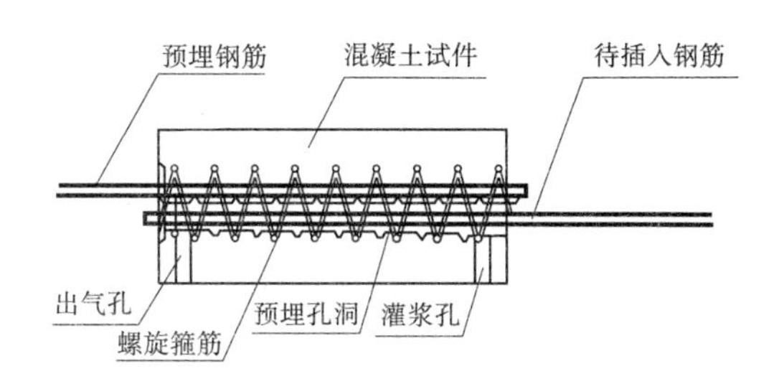

图 5-16　钢筋浆锚式连接

采用一些相对简单及造价较低的方法，如浆锚搭接、焊接等方法。当结构层数较多时，如房屋高度大于 12 m 或层数超过 3 层，柱的纵向钢筋采用套筒灌浆连接可保证结构的安全。

套筒灌浆连接技术是将连接钢筋插入带凹凸槽的高强套筒内，然后注入高强灌浆料，硬化后将钢筋和套筒牢固结合在一起形成整体，通过套筒内侧的凹凸槽和变形钢筋的凹凸纹之间的灌浆料来传力。

NMB 套筒接头如图 5-17 所示。

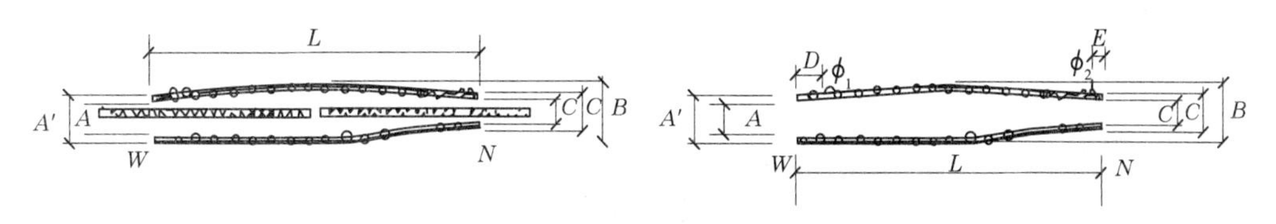

图 5-17　NMB 套筒接头

对《装配式混凝土结构技术规程》(JGJ 1—2014)中推荐的套筒灌浆连接技术进行简要介绍，见图 5-18。采用套筒灌浆技术的柱 - 柱连接的结合要素为钢筋、混凝土粗糙面、键槽等。由于后浇混凝土、灌浆料和坐浆材料与预制构件结合面的黏结抗剪强度往往低于预制构件本身混凝土的抗剪强度，因此连接缝一般采用强度等级高的后浇混凝土或坐浆材料。当穿过接缝的钢筋不少于构件内钢筋且构造符合该规范要求时，节点及接缝的正截面受压、受拉以及受弯承载力可不必进行验算，但接缝仍需要进行受弯承载力计算。

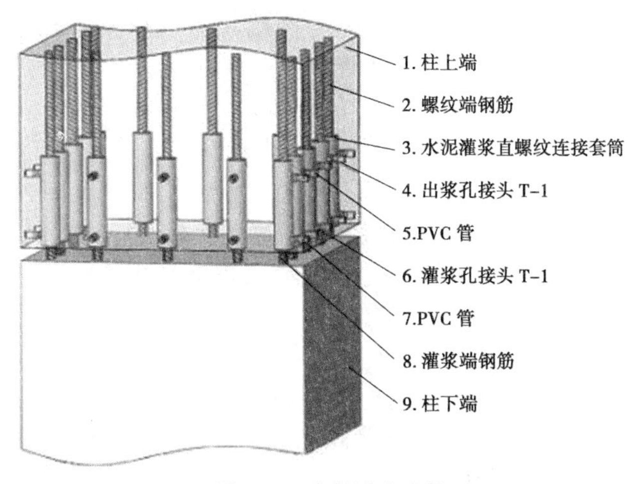

图 5-18　套筒灌浆连接

柱 - 柱连接接缝的受弯承载力应符合下列规定：

持久工况状况

$$\gamma_0 V_{jd} \leqslant V_u \tag{5-17}$$

地震设计状况

$$V_{jdE} \leqslant V_{uE}/\gamma_{RE} \tag{5-18}$$

为实现接缝强连接对柱底接缝要求其承载力设计值大于被连接构件的承载力设计值乘以强连接系数，意味着接缝强连接计算时不能直接选用柱底剪力设计值，而应按实配钢筋受剪承载力公式计算。

即在柱端箍筋加密区，尚应符合下式要求：

$$\eta_j V_{mua} \leqslant V_{uE} \tag{5-19}$$

预制柱底结合面的受弯承载力组成主要包括新旧混凝土结合面的黏结力、粗糙面或键槽的抗剪能力、轴压产生的摩擦力、纵向钢筋的销栓抗剪作用或摩擦抗剪作用，其中后两者为受剪承载力的主要组成部分。在地震设计状况下，预制柱底水平接缝的受剪承载力设计值应按下式计算。

当预制柱受压时

$$V_{uE} = 0.8N + 1.65A_{sd}\sqrt{f_c f_y} \tag{5-20}$$

当预制柱受拉时

$$V_{uE} = 1.65A_{sd}\sqrt{f_c f_y\left[1 - \left(\frac{N}{A_{sd} f_y}\right)^2\right]} \tag{5-21}$$

式中 f_c——预制构件混凝土轴心抗压强度设计值；

f_y——垂直穿过结合面钢筋抗拉强度设计值；

A_{sd}——垂直穿过结合面所有钢筋的截面面积；

N——与剪力设计值 V 相应的垂直结合面的轴向力设计值，取绝对值进行计算；

V_{uE}——地震设计状况下柱端接缝受剪承载力设计值。

当采用套筒灌浆连接时，预制柱中钢筋接头处套筒外侧箍筋的混凝土保护层厚度不应小于 20 mm；为保证施工过程中套筒之间的混凝土可以浇筑密实，套筒之间的净距不应小于 25 mm。当连接节点位于楼层处时，由于框架梁纵向钢筋需要穿过或弯折锚固于梁柱节点区，导致节点区钢筋较多，影响梁、柱精确就位。因此，预制柱应尽量采用较大直径钢筋及较大的柱界面，以减少钢筋根数，增大钢筋间距，便于柱钢筋连接及节点区梁钢筋的布置。此外，如柱纵向钢筋按照传统的沿柱周边布置方式，即使已采用较大直径、较大间距，也将不可避免地与框架梁纵向钢筋相互碰撞，因此柱纵向钢筋可采用集中四角布置，如纵向钢筋间距不满足相关规范要求，可采用附加不伸入节点区的构造钢筋，如图 5-19 所示。

当柱纵向钢筋采用套筒灌浆连接时，套筒连接区域柱截面刚度及承载力较大，柱的塑形铰区可能会上移到套筒区域以上，因此至少应将套筒连接区域以上 500 mm 高度区域将柱箍筋加密，如图 5-20 所示。

预制柱底接缝灌浆与套筒灌浆可同时进行，采用同样的灌浆料一次完成，预制柱底部应有键槽，键槽应均匀布置，键槽深度不宜小于 30 mm，键槽端部斜面倾角不宜大于 30°。键槽的形式应考虑到灌浆填缝时气体排出的问题，应采用可靠且经过实践检验的施工方法，保证柱底灌浆的密实性。后浇节点上表面设置粗糙面，增加与灌浆层的黏结力及摩擦系数，粗糙面凹凸深度不应小于 6 mm，如图 5-21 所示。

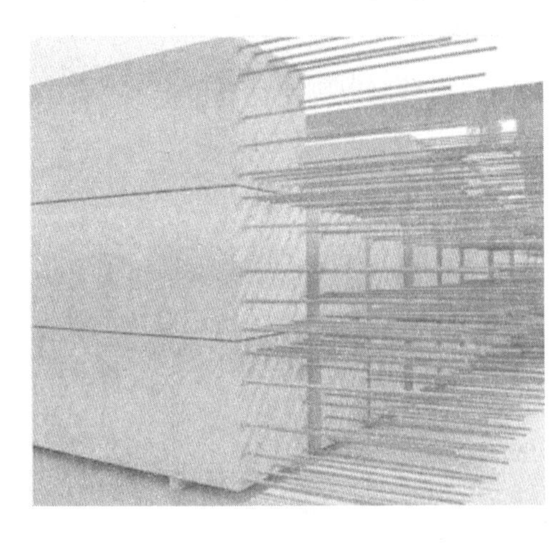

图 5-19　预制柱纵向钢筋构造

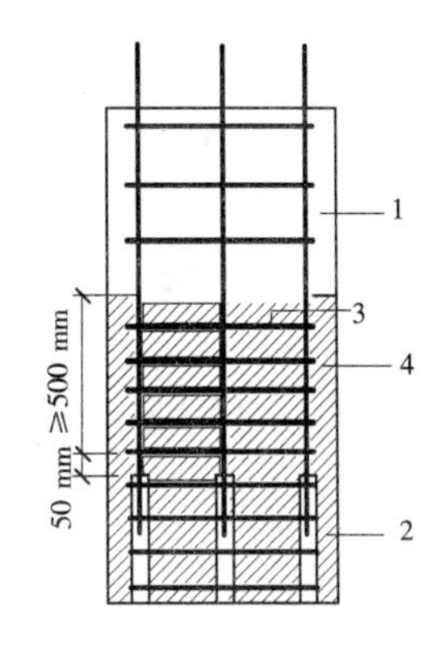

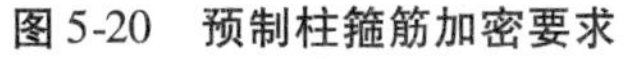

图 5-20　预制柱箍筋加密要求

图 5-21　预制柱底构造要求

5.6.1.3　榫式连接

以前我国装配式民用房屋中柱与柱之间采用榫式连接为最多,有相对成熟的经验。这种连接的特点是利用上柱下端的小榫头承受施工吊装阶段荷载,再通过连接柱子钢筋和后浇混凝土形成刚性连接。这种连接的优点是节约接头用钢量,施工吊装方便,受力可靠。关键是要做好接头钢筋焊接和后浇混凝土浇捣这两道工序,工程质量是有保障的。通常,榫式连接需要验算上柱榫头受压承载力和下柱柱端的局部受压承载力。

5.6.1.4　插入式连接

插入式连接的特点是下柱做成杯口,上柱榫头插入杯口,接缝用高强水泥砂浆压力灌浆或自重挤浆填实形成刚性连接。它具有构造简单、预制及吊装方便、无焊缝等优点。主要问题是在偏心作用下,接缝处容易产生构造裂缝。根据试验资料,只要控制纵向偏心距,构造裂缝可以满足裂缝控制要求。所以,限用于偏心距的偏心受压柱段。

5.6.2　柱－梁连接

当前,典型的柱－梁连接方式有整浇式连接、齿槽式连接、牛腿式连接等。

5.6.2.1　整浇式节点

整浇式节点的特点是柱子连接与梁的连接交汇在一起,通过后浇混凝土形成刚性节点。这种节点的优点是梁柱构件外形简单,制作和吊装方便,节点整体性好。现场施工时,先浇筑节点混凝土,后安装上柱,这样易于保护节点核心区域混凝土的施工质量;节点核心区的箍筋可采用预制焊接骨架或螺旋箍筋,梁吊装后即可放入,便于施工又能满足抗震箍筋的要求;梁底纵向钢筋伸入柱内后采用搭接或焊接,保证了梁下部钢筋的可靠锚固。但应该注意以下几点:

（1）要保证预制梁、柱伸出钢筋的规定强度。

（2）在叠合梁钢筋上部设置直径为 12 mm 的封闭焊接箍筋以固定柱筋位置。

（3）预先将定位埋件焊在叠合梁钢筋上以控制第一次后浇混凝土的标高。

（4）为保证主梁的焊接质量，先吊主梁，使梁下部钢筋相互焊好后再次吊梁。

上海市《装配整体式混凝土住宅体系设计规程》（DG/T J08 - 2071—2010）将整浇式节点分为 A 型构造（见图 5-22）和 B 型构造（见图 5-23）。A 型构造要求梁端下部纵向受力钢筋在节点内弯折锚固，适用于非抗震及抗震等级为二、三级的多层框架结构。对抗震等级为

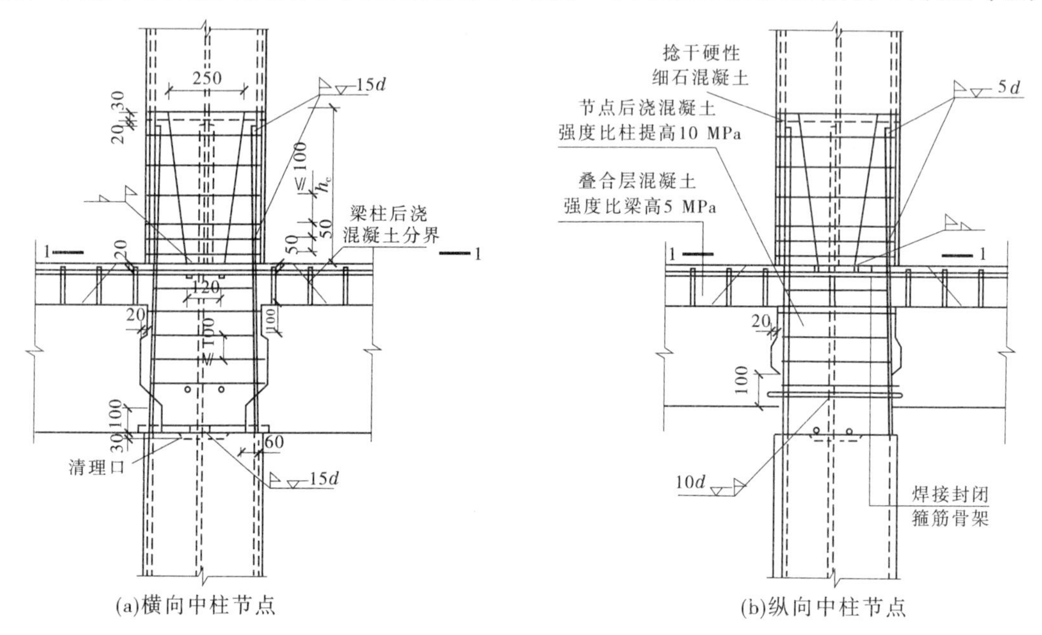

(a)横向中柱节点　　(b)纵向中柱节点

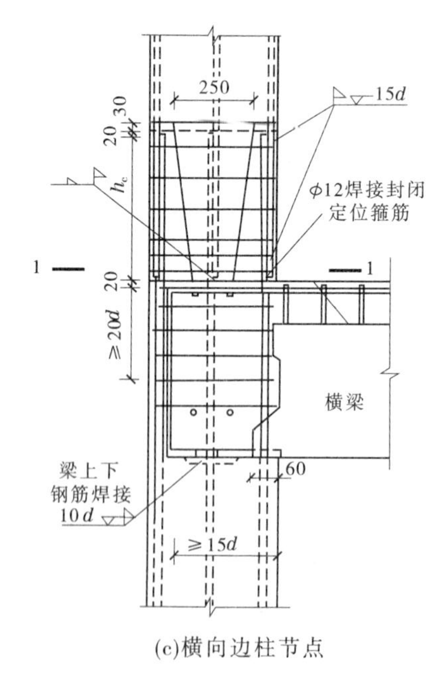

(c)横向边柱节点

图 5-22　整浇式节点（A 型构造）

三级但伸进节点核心区的梁端下部纵向受力钢筋直径大于25 mm或为3根时,宜采用A型构造。

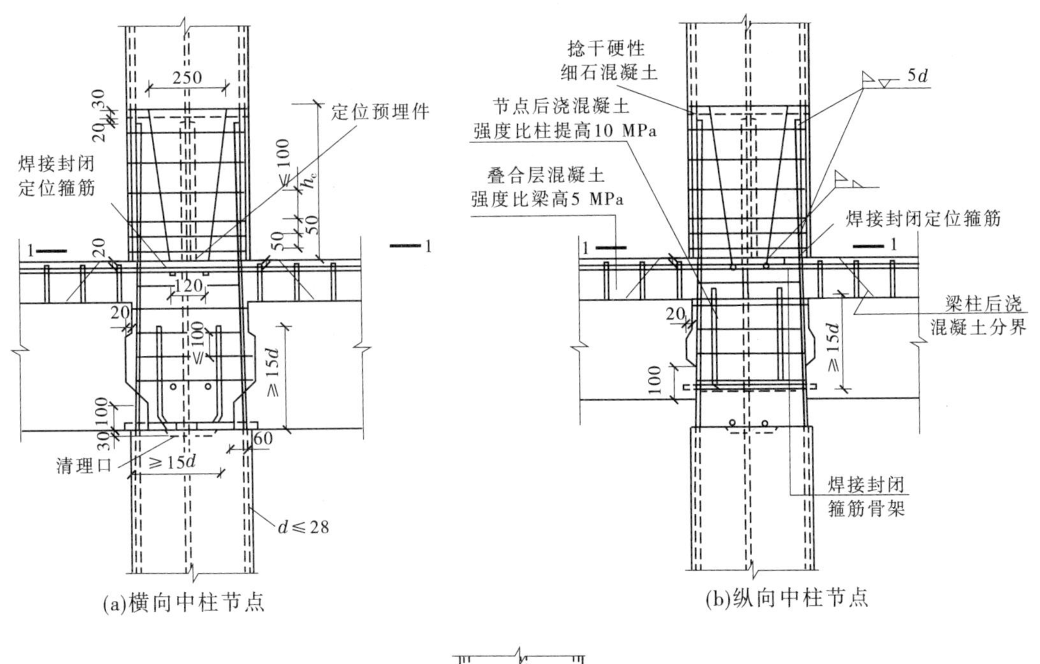

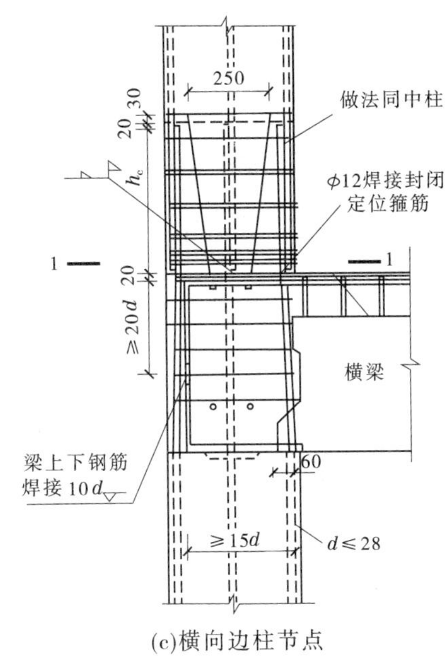

注:梁上部钢筋多于下部钢筋时,上部钢筋弯折后切。

图5-23 整浇式节点(B型构造)

在整浇式框架节点中,梁钢筋在节点中的锚固及连接方式是决定施工可行性以及节点受力性能的关键。梁、柱构件尽量采用较粗直径、较大间距的钢筋布置方式,节点区的主梁钢筋少,有利于节点的装配施工,保证施工质量。设计过程中,应充分考虑到施工装配的可行性,合理确定梁、柱截面尺寸及钢筋的数量、间距及位置等,如图5-24所示。

对框架中间层的中节点,节点两侧的梁下部纵向受力钢筋宜锚固在后浇节点区内,也可采用机械连接或者焊接的方法直接连接,梁的上部纵向受力钢筋应贯穿后浇节点区,如

图 5-24　梁－柱节点示意图

图 5-25 所示。

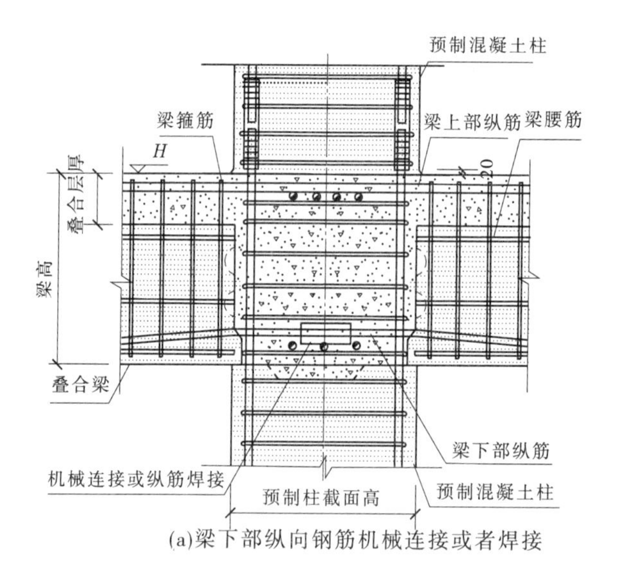

(a)梁下部纵向钢筋机械连接或者焊接

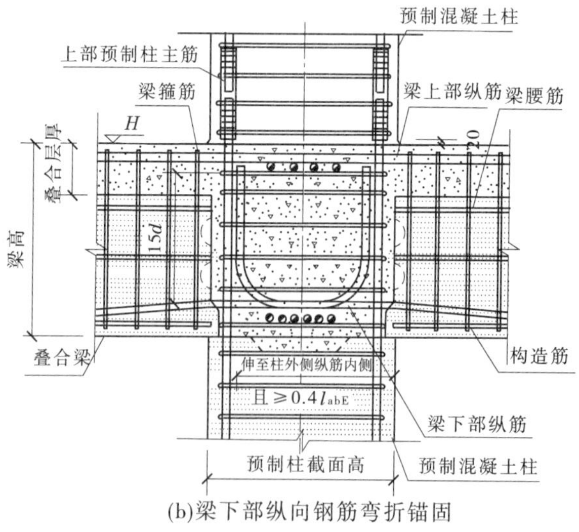

(b)梁下部纵向钢筋弯折锚固

图 5-25　梁－柱节点构造示意图(中间层的中节点)

对框架中间层的端节点,当柱截面尺寸不满足梁纵向受力钢筋的直线锚固要求时,宜采用锚固板锚固,也可采用90°弯折锚固,如图5-26所示。

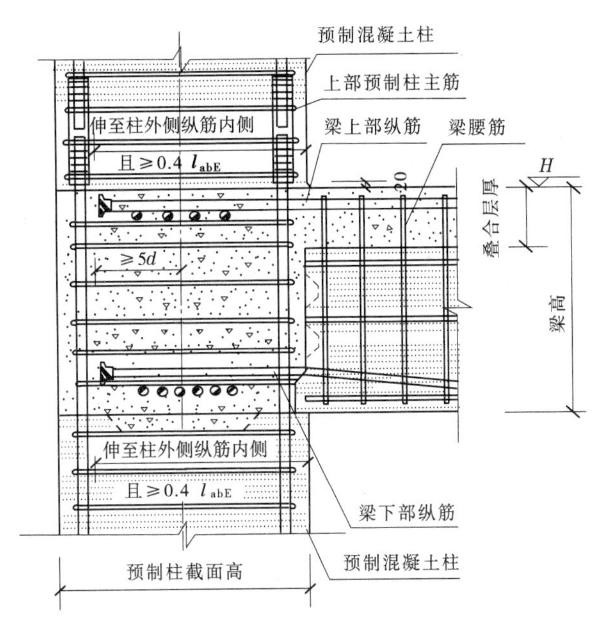

(a)梁下部纵向钢筋机械连接

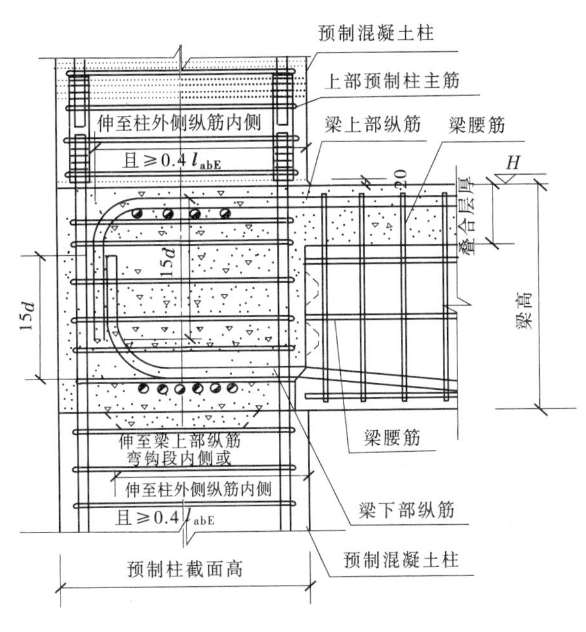

(b)梁下部纵向钢筋弯折锚固

图5-26 梁-柱节点构造示意图(中间层的端节点)

对框架顶层的中节点,柱纵向受力钢筋宜采用直线锚固;当梁截面尺寸不满足直线锚固要求时，宜采用锚固板锚固，如图 5-27 所示。

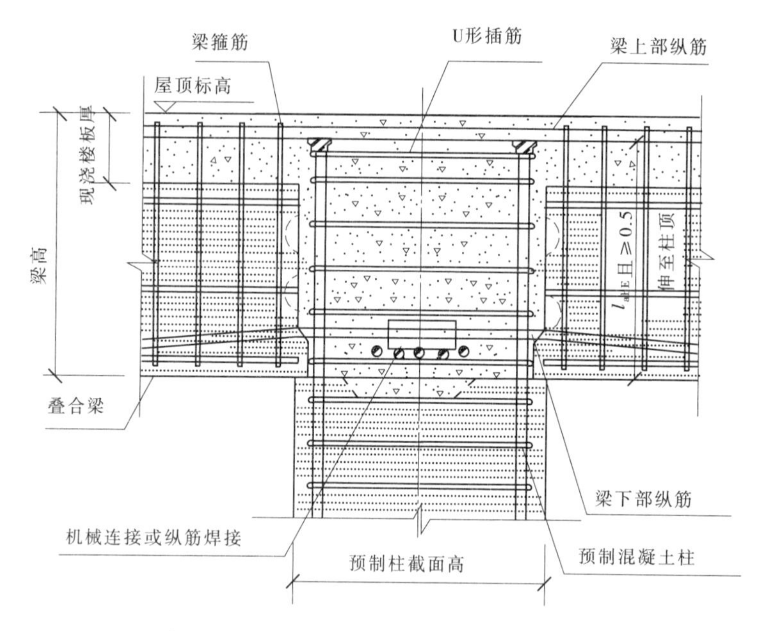

(a)梁下部纵向钢筋机械连接或者焊接

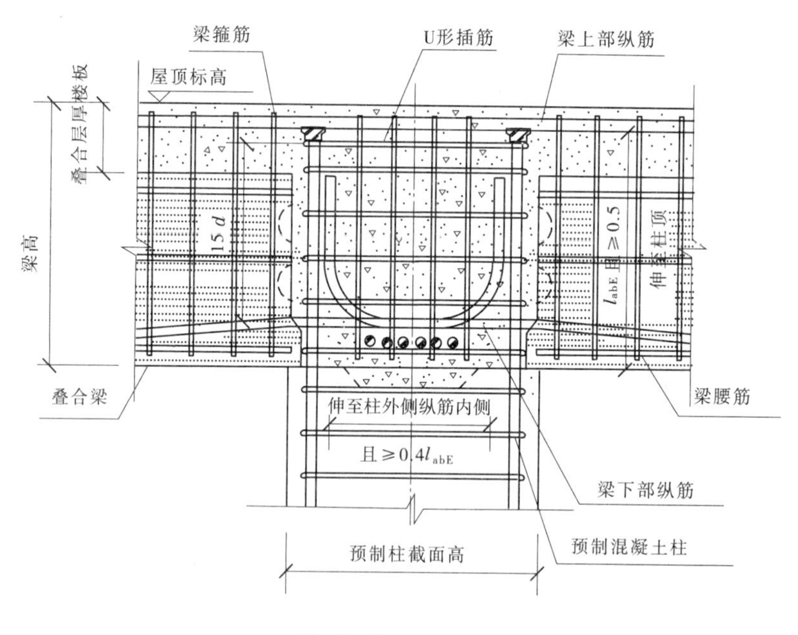

(b)梁下部纵向钢筋弯折锚固

图 5-27　梁－柱节点构造示意图(顶层的中节点)

对框架顶层的端节点，梁下部纵向受力钢筋应锚固在后浇节点区内宜采用锚固板的锚固方式，如图 5-28 所示。

预制梁、柱构件由于节点区钢筋布置空间的需要，保护层往往较大。当保护层大于 50

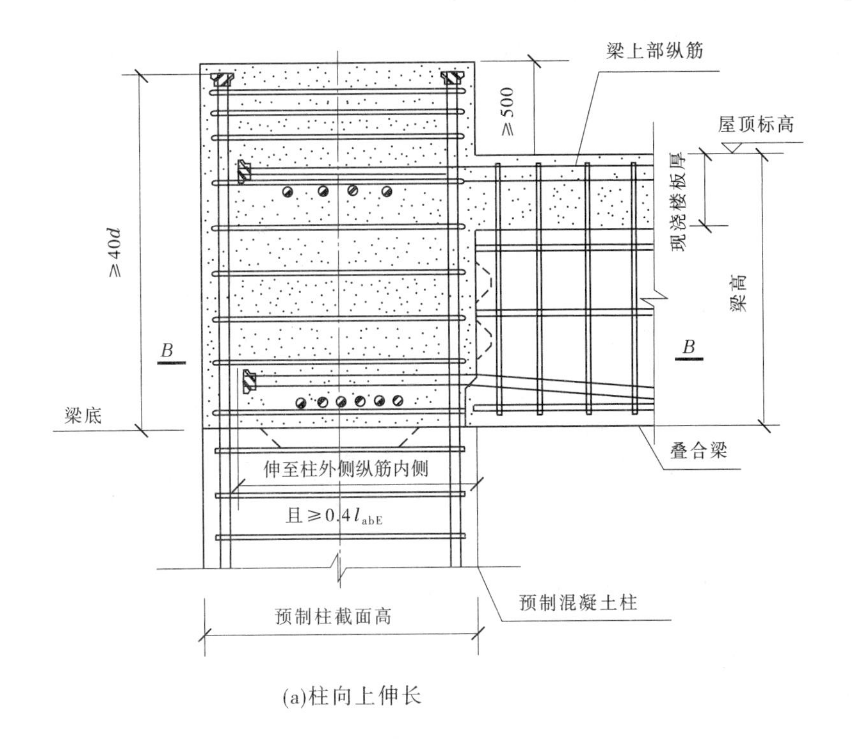

(a)柱向上伸长

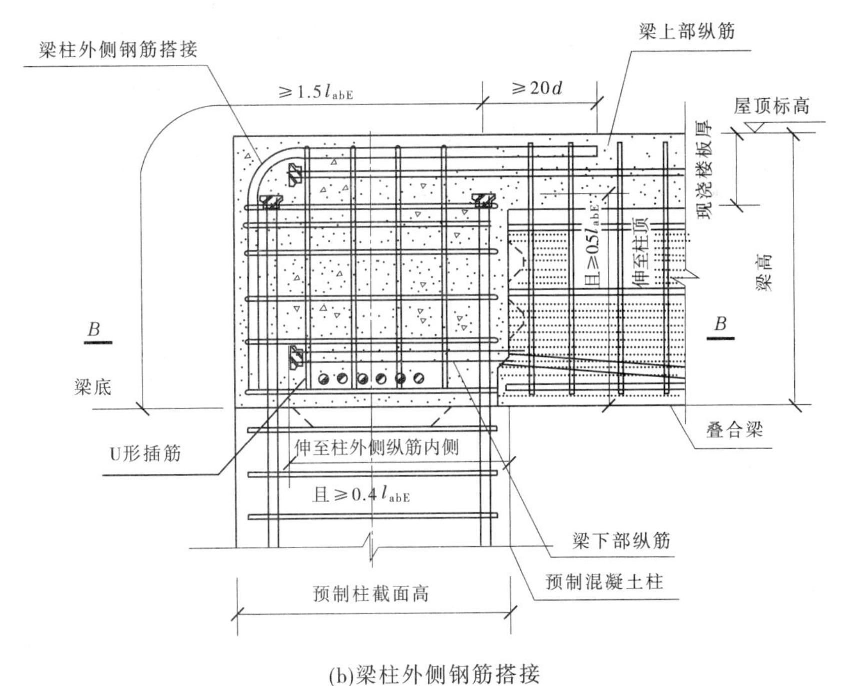

(b)梁柱外侧钢筋搭接

图5-28 梁-柱节点构造示意图(顶层的端节点)

mm时,宜采取增设钢筋网片、采用抗裂混凝土等措施避免混凝土保护层的开裂。

在现浇柱叠合梁拼接节点处理时,会出现核心区钢筋过密,导致现场不好穿插或混凝土振捣不密实等情况。对此,《混凝土叠合楼盖装配整体式建筑技术规程》(DBJ43/T 301—

2013)给出一种处理方法,即在预制梁与现浇剪力墙、柱中留出1.5倍梁高的现浇带,如图5-29所示。

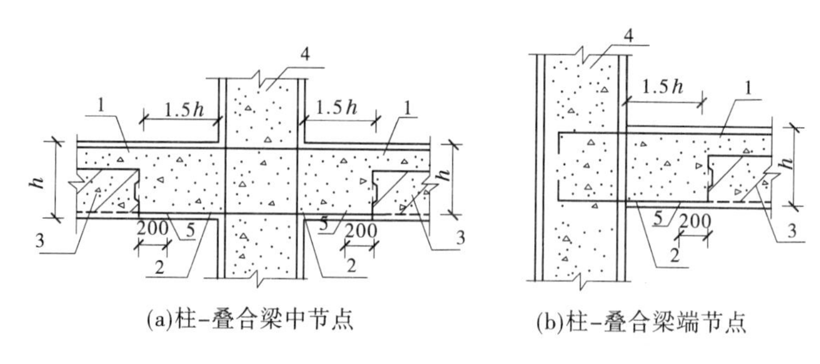

1—现浇节点;2—下部纵向钢筋锚固;3—预制梁;4—现浇柱;5—坡口焊

图5-29　C型节点

5.6.2.2　齿槽式节点

齿槽式节点的特点是利用梁柱接缝处的后浇混凝土所形成的受力齿槽传递梁端剪力,具有节约接头用钢量、便于构件生产等优点。

齿槽式节点适用于装配整体式混凝土框架的梁柱连接,也适用于梁-梁连接。齿槽式节点的特点是利用梁柱接缝处的后浇混凝土所形成的受力齿槽传递梁端剪力,具有节约接头用钢量、便于构件生产等优点,系统的试验证明其受力性能良好。自1965年以来,已先后在30余个工程纵向框架、横向承重框架和升梁升板结构中采用,梁端剪力200 kN左右,有的达700 kN。根据唐山地震7~9度区的调查,位于7~8度区的天津杨柳青及军粮城二电厂主厂房纵向框架所用的齿槽式节点震后基本完好;位于9度区的唐山陡河电厂,由于框架没有设置抗震设防,齿槽式节点多数发生受弯破坏,主要原因是梁筋刨口焊断裂,焊接质量不高,后浇混凝土质量较差。经过反复荷载下的刨口焊性能试验证明,只能认真执行施工验收规范有关的技术措施,可以满足结构的延性要求。

齿槽式节点的做法示意图如图5-30所示。

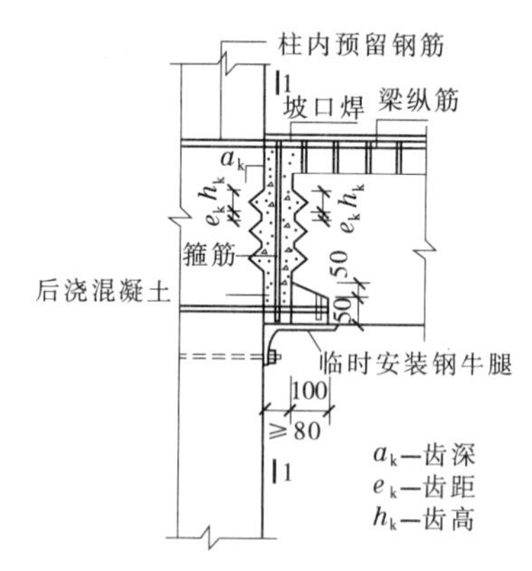

图5-30　齿槽式节点的做法示意图

受力齿槽宜采用等腰三角形或梯形,齿槽沿梁截面高度宜均匀布置。齿深宜采用40 mm,齿高采用40~100 mm,但不宜大于齿深的3倍,同一截面上齿槽的净距不应小于齿高且齿槽上、下面的倾斜角宜采用45°。梁柱接缝宽度不宜小于80 mm,梁高大于1 m时可适当增大。

对于齿槽式节点的受力性能和合理构造，东南大学曾进行57个小型构件和35个足尺节点试验。根据试验研究的结果，提出构造措施。其中，关于齿型，以相隔一定距离的三角形和梯形齿槽受力性能较好。此外，齿高与齿深的比例不宜过大，当高深比大于3时，齿槽容易发生压坏而不是剪坏。齿深由25 mm、30 mm、40 mm到50 mm变化时，受剪承载力略有提高，但由于是受剪破坏控制，所以差别不大。考虑到施工条件，规定齿深不宜小于40 mm。

试验表明，当齿槽截面的剪跨比大于2.0时，接头多呈受弯破坏，此时齿槽数量的多少并不具有很大意义，甚至不设置齿槽也不会降低构件的受弯承载力。但是，从无齿的节点试验可以看到，接头的接缝较宽，节点刚性显著降低，这对使用是不利的。为了保证齿槽式节点的刚性，规定截面上齿槽数目不应少于2个，齿槽受剪面积不小于梁截面的1/3，齿槽受剪承载力的发挥需要一定的约束条件。因此，规定齿槽截面受拉纵向钢筋配筋率不得小于0.5%，这在刚性框架中一般是可以满足的。此外，在接缝内设置箍筋也可以加强对纵向受力钢筋的约束，提高齿槽的受剪承载力。当接缝较宽（大于120 mm）时，应加两道箍筋。

5.6.2.3　牛腿式梁柱节点

牛腿式梁柱节点分为明牛腿式和暗牛腿式两种，其中暗牛腿式梁柱节点中的暗牛腿为采用型钢埋入柱中制成，梁为带缺口的预制梁；预制梁和型钢暗牛腿的连接可通过钢筋或预埋钢板焊接，然后用后浇混凝土形成刚性节点。该节点的特点是牛腿不外露，外形美观，便于管线布置。采用型钢为暗牛腿时，施工安装方便，承载力较大且有较好的抗震性能。暗牛腿节点中采用的齿槽可分为两种类型：一种为构造齿槽，齿深25 mm，齿数可以不必计算，计算节点承载力时不考虑齿槽的作用；另一种为受力齿槽，齿深不宜小于40 mm，对齿高、齿距也规定的比较严格，当受力齿槽为型钢暗牛腿时，节点的承载力可有较大的提高。

5.6.3　叠合板连接

根据叠合板尺寸及接缝构造，叠合板可按照单向叠合板和双向叠合板进行设计，如图5-31所示。

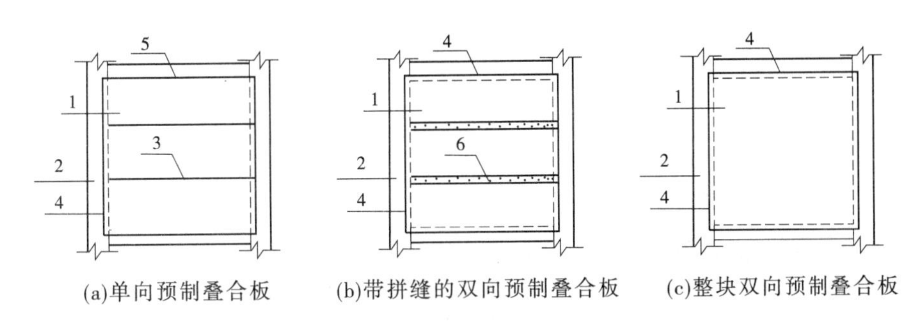

1—预制叠合板；2—梁或墙；3—板侧分离式拼缝；4—板端支座；5—板侧支座；6—板侧整体式拼缝

图5-31　预制叠合板连接形式

当按照双向板设计时，同一板内，可采用整块的叠合双向板或者几块叠合板通过整体式接缝组合成的叠合双向板。整体式接缝一般采用后浇带的形式，后浇带应有一定的宽度以保证钢筋在后浇带中的连接或者锚固空间，并保证后浇混凝土与预制板的整体性。后浇带

两侧的板底受力钢筋需要可靠连接,例如焊接、机械连接、搭接等。也可以将后浇带两侧的板底受力钢筋在后浇带中锚固,如图 5-32 所示。

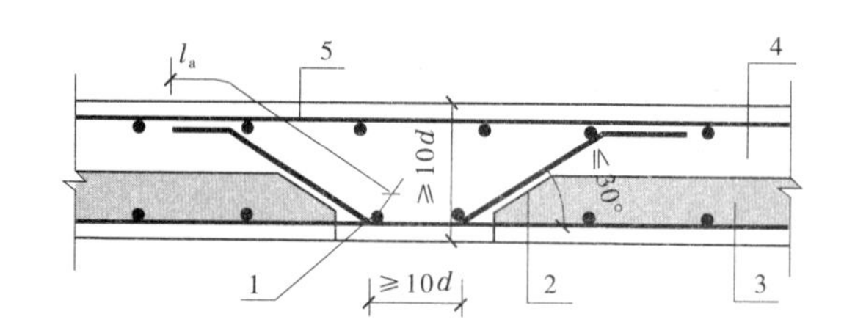

1—构造筋;2—钢筋锚固;3—预制板;4—现浇层;5—现浇层内钢筋

图 5-32　整体式接缝构造

相关研究表明,此种构造形式的叠合板整体性较好。利用预制板边侧向伸出的钢筋在接缝处搭接并弯折锚固于后浇混凝土层中,可以实现接缝两侧钢筋的传力,从而传递弯矩,形成双向板受力状态。接缝处伸出钢筋的锚固和重叠部分的搭接应有一定的长度以实现应力传递;弯折角度应较小以实现顺畅传力;后浇混凝土层应有一定厚度;弯折处应配构造钢筋以防止挤压破坏。

当按照单向板设计时,几块叠合板各自作为单向板进行设计,板侧采用分离式拼缝即可,如图 5-33 所示。

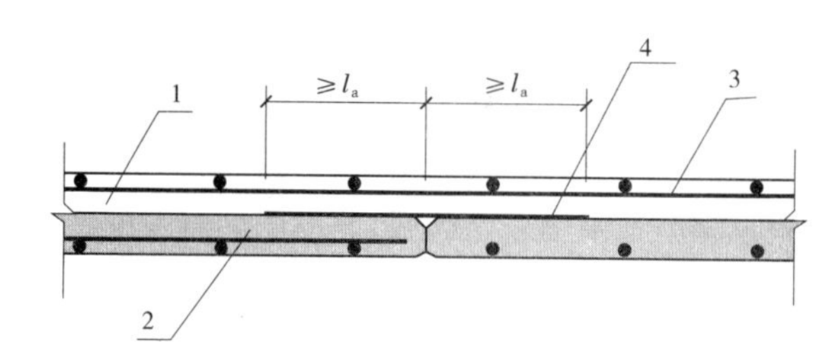

1—现浇层;2—预制板;3—现浇层内钢筋;4—接缝钢筋

图 5-33　板侧分离式拼缝构造

叠合楼板通过现浇层与叠合梁或墙连成整体,叠合楼板现浇层钢筋与梁或者墙之间的连接与现浇结构完全相同,主要区别在于叠合楼板下层钢筋与梁或者墙的连接。在现浇混凝土结构中,楼板下层钢筋两个方向均需伸入梁或者墙内至少 5 倍的钢筋直径,且需伸过梁或者墙中线。对于叠合楼板,假如下层钢筋均伸入梁或者墙内,将导致板钢筋与梁或者墙钢筋相互碰撞且调节困难,叠合板难以准确就位。为了施工方便,叠合楼板下层钢筋只在短跨即主要受力方向伸出,长跨不伸出,采用附加钢筋的方式,保证楼面的整体性和连续性,如图 5-34、图 5-35 所示。

5.6.4　外挂墙板连接

按施工工艺分,外挂墙板又可分为先安装后现浇外挂体系和先现浇后挂板体系。

5.6.4.1　先安装后现浇的框架外挂墙板

该工艺是先安装外挂墙板,外挂板上部与梁钢筋绑扎拉结,两侧边与柱钢筋绑扎拉结,再浇筑梁柱,外挂墙体不参与主体结构承重设计计算,如图 5-36 所示。通常,外挂板重 2 ~ 6

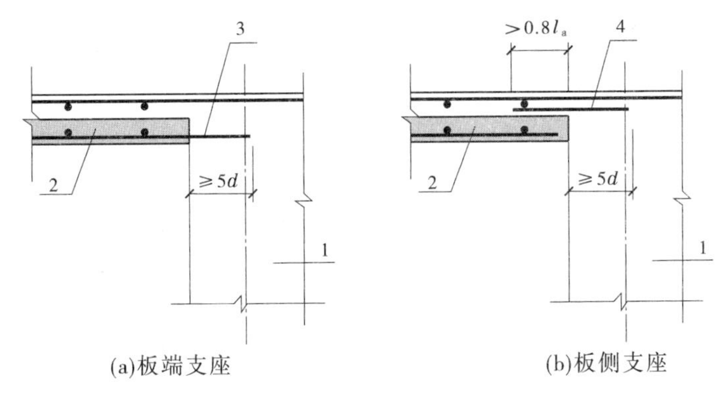

1—支承梁或墙;2—预制板;3—纵向受力钢筋;4—附加钢筋

图 5-34　预制叠合板端及板侧构造

图 5-35　预制叠合板现场施工图

t/块不等,厚度为 150 ~ 180 mm,宽为 600 ~ 6 500 mm/块,高为 2 950 mm 左右(层高 – 20 mm 板厚)。户内做内保温(一般为聚苯板 EPS/XPS)。

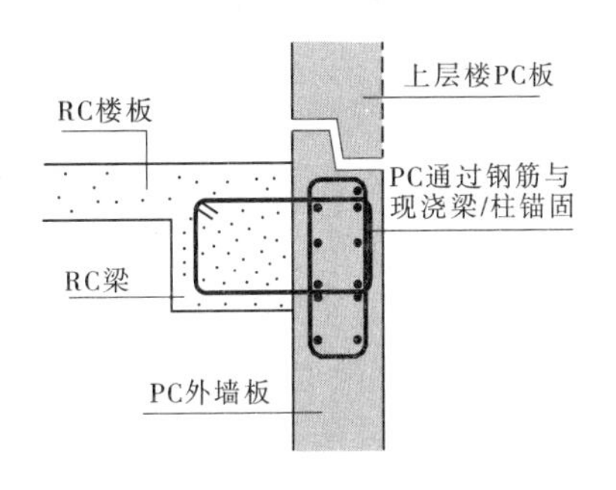

图 5-36　先安装后现浇框架内浇外挂 PC 体系构造

该体系可实现外墙 100% 预制,整层预制率可达 30% ~ 45%,成本增量为 380 ~ 500 元/m^2。该体系的缺点是:框架体系室内存在柱、梁,不符合客户需求。在结构受力上,预制外墙上边与梁连接,墙侧边与柱连接,墙下边与梁仅做限位连接。预制外墙对结构抗侧刚度的影响相对较大,侧连式预制外墙上边及左右侧边与梁、柱相连,抗侧作用接近于剪力墙。但由于侧连式预制外墙下边只有限位连接,不能传递力,因此其与剪力墙的刚度相比有所减弱。如在整体计算模型中建立预制外墙进行整体分析,由于其与梁柱连接及对结构的影响相对复杂,使得计算设计相对较困难。

5.6.4.2　先现浇后挂板的框架外挂墙板

该体系是在现浇主体结构全部完成后,再后挂预制外墙板,与外挂玻璃幕墙板相似, 后挂预制外墙板下方与楼板之间为后浇混凝土（见图 5-37、图 5-38），外挂墙板上部用角铁与主体结构相连。外墙预制可达 100%，内保温体系，墙体不参与主体承重，造成大楼含钢量增加 60%。

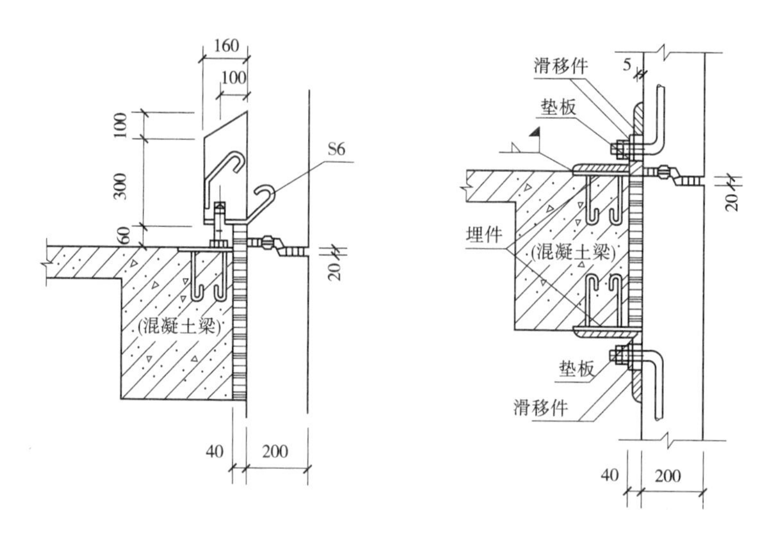

图 5-37　先现浇后挂板框架内浇外挂 PC 体系构造

图 5-38　先现浇后挂板框架内浇外挂 PC 体系施工

该体系的缺点同先安装后现浇的框架外挂板墙，且占用空间大，外挂墙板拼缝内的防水难处理。

该体系的优点有以下几点：

（1）对相关规范规定的主体结构误差、构件制作误差、安装施工误差等具有三维可调剂适应能力。

（2）能够满足将外挂墙板的荷载有效传递到主体结构承载要求的同时，还可以协调主体结构层间位移及垂直方向变形的随动性。

（3）对外挂板，连接件的极限温度变形具有变形吸收能力。

5.6.5　其他构件连接

5.6.5.1　叠合阳台板

叠合阳台板类似于叠合板，由预制部分和叠合部分组成，主要通过预制部分的预制钢筋与叠合层的钢筋搭接或焊接与主体结构连成整体，如图 5-39 所示。

(a)

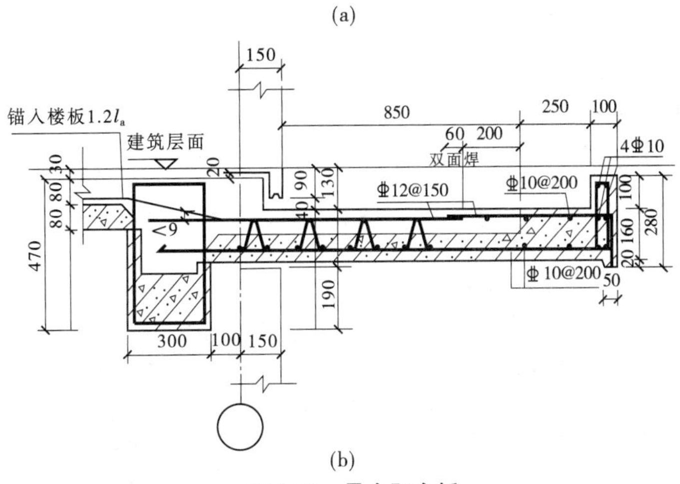

(b)

图 5-39　叠合阳台板

5.6.5.2　预制楼梯

预制楼梯与主体结构之间可以通过在预制楼梯预留钢筋与梁的叠合层整体浇筑，如图 5-40 所示。也可以在预制楼梯预留孔，通过锚栓与灌浆料与主体相连接，形成简支连接，如图 5-41 所示。

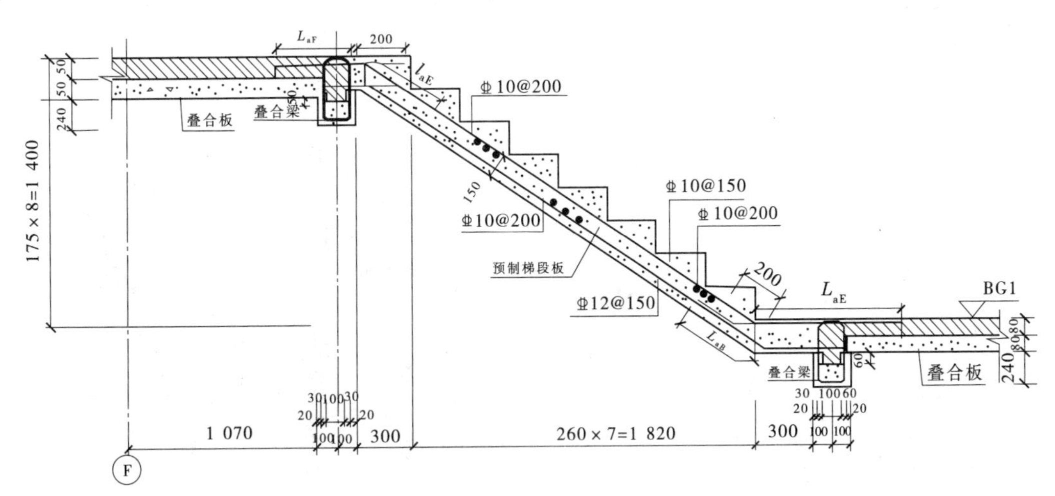

图 5-40　预制楼梯刚性连接

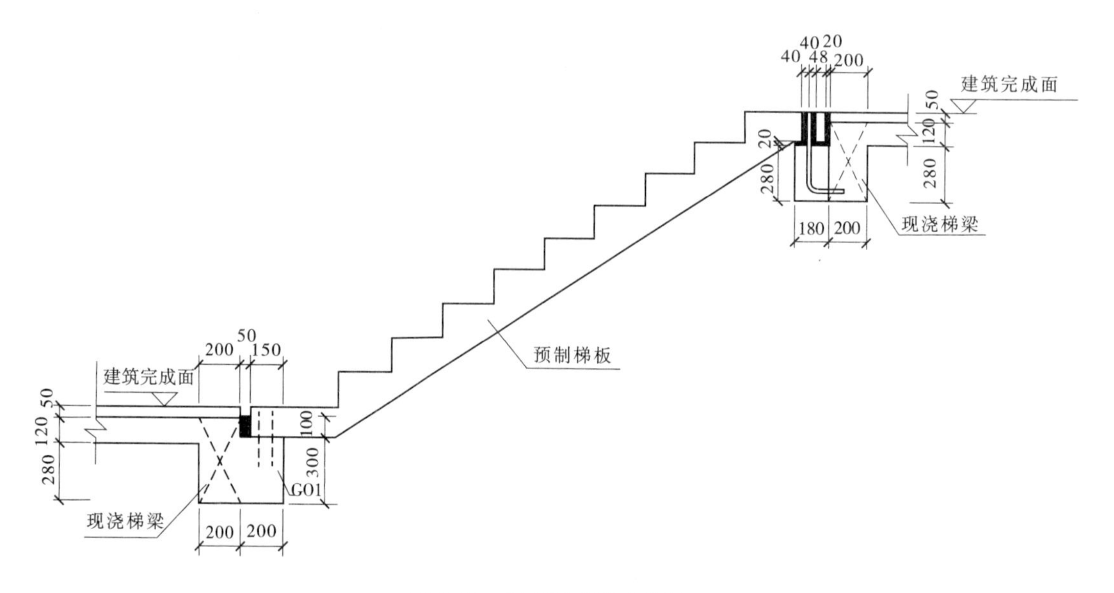

图 5-41　预制楼梯简支连接

采用简支连接时,应符合下列规定:

(1)预制楼梯宜一端设置固定铰,另一端设置滑动铰,其转动及滑动变形能力应满足结构层间位移的要求,且预制楼梯端部在支承构件上的最小搁置长度应符合表 5-4 的规定。

表 5-4　预制楼梯在支承构件上的最小搁置长度

抗震设防烈度	6 度	7 度	8 度
最小搁置长度(mm)	75	75	100

(2)预制楼梯设置滑动铰的端部应采取防止滑落的构造措施。

5.6.5.3　预制混凝土室外空调机搁板

预制混凝土室外空调机搁板预留负弯矩筋伸入主体结构后浇层,并与主体结构梁板钢筋可靠绑扎,浇筑成整体。负弯矩筋伸入主体结构水平长度不应小于 1.1,如图 5-42 所示。其板面上的预留孔尺寸、位置、数量需与设备专业协调后,由具体设计确定。

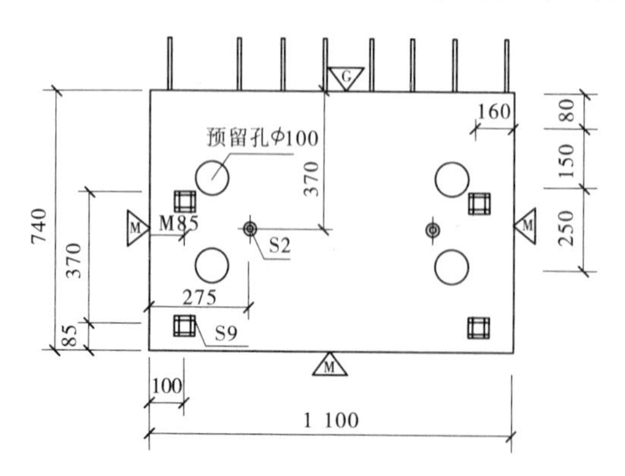

图 5-42　预制混凝土室外空调机搁板

5.7　装配式框架施工技术要点

5.7.1　一般规定

(1)装配式结构施工前应制定施工组织设计、施工方案;施工组织的设计应符合现行国家标准《建筑工程施工组织设计规范》(GB/T 50502—2009)的规定;施工方案的内容应包括构件安装及节点施工方案、构件安装的质量及安全措施等。

(2)装配式结构的后浇混凝土部位在浇筑前应进行隐蔽工程验收。验收项目应包括:

①钢筋的牌号、规格、数量、位置、间距等。

②纵向受力钢筋的连接方式、接头位置、接头数量、接头面积百分率、搭接长度等。

③纵向受力钢筋的锚固方式及长度。

④箍筋、横向钢筋的牌号、规格、数量、位置、间距,箍筋弯钩的弯折角度及平直段长度。

⑤预埋件的规格、数量、位置。

⑥混凝土粗糙面的质量,键槽的规格、数量、位置。

⑦预留管线、线盒等的规格、数量、位置及固定措施。

(3)预制构件、安装用材料及配件等应符合设计要求及国家现行有关标准的规定。

(4)吊装用具应按国家现行有关标准的规定来进行设计、验算和试验检验。

(5)吊具应根据预制构件的形状、尺寸及重量等参数进行配置,吊索水平夹角不宜大于60°且不应小于45°;对尺寸较大或形状复杂的预制构件,宜采用有分配梁或分配桁架的吊具。

(6)钢筋套筒灌浆前,应在现场模拟构件连接接头的灌浆方式,每种规格钢筋应制作不少于3个套筒灌浆连接接头,进行灌注质量以及接头抗拉强度的检验;经检验合格后,方可进行灌浆作业。

(7)在装配式结构的施工全过程中,应采取防止预制构件及预制构件上的建筑附件、预埋件、预埋吊件等损伤或污染的保护措施。

(8)未经设计允许不得对预制构件进行切割、开洞。

(9)装配式结构施工过程中应采取安全措施,并应符合现行行业标准《建筑施工高处作业安全技术规范》(JGJ 80—2016)、《建筑机械使用安全技术规程》(JGJ 33—2012)和《施工现场临时用电安全技术规范》(JGJ 46—2005)等的有关规定。

5.7.2　安装准备

(1)应合理规划构件运输通道和临时堆放场地,并应采取成品堆放保护措施。

(2)安装施工前,应核对已施工完成结构的混凝土强度、外观质量、尺寸偏差等符合现行国家标准《混凝土结构工程施工规范》(GB 50666—2011)和本规程的有关规定,并应核对预制构件的混凝土强度及预制构件和配件的型号、规格、数量等符合设计要求。

(3)安装施工前,应进行测量放线、设置构件安装定位标识。

(4)安装施工前,应复核构件装配位置、节点连接构造及临时支撑方案等。

(5)安装施工前,应检查并复核吊装设备及吊具处于安全操作状态。

(6)安装施工前,应核实现场环境、天气、道路状况等满足吊装施工要求。

(7)装配式结构施工前,宜选择有代表性的单元进行预制构件试安装,并应根据试安装结果及时调整完善施工方案和施工工艺。

5.7.3 安装与连接

(1)预制构件吊装就位后,应及时校准并采取临时固定措施,并应符合现行国家标准《混凝土结构工程施工规范》(GB 50666—2011)的相关规定。

(2)采用钢筋套筒灌浆连接、钢筋浆锚搭接连接的预制构件就位前,应检查下列内容:

①套筒、预留孔的规格、位置、数量和深度。

②被连接钢筋的规格、数量、位置和长度。

③当套筒、预留孔内有杂物时,应清理干净;当连接钢筋倾斜时,应进行校直。连接钢筋偏离套筒或孔洞中心线不宜超过5 mm。

(3)墙、柱构件的安装应符合下列规定:

①构件安装前,应清洁结合面。

②构件底部应设置可调整接缝厚度和底部标高的垫块。

③钢筋套筒灌浆连接接头、钢筋浆锚搭接连接接头灌浆前,应对接缝周围进行封堵,封堵措施应符合结合面承载力设计要求。

④多层预制剪力墙底部采用坐浆材料时,其厚度不宜大于20 mm。

(4)钢筋套筒灌浆连接接头、钢筋浆锚搭接连接接头应按检验批划分要求及时灌浆,灌浆作业应符合国家现行有关标准及施工方案的要求,并应符合下列规定:

①灌浆施工时,环境温度不应低于50 ℃;当连接部位养护温度低于10 ℃时,应采取加热保温措施。

②灌浆操作全过程应有专职检验人员负责旁站监督并及时形成施工质量检查记录。

③应按产品使用说明书的要求计量灌浆料和水的用量,并搅拌均匀;每次拌制的灌浆料拌和物应进行流动度的检测,且其流动度应满足《钢筋套筒灌浆连接技术规程》(JGJ 355—2015)的规定。

④灌浆作业应采用压浆法从下口灌注,当浆料从上口流出后应及时封堵,必要时可设分仓进行灌浆。

⑤灌浆料拌和物应在制备后30 min内用完。

(5)焊接或螺栓连接的施工应符合国家现行标准《钢筋焊接及验收规程》(JGJ 18—2012)、《钢结构焊接规范》(GB 50661—2011)、《钢结构工程施工规范》(GB 50755—2012)和《钢结构工程施工质量验收规范》(GB 50205—2001)的有关规定。

(6)采用焊接连接时,应采取防止因连续施焊引起的连接部位混凝土开裂的措施。

(7)钢筋机械连接的施工应符合现行行业标准《钢筋机械连接技术规程》(JGJ 107—2016)的有关规定。

(8)后浇混凝土的施工应符合下列规定:

①预制构件结合面疏松部分的混凝土应剔除并清理干净。

②模板应保证后浇混凝土部分形状、尺寸和位置准确,并应防止漏浆。

③在浇筑混凝土前应洒水润湿结合面,混凝土应振捣密实;同一配合比的混凝土,每工

作班且建筑面积不超过 1 000 m^2 应制作一组标准养护试件，同一楼层应制作不少于 3 组标准养护试件。

(9)构件连接部位后浇混凝土及灌浆料的强度达到设计要求后，方可拆除临时固定设施。

(10)受弯叠合构件的装配施工应符合下列规定：

①应根据设计要求或施工方案设置临时支撑。

②施工荷载宜均匀布置，并不应超过设计规定。

③在混凝土浇筑前，应按设计要求检查结合面的粗糙度及预制构件的外露钢筋。

④叠合构件应在后浇混凝土强度达到设计要求后，方可拆除临时支撑。

(11)安装预制受弯构件时，端部的搁置长度应符合设计要求，端部与支承构件之间应坐浆或设置支承垫块，坐浆或支承垫块厚度不宜大于 20 mm。

(12)外挂墙板的连接节点及接缝构造应符合设计要求；墙板安装完成后，应及时移除临时支承支座、墙板接缝内的传力垫块。

(13)外墙板接缝防水施工应符合下列规定：

①防水施工前，应将板缝空腔清理干净。

②应按设计要求填塞背衬材料。

③密封材料嵌填应饱满、密实、均匀、顺直、表面平滑，其厚度应符合设计要求。

习　题

1. 装配式混凝土框架结构体系有哪些？

2. 装配整体式框架结构中预制构件有哪些？其设计方法是什么？如何进行连接节点的设计？

3. 装配式结构施工过程及其特点是什么？

4. 了解预制装配式混凝土框架结构在国内外的应用。

第6章 装配式剪力墙结构设计

学习内容

装配式剪力墙结构是住宅工业化重要的形式之一，符合建筑行业的发展趋势。本章重点介绍装配式剪力墙结构的体系和分类。详细介绍装配整体式剪力墙结构预制构件的特点和设计方法以及节点连接设计等。

学习要点

1. 了解装配式剪力墙的体系。
2. 了解装配式剪力墙的分类。
3. 掌握装配整体式剪力墙结构预制构件的设计方法以及连接节点设计。

6.1 装配式剪力墙结构技术体系

典型项目：全国有大批高层住宅项目，位于北京、上海、深圳、合肥、沈阳、哈尔滨、济南、长沙、南通等城市。

按照主要受力构件的预制及连接方式，国内的装配式剪力墙结构可以分为装配整体式剪力墙结构、叠合板式剪力墙结构和多层剪力墙结构。装配整体式剪力墙结构应用较多，适用的建筑高度大；叠合板式剪力墙结构目前主要应用于多层建筑或者低烈度区高层建筑中；多层剪力墙结构目前应用较少，但基于其高效、简便的特点，在新型城镇化的推进过程中前景广阔。

此外，还有一种应用较多的剪力墙结构工业化建筑形式，即结构主体采用现浇剪力墙结构，外墙、楼梯、楼板、隔墙等采用预制构件。这种方式在我国南方部分省市应用较多，结构设计方法与现浇结构基本相同，装配率、工业化程度较低。

6.1.1 装配整体式剪力墙结构体系

装配整体式剪力墙结构中，全部或者部分剪力墙（一般多为外墙）采用预制构件，构件之间拼缝采用湿式连接，结构性能与现浇结构基本一致，主要按照现浇结构的设计方法进行设计。结构一般采用预制叠合板、预制楼梯，各层楼板和屋面设置水平现浇带或者圈梁。预制墙中竖向接缝对剪力墙刚度有一定影响，为了安全起见，结构整体适用高度有所降低。在8度（0.3g）及以下抗震设防烈度地区，对比同级别抗震设防烈度的现浇剪力墙结构最大适用高度通常降低10 m，当预制剪力墙底部承担总剪力超过80%时，建筑适用高度降低20 m。

目前,国内的装配整体式剪力墙结构体系中,关键技术在剪力墙构件之间的拼缝连接形式。预制墙体竖向拼缝基本采用后浇混凝土区段连接,墙板水平钢筋在后浇段内锚固或者搭接。预制剪力墙水平接缝处及竖向钢筋的连接划分为以下几种:

(1)竖向钢筋采用套筒灌浆连接、拼缝采用灌浆料填实。

(2)竖向钢筋采用螺旋箍筋约束浆锚搭接连接、拼缝采用灌浆料填实。

(3)竖向钢筋采用金属波纹管浆锚搭接连接、拼缝采用灌浆填实。

(4)竖向钢筋采用套筒灌浆连接结合预留后浇区搭接连接。

(5)其他方式,包括竖向钢筋在水平后浇带内采用环套钢筋搭接连接;竖向钢筋采用挤压套筒、锥套锁紧等机械连接方式并预留混凝土后浇段;竖向钢筋采用型钢辅助连接或者预埋件螺栓连接等。

其中,(1)~(4)项相对成熟,应用较广泛。钢筋套筒灌浆连接技术成熟,已有相关行业和地方标准,但由于成本相对较高且对施工要求也较高,因此通常采用竖向分布钢筋等其他有效连接方式;钢筋浆锚搭接连接技术成本较低,目前的工程应用通常为剪力墙全截面竖向分布钢筋逐根连接;螺旋箍筋约束浆锚搭接和金属波纹管浆锚搭接连接技术是目前应用较多的钢筋间接搭接连接两种主要形式,各有优缺点,已有相关地方标准。底部预留后浇区钢筋搭接连接剪力墙技术体系尚处于深入研发阶段,该技术由于其剪力墙竖向钢筋采用搭接、套筒灌浆连接技术进行逐根连接,技术简便,成本较低,但增加了模板和后浇混凝土的工作量,还要采取措施保证后浇混凝土的质量,暂未纳入现行标准《装配式混凝土结构技术规程》(JGJ 1—2014)中。

6.1.2　叠合板式剪力墙结构体系

叠合板式剪力墙结构是典型的引进技术,为了适应我国的要求,尚在进行进一步的改良、技术研发中。安徽省已有相关地方标准,适用于抗震设防烈度为7度及以下地区和非抗震区,房屋高度不超过60 m、层数在18层以内的混凝土建筑结构。抗震区结构设计应注重边缘构件的设计和构造。目前,叠合板式剪力墙结构应用于多层建筑结构,其边缘构件的设计可以适当简化,使传统的叠合板式剪力墙结构在多层建筑中广泛应用,并且能够充分体现其工业化程度高、施工便捷、质量好的特点。

6.1.3　多层剪力墙结构体系

多层装配式剪力墙结构技术适用于6层及以下的丙类建筑,3层及以下的建筑结构甚至可采用多样化的全装配式剪力墙结构体系。随着我国城镇化的稳步推进,多样化的低层、多层装配式剪力墙结构技术体系今后将在我国乡镇及小城市得到大量应用,具有良好的研发和应用前景。

6.1.4　现浇剪力墙结构工业化技术体系

现浇剪力墙结构配外挂墙板技术体系的主体结构为现浇结构,其适用高度、结构计算和构造设计完全可以遵循与现浇剪力墙相同的原则。现浇剪力墙配外挂墙板结构技术体系的整体工业化程度较低,是预制混凝土建筑的初级应用形式,对于推进建筑工业化和建筑产业现代化有一定的促进作用。今后要逐步实现现浇剪力墙结构向预制装配式剪力墙结构的

转变。

6.2 装配整体式剪力墙

全部或部分剪力墙采用预制墙板构建成的装配整体式混凝土结构，简称装配整体式剪力墙结构。其中，预制墙板一般包括整体预制墙板、单层叠合墙板、双层叠合墙板三种类型。

(1)整体预制墙板(见图 6-1)是指整个剪力墙墙体均在工厂预制完成之后运输至现场，采用套筒灌浆或环筋扣合连接的方法将上、下两片剪力墙的钢筋进行连接的墙体。竖向连接和水平连接如图 6-2、图 6-3 所示。

图 6-1　整体预制墙板

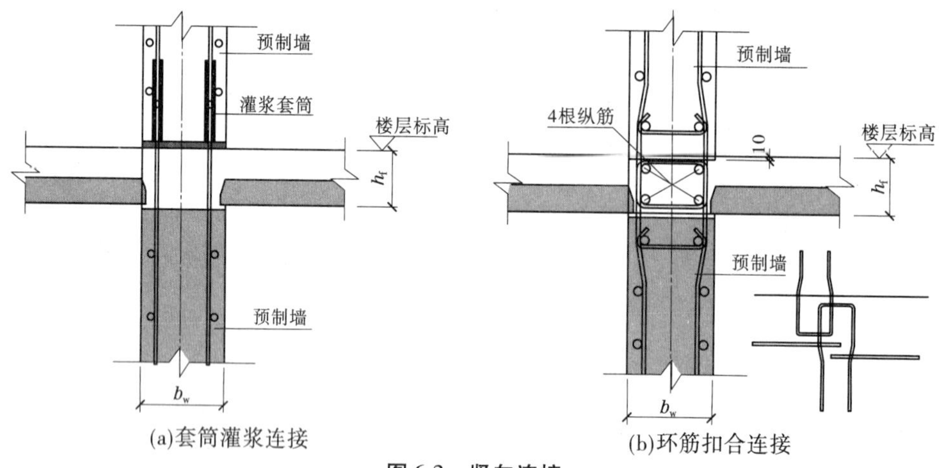

(a)套筒灌浆连接　(b)环筋扣合连接

图 6-2　竖向连接

(2)将预制混凝土外墙板作为外墙外模板，在外墙内侧绑扎钢筋、支模并浇筑混凝土，预制混凝土外墙板通过粗糙面和叠合筋(也称桁架筋)与现浇混凝土结合成整体(见图 6-4)，这样的墙体称为单层叠合墙。全部或部分剪力墙采用单层叠合墙板构建成的装配整体式混凝土结构，称为单面叠合剪力墙结构或 PCF 剪力墙。

该体系中的预制外墙板，在施工时作为内侧现浇混凝土的模板，因此也被称作预制混凝土外墙模(Precast Concrete Form，单面叠合)。在现浇混凝土浇筑完成并终凝后，预制外墙板与现浇层形成整体工程承担竖向荷载和水平荷载。

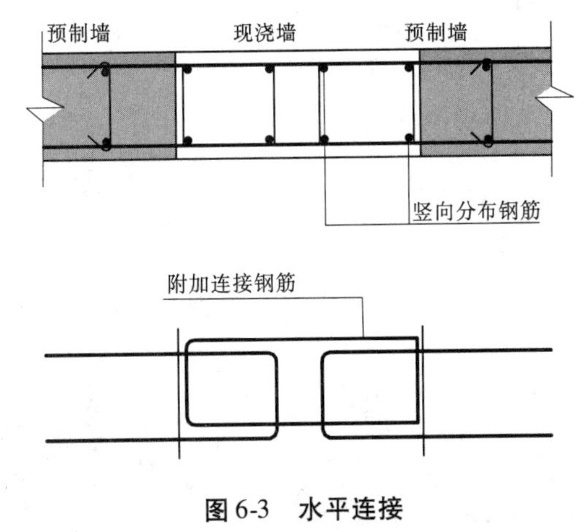

图 6-3　水平连接

图 6-4　单层叠合墙板

日本是较早推广、应用这种剪力墙的国家，技术也相对成熟。目前，预制叠合剪力墙在日本作为框架填充墙或框架结构中的抗震墙使用，真正作为受力构件用于纯剪力墙结构的工程实例不多见。同时，日本工程界对于结构高度超过 60 m 的建筑中采用预制叠合剪力墙态度谨慎。现行上海地区规范规定，预制叠合剪力墙结构只适用于结构总高度不大于 60 m，层高不大于 5.5 m，抗震等级为三级及以下的小高层、高层剪力墙结构住宅外墙。目前，在国内预制叠合剪力墙技术上海有部分项目应用。

单面叠合剪力墙板（见图 6-5）是实现剪力墙结构住宅产业化、工厂化生产的一种方式。与其他预制混凝土构件相同，单面叠合剪力墙的预制部分即预制剪力墙板在工厂加工制作、养护，达到设计强度后运抵施工现场，安装就位后和现浇部分整浇形成预制叠合墙。带建筑饰面的预制外墙板不仅可作为外墙模板，外墙立面也不需要二次装修，可完全省去施工外脚手架；预制混凝土外墙板还可作为预制叠合剪力墙的一部分参与结构受力，其中墙体总厚度扣除预制剪力墙饰面及接缝切口深度后剩余墙体的厚度称之为单面叠合剪力墙的有效厚度，该厚度为配筋率及承载力计算的基准厚度。根据预制叠合层是否参与主体受力，可将 PCF 体系分为参与主体受力与不参与主体受力两种类型。

（3）双层叠合墙板由两层预制板与格构钢筋制作而成，现场安装就位后，在两层板中间浇筑混凝土并采取规定的构造措施。同时，整片剪力墙与暗柱等边缘构件通过现浇连接，形成预制与后浇之间的整体连接（见图 6-6）。叠合楼板是在现场安装预制混凝土楼板，以其

图 6-5　单面叠合剪力墙板

为模板，辅以配套支撑，设置与竖向构件的连接钢筋、必要的受力钢筋以及构造钢筋，再浇筑混凝土叠合层，与预制板共同受力的结构体系。预制墙板、楼板充当现场模板，省去了现场支模拆模的烦琐工序，整个体系在制作过程中工业化程度较高，是发展住宅工业化行之有效的方式。

图 6-6　双层叠合墙板

预制叠合墙板的技术在德国已经相当成熟，并在欧洲和其他工业发达国家中得到广泛使用。由于钢筋混凝土叠合板式体系具有自身的特点及优势，其完全实现了住宅的工业化，从建筑图纸输入、结构设计到建筑预制件工厂化流水线生产全程由计算机自动控制，内外墙板、楼板、屋顶、楼梯、阳台板等钢筋混凝土结构部件均采用预制。结构部件运至施工现场后，快速吊装、拼接；钢筋混凝土叠合楼板铺设后一天现场浇筑即可完成；再逐层拼装外墙板（已安装窗框、开好门洞）、内隔墙及楼板；其主体结构安装可在几周内完成，造价优势明显，品质较高；同时，预制墙板钢筋的保护层、钢筋定位、混凝土配比、混凝土密实度及养护条件等方面均可以达到很好的控制，有效地避免现浇混凝土在住宅建造中的常见质量问题，大大提高了结构的耐久性。该体系可以实现在一个项目中只有一种施工工艺，便于施工的管理，

提高建造效率，降低成本。根据各种建筑功能和结构要求，量身定做，具有品质高、生产周期短、外观尺寸和平整度好、施工不受气候影响等特点，完工后的墙板表面也平整，便于做饰面处理，符合用户的高感观要求。

6.3　一般规定

（1）抗震设计时，对同一层内既有现浇墙肢也有预制墙肢的装配整体式剪力墙结构，现浇墙肢水平地震作用弯矩、剪力宜乘以不小于 1.1 的增大系数。

（2）抗震设计时，高层装配整体式剪力墙结构不应全部采用短肢剪力墙；抗震设防烈度为 8 度时，不宜采用具有较多短肢剪力墙的剪力墙结构。

（3）抗震设防烈度为 8 度时，高层装配整体式剪力墙结构中的电梯井筒宜采用现浇混凝土结构。

（4）装配整体式剪力墙结构的最大适用高度见表 6-1。

表 6-1　装配整体式剪力墙结构的最大适用高度

抗震设防烈度	6 度	7 度	8 度(0.2g)	8 度(0.3g)
装配高度(m)	130(120)	110(100)	90(80)	70(60)

注：括号内数字用于底部预制剪力墙承担的总剪力大于 50% 时。

（5）装配整体式剪力墙结构的抗震等级见表 6-2。

表 6-2　装配整体式剪力墙结构的抗震等级

抗震设防烈度	6 度		7 度			8 度		
抗震等级	四级	三级	四级	三级	二级	三级	二级	一级
装配高度(m)	≤70	>70	≤24	24～70	>70	≤24	24～70	>70

6.4　预制剪力墙设计

（1）剪力墙应根据结构平面合理布置预制和现浇区域，宜满足以下三个原则：

①受力合理。相邻剪力墙相交处应设现浇区域，满足设计要求，保证结构的整体性。预制墙洞口两侧的墙肢宽度不应小于 200 mm，洞口上方连梁高不宜小于 250 mm。

②加工简单。预制剪力墙宜拆分为一字形，便于工厂标准化生产，减少模具型号。

③安装方便。构件的尺寸和重量应满足便于运输、安装的要求。

（2）上下层预制剪力墙的竖向钢筋，当采用套筒灌浆连接和浆锚搭接连接时，应符合下列规定：

①边缘构件竖向钢筋应逐根连接。

②预制剪力墙的竖向分布钢筋，当仅部分连接时，被连接的同侧钢筋间距不应大于 600 mm，且在剪力墙构件承载力设计和分布钢筋配筋率计算中不得计入不连接的分布钢筋；不连接的竖向分布钢筋直径不应小于 6 mm。

③一级抗震等级剪力墙以及二、三级抗震等级底部加强部位，剪力墙的边缘构件竖向钢

筋宜采用套筒灌浆连接。

④当采用套筒灌浆连接时,自套筒底部至套筒顶部并向上延伸 300 mm 范围内,预制剪力墙的水平分布筋应加密。

⑤端部无边缘构件的预制剪力墙,宜在端部配置 2 根直径不小于 12 mm 的竖向构造钢筋;沿该钢筋竖向应配置拉筋,拉筋直径不宜小于 6 mm、间距不宜大于 250 mm。

(3)当预制外墙采用夹芯墙板时,应满足下列要求:

①外页墙板厚度不应小于 50 mm,且外页墙板应与内页墙板可靠连接。

②夹芯外墙板的夹层厚度不宜大于 120 mm。

③当作为承重墙时,内页墙板应按剪力墙进行设计。

6.4.1 整体预制墙设计

6.4.1.1 结构分析

《装配式混凝土结构技术规程》(JGJ 1—2014)将 7 层及 7 层以上、建筑设防类别为乙类及以下、抗震设防烈度在 8 度及 8 度以下的装配式剪力墙结构定义为高层剪力墙结构。对于高层装配式结构设计的主要概念,是在选用可靠的预制构件受力钢筋连接技术的基础上,采用预制构件与后浇混凝土相结合的方法,通过节点合理的构造措施,将装配式结构连接成一个整体,保证其结构性能具有与现浇混凝土结构等同的整体性、延性、承载力和耐久性能,达到与现浇混凝土相同的效果。《装配式混凝土结构技术规程》(JGJ 1—2014)将 6 层及 6 层以下、建筑设防类别为丙类、抗震设防烈度在 8 度及 8 度以下的装配式剪力墙结构定义为多层剪力墙结构。对于多层装配式剪力墙结构可根据实际选用的连接节点类型和具体采用的构造措施的特点,采用相应的结构分析的计算模型。

尽管全预制剪力墙结构在各类设计时可采用与现浇混凝土结构相同的方法进行结构设计,但仍有以下内容需要设计人员在设计中予以考虑。

1. 结构的规则性

全预制剪力墙结构的布置更强调结构的规则性,即需满足下列要求:

(1)应沿两个方向布置剪力墙。

(2)剪力墙的截面宜简单、规则,预制墙的门窗洞口宜上下对齐、成列布置。

(3)应避免出现扭转不规则及侧向刚度和承载力不规则的楼层,当无法避免上述情况出现时,该楼层建议采用现浇混凝土结构。

(4)预制装配式剪力墙结构房屋的屋顶、平面复杂或开洞过大的楼层、作为上部结构嵌固部位的地下室顶板应采用现浇楼盖结构。

(5)由于高层建筑中电梯井筒往往承受很大的地震剪力及倾覆力矩,因此抗震设防烈度为 8 度时,高层装配式剪力墙结构中的电梯井宜采用现浇混凝土结构,有利于保证结构的抗震性能。

(6)预制装配式剪力墙结构的高宽比不宜超过 6。

2. 最大适用高度

装配整体式剪力墙结构中,墙体之间的接缝数量多,且构造复杂,接缝的构造措施及施工质量对结构整体的抗震性能影响较大,使装配整体式剪力墙结构的抗震性能很难完全等同于现浇结构。世界各地对装配整体式剪力墙的研究少于对装配式框架结构的研究。近年来，我国对全预制剪力墙结构已经进行了大量的研究工作，但由于工程实践的数量还偏少，因此对该体系的结构采取从严要求的态度。全预制剪力墙结构的最大适用高度不分A级和B级，仅有一种级别的适用高度，如表6-3所示。从表6-3中数据可以看出，对比现浇剪力墙结构，全预制剪力墙结构的最大适用高度在各地震烈度下，较前者低了10(20) m。即在规定水平力作用下，当预制剪力墙构件底部承担的总剪力大于该层总剪力的50%时，其最大适用高度可采用表6-3中数据，当预制剪力墙构件底部承担的总剪力大于该层总剪力的80%时，最大适用高度取表6-3中括号内的数值。

表6-3　装配整体式剪力墙与现浇剪力墙建筑(A级)的最大适用高度对比　(单位:m)

结构体系	非抗震体系	抗震设防烈度				
		6度	7度	8度		9度
				0.20g	0.30g	
现浇剪力墙	150	140	120	100	80	60
装配式剪力墙	140(130)	130(120)	110(100)	90(80)	70(60)	不采用
现浇框支剪力墙	130	120	100	80	50	不采用
装配式框支剪力墙	120(110)	110(100)	90(80)	70(60)	40(30)	不采用

3. 关于短肢剪力墙

由于短肢剪力墙的抗震性能较差，在高层装配整体式结构中应避免过多采用，更不应全部采用。《装配式混凝土结构技术规程》(JGJ 1—2014)中定义：在规定的水平地震作用下，当短肢剪力墙承担的底部抗倾覆力矩超过结构底部总地震抗倾覆力矩的30%时，称之为具有较多短肢剪力墙结构。对于具有较多短肢剪力墙的建筑结构需要满足以下要求：①在抗震设防烈度为8度区不宜采用；②短肢剪力墙承担的底部抗倾覆力矩不宜超过结构底部总地震抗倾覆力矩的50%；③房屋适用高度应比表6-3中规定的数据再行降低，具体为抗震设防烈度为7度和8度时均需降低20 m。

4. 关于抗震等级

考虑到全预制剪力墙结构及部分框支剪力墙的抗震性能可能无法完全达到等同于现浇，同时此种体系在国内外的工程实践的数量还不够多，也未必经历实际地震的考验。因此，对其抗震等级的划分高度做了从严要求，比对应的现浇结构降低10 m。

5. 地震力调整

考虑到全预制剪力墙结构的接缝对强抗侧刚度有一定的削弱作用，应考虑对弹性计算的内力进行调整。抗震设计时，对同一层内既有现浇墙肢也有预制墙肢的装配整体式剪力墙结构，应考虑对弹性计算的内力进行调整，适当放大现浇墙肢在水平地震作用下的剪力和弯矩，即现浇墙肢水平地震作用弯矩、剪力宜乘以增大系数1.1；预制剪力墙的剪力和弯矩不会减小，偏于安全。

6. 层间位移角限值

高层预制装配式剪力墙结构的层间位移角限值与现浇结构相同。对多层装配式剪力墙结构，当按现浇结构计算而未考虑墙板间接缝的影响时，高层预制装配式剪力墙结构的层间位移限值为1/1 000，多层预制装配式剪力墙结构的层间位移限值为1/1 200。

6.4.1.2　预制构件设计

1. 尺寸

预制剪力墙构件的形状和大小，除了需要根据建筑功能和结构平面布置的要求，还需根据构件的生产、运输和安装条件进行设计。

2. 开洞

(1)带有门窗洞口的预制剪力墙，洞口两侧的墙肢宽度不应小于 200 mm，洞口上方的连梁高度不宜小于 250 mm。

(2)墙体开有边长小于 800 mm 洞口的预制剪力墙，应沿洞口周边布置补强钢筋。若在整体计算中不考虑该洞口的影响，补强钢筋的直径不应小于 12 mm，补强钢筋截面面积不应小于同方向被洞口截断的钢筋截面面积，该钢筋自洞口角边算起伸入墙内的长度，非抗震设计时不应小于 l_a，抗震设计时不应小于 l_{aE}。

(3)预制剪力墙的连梁不宜开洞。当需要留洞时，留洞应在工厂完成，且洞口宜预埋套管，要保证洞口上、下截面的有效高度不宜小于梁高的 1/3 和 200 mm 中的较大值。洞口削弱处的连筋截面应进行承载力验算，洞口处应按计算配置补强纵向钢筋和箍筋，补强纵向钢筋的直径不应小于 12 mm。

3. 分布钢筋

(1)预制装配整体式剪力墙结构体系的全预制构件和叠合式构件，均应合理地设计配筋；应避免剪切破坏先于弯曲破坏、混凝土压溃先于钢筋屈服、钢筋的锚固黏结破坏先于构件破坏。

(2)预制剪力墙墙体底部竖向钢筋连接区裂缝较多且比较集中，因此对该区域的水平分布筋应加强，以提高板的抗剪能力和变形能力，并使该区域的塑性铰可以充分发展，以提高墙板的抗震性能。加强区范围为自套筒底部至套筒顶部并向上延伸 300 mm 范围内。加密区水平分布筋的最大间距及最小直径应符合表 6-4 的规定，套筒上端第一道水平分布钢筋距离套筒顶部不应大于 50 mm，如图 6-7 所示。

表 6-4　加密区水平分布钢筋的要求　（单位：mm）

抗震等级	最大间距	最小直径
一、二级	100	8
三、四级	150	8

(3)对预制墙板边缘配筋应适当加强，形成边框，保证墙板在形成整体结构之前的刚度、延性及承载力。端部无边缘构件的预制剪力墙，宜在端部配置 2 根直径不小于 12 mm 的竖向构造钢筋；沿该钢筋竖向应配置拉筋，拉筋直径不宜小于 6 mm、间距不宜大于 250 mm。

4. 带夹芯外墙板

预制夹芯外墙板在国内外均有广泛应用，具有结构、保温、装饰一体化的优点。预制夹芯外墙板根据其在结构中的作用，可分为承重墙板和非承重墙板两类。即预制夹芯墙板根据其内、外页墙板间的连接构造，对应可以分为组合墙板和非组合墙板。组合墙板为承重墙板，其内、外页墙板通过拉接件的连接作用共同工作，共同承担垂直力和水平力；非组合墙板

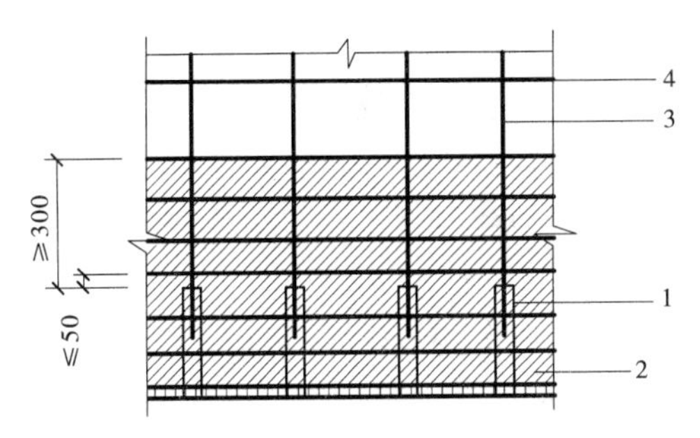

1—套筒灌浆；2—水平分布钢筋加密区域（阴影区域）；3—竖向钢筋；4—水平分布钢筋

图6-7 钢筋套筒灌浆连接部位水平分布钢筋的加密构造示意图

为非承重墙板，内、外页不共同受力，外页墙板通过拉接件系在内页墙板上，仅作为外围护墙体使用，结构计算仅作为荷载考虑。鉴于我国对预制夹芯外墙板的科研成果和工程实践经验都还较少，目前在实际工程中，通常采用非组合墙板。作为承重墙体的内页墙板与普通剪力墙板的要求完全相同。带夹芯外墙板如图6-8所示。

图6-8 带夹芯外墙板

6.4.1.3 连接设计

预制装配式剪力墙结构的预制墙板间的连接构造按墙体所在位置可分为预制内墙板间的水平连接、预制外墙板间的水平连接、预制内墙板间竖向连接和预制外墙板间竖向连接等几种节点类型。

1. 墙体水平连接

对于约束边缘构件，位于墙肢端部的通常与墙板一起预制；纵横墙交接部位一般存在接缝，阴影区宜全部后浇，纵向钢筋主要配置在后浇段内，且在后浇段内应配置封闭箍筋及拉筋，预制墙中的水平分布钢筋在后浇段内锚固。预制的约束边缘构件的配筋构造要求与现浇结构一致。

墙肢端部构造边缘构件通常全部预制；采用L形、T形或者U形墙板时，拐角处的构造边缘构件可全部预制在剪力墙中。当采用一字形时，纵横墙交接处的构造边缘构件可全部后浇；为了满足构件的设计要求或施工方便，也可部分后浇部分预制。当构造边缘构件后浇部分预制时，需要合理布置预制构件及后浇段中的钢筋，使边缘构件内形成封闭箍筋。非边缘构件区域，剪力墙拼接位置，剪力墙水平钢筋在后浇段可采用锚环的形式锚固，两侧伸出的锚环宜相互搭接。

一字形预制墙板进行L形、T形拼接时，其约束边缘、构造边缘需现浇拼接。而对于一字形预制墙板端部、L形和T形预制墙板边缘构件通常与预制墙板一起预制，但边缘构件竖向连接需采用套筒灌浆或浆锚连接。对边缘构件部分现浇部分预制，需合理布置预制构件及后浇构件中的钢筋使边缘构件中的箍筋在预制构件与现浇构件中形成完整的封闭箍筋，非边缘构件位置相邻的预制剪力墙段需设后浇段进行连接。L形、T形构造边缘构件与翼内边尺寸为200 mm，而《高层建筑混凝土结构技术规程》（JGJ 3—2010）规定为300 mm，建议高层建筑采用300 mm。

楼层内相邻预制剪力墙之间应采用整体式拼缝连接，且应符合下列规定：

（1）当接缝位于纵横墙交接处的边缘构件区域时，约束边缘构件的阴影区域宜全部采用后浇混凝土（见图6-9），并应在后浇段内设置封闭箍筋。

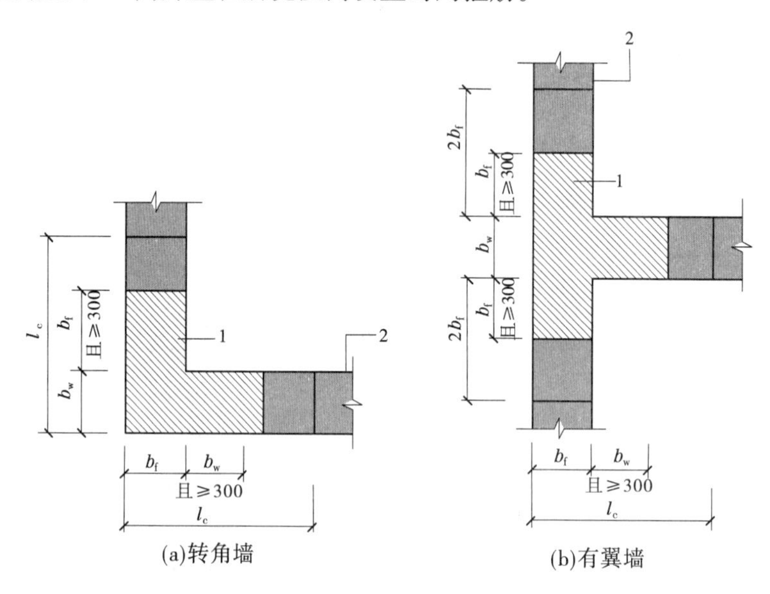

1—后浇段；2—预制剪力墙

图6-9　约束边缘构件阴影区域全部后浇构造示意图

（2）当接缝位于纵横墙交接处的约束边缘构件区域时，约束边缘构件宜全部采用后浇混凝土（见图6-10）；当仅在一面墙上设置后浇段时，后浇段的长度不宜小于300 mm（见图6-11）。

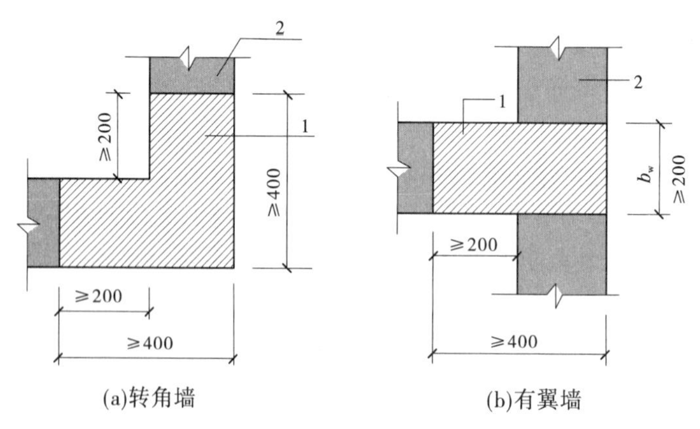

1—后浇段；2—预制剪力墙

图6-10　构造边缘构件全部后浇构造示意图

（3）边缘构件。边缘构件内的配筋及构造要求应符合现行国家标准《建筑抗震设计规范》（GB 50011—2010）的有关规定；预制剪力墙的水平分布钢筋在后浇段内的锚固、连接应符合现行国家标准《混凝土结构设计规范》（GB 50010—2010）的有关规定。

（4）非边缘构件位置，相邻预制剪力墙之间应设置后浇段，后浇段的宽度不应小于墙厚

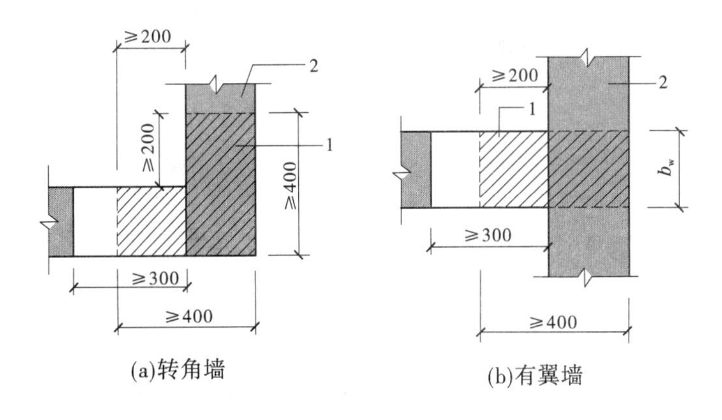

1—后浇段;2—预制剪力墙

图 6-11　构造边缘构件部分后浇构造示意图

且不宜小于 200 mm;后浇段应设置不少于 4 根竖向钢筋,钢筋直径不应小于墙体竖向分布钢筋且不小于 8 mm;两侧墙体的水平分布钢筋在后浇段的锚固应符合现行国家标准《混凝土结构设计规范》(GB 50010—2010)的有关规定。

2. 墙体竖向连接

预制剪力墙底部接缝宜设置在楼面标高处,预制剪力墙竖向钢筋一般采用套筒灌浆或浆锚搭接连接,在灌浆时宜采用灌浆料将水平接缝同时填满。灌浆料强度较高且流动性好,有利于保证接缝承载力,后浇混凝土上表面应设置粗糙面,但未规定凹凸深度,建议采用 6 mm。灌浆时,预制剪力墙构件下表面与楼面之间的接缝周围可采用封边砂浆进行封堵和分仓,以保证水平接缝中灌浆料填充饱满。

预制剪力墙墙身分布钢筋采用大间距超过相关规范间距限制的,应采用符合相关规范要求的最小直径钢筋补足。连接钢筋两边错开分布主要是为避免一般墙厚不大,套筒本身直径较大而造成套筒净间距较小,施工浇筑混凝土困难。上海地区剪力墙连接采用套筒灌浆单排连接(通过评审后)已有应用,此时连接钢筋间距不大于 400 mm,受拉承载力不小于上、下层被连接钢筋承载力较大值的 1.1 倍。并通过合理的结构布置,避免剪力墙平面外受力,采用单排连接剪力墙应有楼板约束。

上、下层预制剪力墙的竖向钢筋,当采用套筒灌浆连接和浆锚搭接连接时,应符合下列规定:

(1)边缘构件竖向钢筋应逐根连接。

(2)预制剪力墙的竖向分布钢筋,当仅部分连接时(见图 6-12),被连接的同侧钢筋间距不应大于 600 mm,且在剪力墙构件承载力设计和分布钢筋配筋率计算中不得计入不连接的分布钢筋;不连接的竖向分布钢筋直径不应小于 6 mm。

(3)一级抗震等级剪力墙以及二、三级抗震等级底部加强部位,剪力墙的边缘构件竖向钢筋宜采用套筒灌浆连接。

在地震设计状况下,剪力墙水平接缝的受剪承载力设计值应按下式计算:

$$V_{uE} = 0.6 f_y A_{sd} + 0.8 N \tag{6-1}$$

式中　f_y——垂直穿过结合面的钢筋抗拉强度设计值;

N——与剪力设计值 V 相应的垂直于结合面的轴向设计值,压力时取正,拉力时取

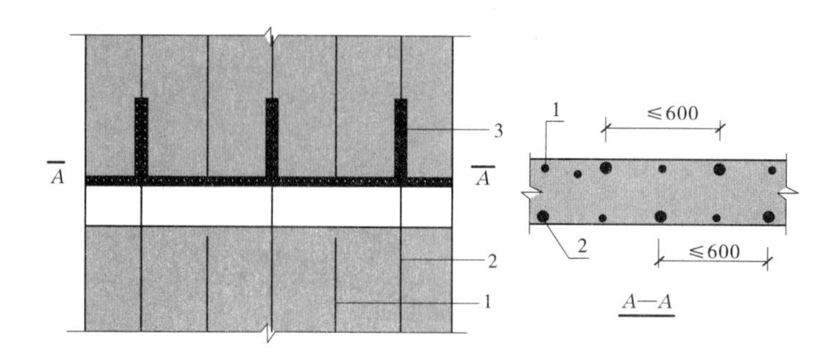

1—不连续的竖向分布钢筋;2—连接的竖向分布钢筋;3—连接接头;

图 6-12　预制剪力墙竖向分布钢筋连接构造示意图

负;

A_{sd}——垂直穿过结合面的抗剪钢筋截面面积。

从式(6-1)可以看出,当出现拉力时,将严重地削弱剪力墙水平接缝承载力。因此,剪力墙应采取合理的结构布置、适宜的高宽比,避免墙肢出现较大拉力。

最后,还须用式(6-2)复核剪力墙底部加强部位的"强连接"。

$$\eta_j V_{mua} \leqslant V_{uE} \tag{6-2}$$

式中　V_{uE}——地震设计状况下加强区接缝受剪承载力设计值;

V_{mua}——被连接构件端部按实配钢筋配筋面积计算的斜截面受剪承载力设计值;

η_j——接缝受剪承载力增大系数,抗震等级为一、二级时取 1.2,抗震等级为三、四级时取 1.1。

3. 墙梁连接

封闭连续的后浇钢筋混凝土圈梁(见图 6-13)是保证结构整体性和稳定性、连接楼盖结构与预制剪力墙的关键构件,应在楼层收进及房屋处设置,并符合下列规定:

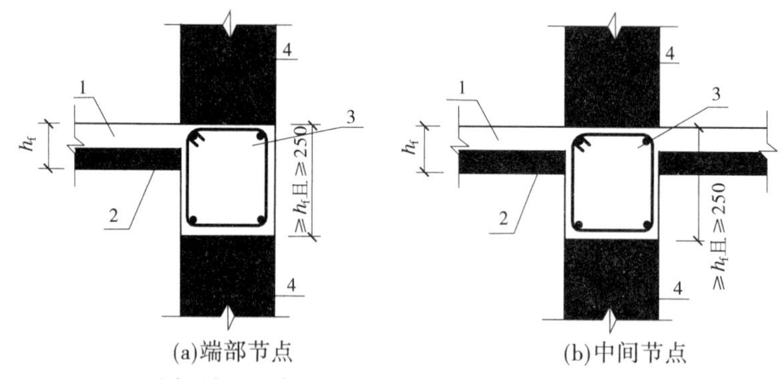

1—后浇混凝土叠合层;2—预制板;3—后浇圈梁;4—预制剪力墙

图 6-13　封闭连续的后浇钢筋混凝土圈梁构造示意图

(1)圈梁截面宽度不应小于剪力墙的厚度,截面高度不宜小于楼板厚度及 250 mm 中的较大值;圈梁应与现浇或叠合楼、屋盖浇筑成整体。

(2)圈梁内配置的纵向钢筋不应小于 4 Φ12,且按全截面计算的配筋率不应小于 0.5%和水平分布钢筋配筋率的较大值,纵向钢筋竖向间距不应小于 200 mm;箍筋间距不应大于 200 mm,且直径不应小于 8 mm。

在不设圈梁的楼面处，水平后浇带及其在内设置的纵向钢筋也起到保证结构整体性和稳定性、连接楼盖结构和预制剪力墙的作用。因此，各层楼面位置，预制剪力墙顶部无后浇圈梁时，应设置连续的水平后浇带（见图 6-14）。水平后浇带应符合下列规定：

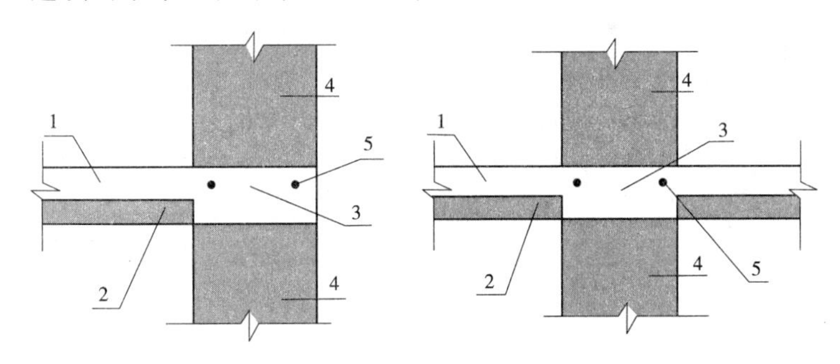

1—后浇混凝土叠合层；2—预制板；3—水平后浇带；4—预制墙板；5—纵向钢筋

图 6-14　水平后浇带构造示意图

（1）水平后浇带宽度应取剪力墙的厚度，高度不应小于楼板厚度；水平后浇带应与现浇或者叠合楼、屋盖浇筑成整体。

（2）水平后浇带内应配置不少于 2 根连续纵向钢筋，其直径不宜小于 12 mm。

楼面梁不宜与预制剪力墙在剪力墙平面外单侧连接；当楼面梁与剪力墙在平面外单侧连接时，宜采用铰接。当预制叠合连梁端部与预制剪力墙在平面内拼接时，接缝构造应符合下列规定：

（1）当墙段边缘构件采用后浇混凝土时，连梁纵向钢筋应在后浇段中可靠锚固或连接，如图 6-15 所示。

（2）当预制剪力墙端部上角预留局部后浇节点区时，连梁的纵向钢筋应在局部后浇节点区内可靠锚固（见图 6-15（c））或连接（见图 6-15（d））。

当采用后浇连梁时，宜在预制剪力墙端伸出预留纵向钢筋，并与后浇连梁的纵向钢筋可靠连接，如图 6-16 所示。

当预制剪力墙洞口下方有墙时，宜将洞口下墙作为单独连梁进行设计，如图 6-17 所示。

说明：当需要洞口下墙参与计算以增加结构刚度时，洞口下墙设置纵向钢筋与箍筋作为单独连梁设计，下方的后浇混凝土与预制连梁形成叠合连梁，两连梁之间设置少量的连接翻筋，防止接缝开裂并抵抗必要的面外荷载。在程序中可设成双连梁的方式实现。当计算不需要窗下墙时，可采用轻质填充墙或混凝土墙，但与结构主体采用柔性材料隔离，在计算中可仅作为荷载，洞口下墙与下方的后浇混凝土及预制连梁之间不连接，墙内设置水平构造钢筋作为窗下墙的面筋，竖向设置构造分布断筋。

6.4.2　单面叠合剪力墙设计

6.4.2.1　结构分析

单面叠合剪力墙的受力变形过程、破坏模式与普通剪力墙相同，仅制作过程与生产工艺不同。结构外墙采用预制叠合剪力墙、结构内墙和筒体采用普通剪力墙的单面叠合剪力墙结构体系与普通全现浇剪力墙结构具有相同的结构特点。因此，单面叠合剪力墙结构可采用与普通全现浇剪力墙结构相同的设计原则、方法和构造要求。单面叠合剪力墙的设计重

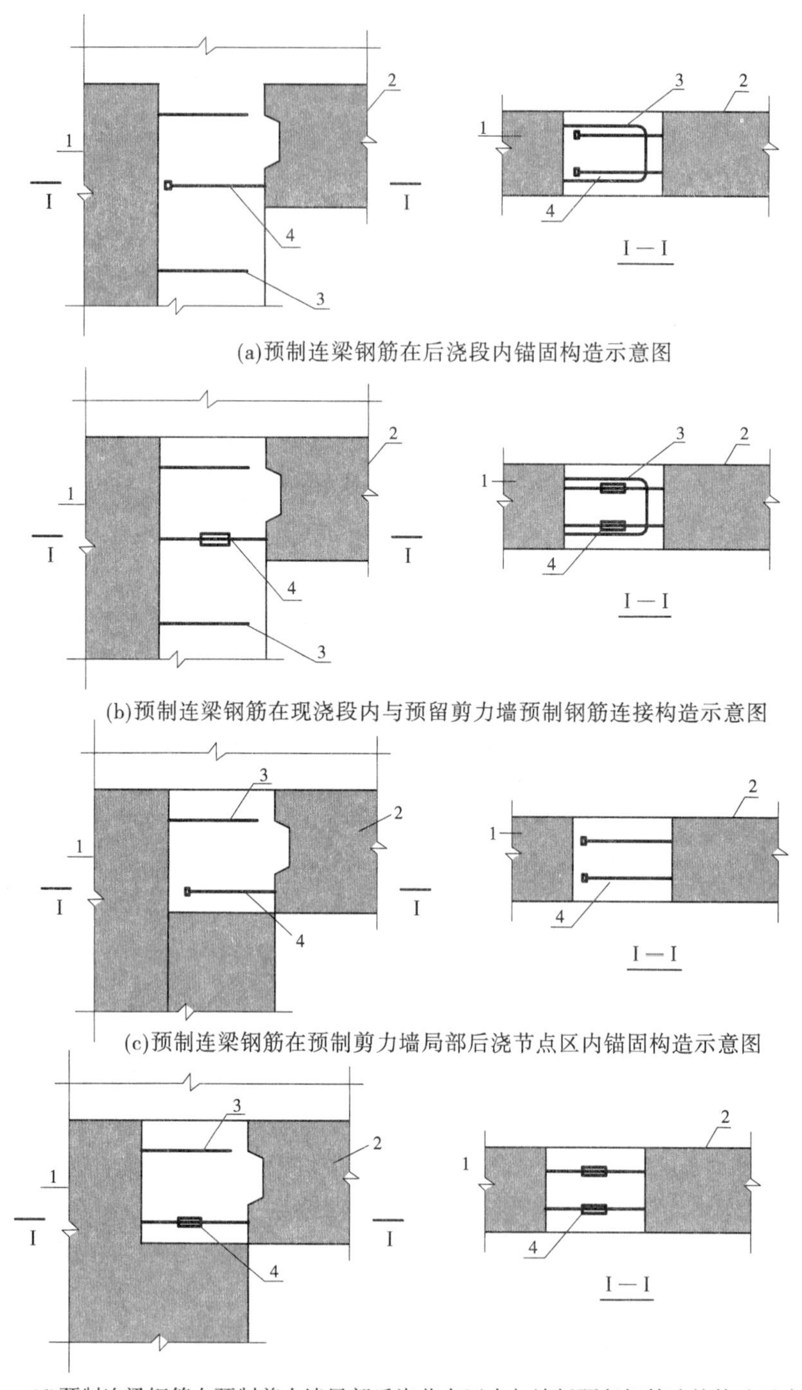

(a)预制连梁钢筋在后浇段内锚固构造示意图

(b)预制连梁钢筋在现浇段内与预留剪力墙预制钢筋连接构造示意图

(c)预制连梁钢筋在预制剪力墙局部后浇节点区内锚固构造示意图

(d)预制连梁钢筋在预制剪力墙局部后浇节点区内与墙板预留钢筋连接构造示意图

1—预制剪力墙；2—预制连梁；3—边缘构件箍筋；4—连梁下部纵向受力钢筋锚固或连接

图 6-15　同一平面内预制连梁与预制剪力墙连接构造示意图

点在于采取可靠的构造措施，保证预制部分和现浇部分具有良好的整体性，在参与结构受力时不发生沿叠合面及预制墙板拼缝的破坏。

当结构外墙全部采用单面叠合剪力墙，而筒体和一般剪力墙承受的第一振型底部地震倾覆力矩小于结构底部总地震倾覆力矩的 50% 时，应适当增加普通剪力墙的数量。对叠合外墙数量上的限制，需分别计算两个主轴方向。同时需要特别指出的是，这里所指的底部地震倾覆力矩是由第一振型产生的，这与现浇短肢剪力墙结构由 CQC 振型组合后的楼层地震剪力换算成水平作用力并考虑偶然偏心产生的倾覆力矩是不同的，若后续规程进行调整，可按后续规程执行。目前底部地震倾覆力矩比例程序不会判断输出。

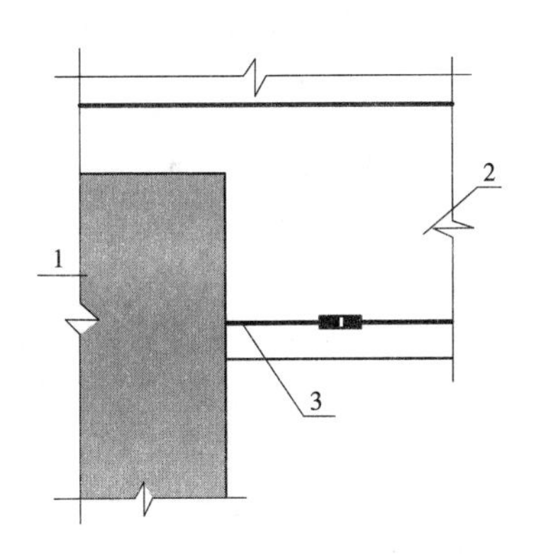

1—预制墙板；2—后浇连梁；
3—预制剪力墙伸出纵向受力钢筋
图 6-16 后浇连梁与预制剪力墙连接构造示意图

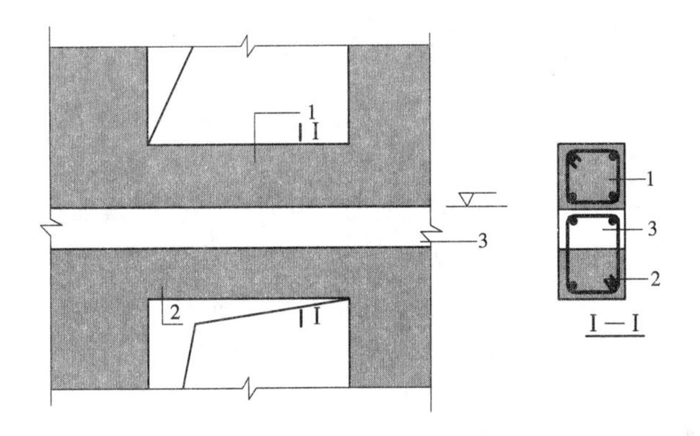

1—洞口下墙；2—预制连梁；3—后浇圈梁或水平后浇带
图 6-17 预制剪力墙洞口下墙作为单独连梁设计

抗震设计时，单面叠合剪力墙结构底部加强部位的高度可取墙肢总高度的 1/8 和底部两层二者的较大值；单面叠合剪力墙不宜采用框支剪力墙体系。

单面叠合剪力墙与普通剪力墙一样，其特点是平面内刚度及承载力大，而平面外刚度及承载力都相对很小。当单面叠合剪力墙与平面外方向的梁连接时，会造成墙肢平面外弯矩，而一般情况下并不验算单面叠合剪力墙平面外的刚度及承载力。当梁高大于 2 倍的墙厚时，梁端弯矩对墙平面外的安全不利，因此应当采取措施，以保证单面叠合剪力墙平面外的安全。具体措施如下：①沿梁轴线方向设置与梁相连的剪力墙，以抵抗该单面剪力墙墙肢平面外弯矩。②当不能设置与梁轴线方向相连的剪力墙时，宜在墙体与梁相交处设置扶壁柱，扶壁柱宜按计算确定截面及配筋；当不能设置扶壁柱时，应在墙与梁相交处设置暗柱，并宜按计算确定配筋。以上措施均可增大单面叠合墙肢抵抗平面外弯矩。铰接端或半刚接端可通过弯矩调幅或梁变截面来实现，此时应相应加大梁跨中弯矩。

日本在进行单面叠合剪力墙设计时，只考虑剪力作用而不考虑轴向荷载及平面外弯矩。在较大轴向压力及平面外弯矩作用下，单面叠合剪力墙的整体性将削弱。因此，对预制叠合剪力墙轴压比限制较普通剪力墙趋严，建议抗震设计时，各层预制叠合剪力墙在重力荷载代表值作用下产生的轴力设计值的轴压比在抗震等级为三级时，不宜大于0.6。同时，应采取措施减小其平面外弯矩，以保证预制叠合剪力墙的整体性及平面外弯矩。

单面叠合剪力墙结构应具有延性，细高的单面叠合剪力墙（高宽比）容易设计成弯曲破坏的延性剪力墙，从而可避免脆性的剪切破坏。当墙很长时，为了满足每个墙段高宽比大于2的要求，可通过开设洞口将长墙分成长度较小、较均匀的联肢或整体单面叠合墙，洞口连梁宜采用约束弯矩较小的弱连梁（其跨高比宜大于6），使其可近似认为分成了独立墙段。此外，墙段长度较小时，受弯产生的裂缝宽度较小，墙体的钢筋能够较充分地发挥作用，因此墙段的长度（墙段截面高度）不宜大于8 m。

6.4.2.2　**预制构件设计**

考虑到制作、存放、吊装、运输及安装的方便，预制墙板的设计对板的形状、尺寸及重量都要有所限制。例如，为防止预制剪力墙板在存放、搬运及施工中损坏，需要规定开洞预制剪力墙板洞口边至板边距离不能过小；同时要求洞口不宜跨板边布置，因为这样做会增加拼缝的处理难度，墙体的整体性也会随之受到影响。一般单面叠合预制墙板端部会进行45°或30°的切角处理，这样做有利于浇筑混凝土后切角处被混凝土填充而形成拼缝补强钢筋的保护层，增加预制叠合墙的有效厚度。同时，为防止搬运及安装施工中损坏，切角后的预制剪力墙板端部不能太薄，不计建筑饰面厚，一般切角后的端板厚度不应小于20 mm。预制剪力墙板的内表面做成凹凸不小于4 mm的人工粗糙面能有效增加预制剪力墙板和现浇混凝土骨料之间的咬合，提高预制叠合剪力墙的整体性。为保证预制剪力墙板的制作精度，板厚不能太小，同时在搬运及安装过程中板厚太小易开裂损坏，板厚过大则易超重，增加施工难度。一般最小板厚不应小于60 mm，单块预制剪力墙质量不宜大于3.5 t。单面叠合剪力墙由于存在拼缝，应取有效厚度参与结构整体计算，以有效厚度计算的墙厚、截面承载力及分布钢筋配筋率与普通全现浇剪力墙一样应满足《高层建筑混凝土结构技术规程》（JGJ 3—2010）有关的规定。

单面叠合墙板中桁架筋的主要作用：一是为了在预制墙板脱模、存放、安装及浇筑混凝土时提供必要的强度和刚度，避免预制剪力墙损坏、开裂；二是保证叠合剪力墙中预制剪力墙板和现浇部分具有良好的整体性，避免出现界面破坏或预制剪力墙板边缘翘起的现象。桁架钢筋横断面适用高度主要根据预制剪力墙的常用厚度确定。为保证浇筑混凝土时具有良好的充盈度，叠合桁架的上弦钢筋内皮至预制剪力墙板内表面的距离不能太小。此外，为保证预制剪力墙板和梁、柱相交处具有良好的整体性，叠合筋高度应能保证和梁、柱平行的上弦筋能锚固在梁、柱内部。叠合筋横断面宽度取80～100 mm及斜筋焊接节点间距取200 mm能保证桁架筋的高度、叠合筋三角形断面夹角、斜筋和上下弦钢筋的夹角适中，从而获得较好的支撑刚度。

为了保证叠合剪力墙的整体性以达到共同受力的目的，须在现浇和预制的结合面采取以下措施：

（1）在预制墙板的内表面设置凹凸深度不小于4 mm的粗糙面。

（2）在预制墙板内设置双向“K”形叠合筋，水平向间距不宜大于600 mm，垂直向间距不宜大于900 mm，叠合筋至板边距离宜为200～250 mm，至洞口距离不应大于150 mm。上弦钢筋直径不宜小于10 mm，下弦钢筋直径不宜小于6 mm，斜筋直径不宜小于6 mm，上、下弦节点间距取200 mm。应使上弦钢筋内皮至预制板内表皮最小距离不小于20 mm,且应保证当预制内墙板和梁、柱相交时,和梁、柱平行的上弦钢筋处于梁、柱箍筋的内侧,上弦钢筋端部出现预制板距离也不宜大于50 mm。

(3)应在水平及竖向拼缝中设置补强钢筋,其单位面积不应小于对于预制墙板的分布钢筋,并尽量靠近预制墙板内侧。

6.4.2.3 连接设计

单面叠合剪力墙中预制剪力墙板拼缝处分布钢筋及桁架钢筋均不连续,为保证剪力的有效传递,应在现浇部分紧贴预制墙板内侧设置短钢筋进行补强。补强钢筋的数量根据等强原则确定,即单位长度配置的拼缝补强钢筋面积应不小于预制剪力墙板内侧剪力墙板内对应范围内与补强平行的分布钢筋的面积,以利于截面内力的平衡、有效传递,并获得较大的截面有效高度。因补强钢筋在拼缝处的作用相当于预制叠合剪力墙外侧的分布钢筋,所以其单侧长度应满足《高层建筑混凝土结构技术规程》(JGJ 3—2010)关于剪力墙分布钢筋搭接长度的要求。

若单面叠合剪力墙现浇部分厚度太小,则会降低混凝土浇筑时的充盈度及浇筑质量,同时不利于梁柱交接处的钢筋绑扎及锚固处理。因此,单面叠合剪力墙现浇部分厚度不应小于120 mm;当设置边缘构件及连梁时,预制叠合剪力墙现浇部分不应小于160 mm。

为保证单面叠合剪力墙截面的连续性及均匀性,现浇部分混凝土设计强度等级应与预制剪力墙板保持一致,并配置与之厚度相当的分布钢筋。

6.4.3 双面叠合剪力墙设计

6.4.3.1 结构分析

预制叠合板式剪力墙结构是一种新型结构体系,由于国内外对其在抗震性能方面的研究尚少,因此该体系的使用范围仅限于一般剪力墙或短肢剪力墙的结构;框支剪力墙、大底盘多塔楼剪力墙和连体剪力墙结构等复杂结构。在抗震烈度方面也仅限于7度及以下地区;结构高度建议不超过60 m,层数在18层以内。

根据抗震概念设计的原则,对双面叠合剪力墙结构的平面和竖向布置提出进一步的要求。由于板式剪力墙结构的特点,地震作用对结构薄弱部位影响较大,因此对该体系的各项规定均较现浇混凝土剪力墙结构严格。具体内容如下。

1. 高宽比

高宽比是对结构刚度、整体稳定、承载力和经济合理性的宏观控制。鉴于双面叠合剪力墙结构受力、变形性能较现浇混凝土剪力墙结构略差的特点,对双面叠合剪力墙建筑高宽比的规定比现行行业标准《高层建筑混凝土结构技术规程》(JGJ 3—2010)对现浇混凝土剪力墙结构的规定严格,如表6-5所示。

结构平面布置应减少扭转的影响,在考虑偶然偏心影响的地震作用下,楼层竖向构件的最大水平位移和水平层间位移不宜大于该楼层平均值的1.2倍,不应大于该楼层平均值的1.45倍,对应A级高度现浇结构上述两个限值分别为1.2和1.5。结构扭转为主的第一自振周期T_t与平动为主的第一自振周期T_1之比不宜大于0.85,对应A级高度现浇结构上述限值为0.9。

表 6-5　双面叠合剪力墙结构与现浇混凝土剪力墙的高宽比限值比较

结构体系	非抗震设计	抗震设防烈度			
		6 度	7 度	8 度	9 度
现浇混凝土剪力墙	7	6	6	5	4
双面叠合剪力墙	6	6	5	—	—

当楼板平面比较狭长、有较大的凹入和开洞而使楼板有较大削弱时，应在设计中考虑楼板削弱产生的不利影响。楼面凹入或开洞尺寸不宜大于楼面宽度的 30%（50%）；楼板开洞总面积不宜超过楼面面积的 20%（30%）；在扣除凹入或开洞后，楼板在任一方向的最小净宽度不宜小于 7 m(5 m)，且开洞后每一边的楼板净宽度不应小于 3 m(2 m)，括号中的数据为现浇混凝土结构参数。

抗震设计时，当结构上部楼层收进部位到室外地面的高度 H_1 与房屋高度 H 之比大于 0.2 时，上部楼层收进后的水平尺寸(B_1)不宜小于下部楼层水平尺寸(B)的 80%（75%）。括号中的数据为现浇混凝土结构参数。

2. 剪力墙平面外控制

剪力墙的特点是平面内刚度及承载力大，而平面外刚度及承载力都相对很小。叠合板式剪力墙结构中，上下层墙板以及墙板与基础连接处，受力纵向钢筋在核心混凝土内搭接连接，使剪力墙平面外有效高度减小。因此，平面外的承载力要求更应充分考虑。其控制措施同《高层建筑混凝土结构技术规程》(JGJ 3—2010)的要求。

3. 洞口布置

纵横向剪力墙相交布置时，一个方向的剪力墙可作为另一个方向剪力墙的翼缘，从而有效增加其抗侧刚度和抗扭刚度。洞口距离房屋端部太近，有效翼缘作用降低，抗侧刚度和抗扭刚度也将随之降低。因此，按抗震设计的纵横墙端部不宜开设洞口。当必须开设洞口时，洞口与房屋端部内壁的距离，内纵墙上不应小于 2 000 mm，外纵墙上不应小于 500 mm，内横墙上不应小于 300 mm，外横墙上不应小于 800 mm。内墙洞上部距梁高度不宜小于 400 mm。

细高的剪力墙(高宽比大于 2)容易设计成弯曲破坏的延性剪力墙，从而可避免脆性的剪切破坏。当墙的长度较长时，为了满足每个墙段高宽比大于 2 的要求(现浇混凝土结构要求各墙段的高度与墙段长度之比不宜小于 3，墙段长度不宜大于 8 m)，可通过开设洞口将长墙分成长度较小、较均匀的联肢墙或整体墙，洞口连梁宜采用约束弯矩较小的弱连梁(其跨高比宜大于 6)，使其可近似认为分成了独立墙段。

4. 变形缝

《高层建筑混凝土结构技术规程》(JGJ 3—2010)对现浇钢筋混凝土剪力墙结构防震缝宽度的要求是：房屋高度不超过 15 m 时不应小于 50 mm，房屋高度超过 15 m 时，抗震设防烈度达 6 度、7 度分别每增加高度 5 m 时，宜加宽 10 mm，同时需要满足最小防震缝宽度 100 mm 的要求。由于叠合板式剪力墙为装配整体式剪力墙结构，其整体性较现浇结构略差，地震作用下防震缝两侧结构之间的碰撞将产生更不利的影响。尤其是防震缝两侧的山墙，撞击荷载产生较大的平面外弯矩。而在上、下层墙板以及墙板与基础连接处，受力纵向钢筋在核心混凝土内搭接连接，剪力墙平面外有效高度减小，抵抗平面外弯矩的能力较弱。因此，对叠合板式剪力墙体系的防震缝要求将更为严格。具体为：房屋高度不超过 15 m 时，防震缝宽度可取100 mm;房屋高度超过15 m的部分,抗震设防烈度达6度和7度相应每增加高度5 m和4 m,宜加宽12 mm。当相邻结构的基础存在较大沉降差时,宜增大防震缝的宽度。叠合板式剪力墙建筑结构伸缩缝的间距不宜大于50 m,较现浇混凝土剪力墙结构的伸缩缝的间距45 m有所放宽。

5. 水平位移限值

对结构弹性层间位移的限制,目的是保证多遇地震作用下,主体结构不受损坏,非结构构件没有过重破坏,保证建筑的正常使用功能。考虑到叠合板式剪力墙结构自身的特点,对这种结构的弹性层间位移角的限值也适当加严,即在风荷载、多遇地震作用下,结构按弹性方法计算的楼层最大层间位移角不应大于1/1 100。

6.4.3.2　预制构件设计

一般情况下,双面叠合剪力墙墙体主要验算剪力墙平面内的承载力,当平面外有较大弯矩时,也应验算平面外的抗弯承载力。当叠合式墙板总厚度小于200 mm时,扣除预制部分100 mm,现浇部分不足100 mm。不能满足受力要求,也不利于施工。因此,规定任何情况下总厚度不得小于200 mm。

试验表明,叠合板式钢筋混凝土剪力墙受力性能与整体浇筑的剪力墙基本相同,预制板与核心混凝土部分能够较好地工作,其承载力比现浇混凝土剪力墙有一定程度降低,因此正截面受弯计算公式在应用我国现行行业标准《高层建筑混凝土结构技术规程》(JGJ 3—2010)中偏心受压和偏心受拉构件的计算公式的基础上,将有效翼缘宽度适当折减以反映实际承载力降低情况。为安全起见,建议折减系数取0.85～0.95,对于矩形截面折减系数取上限值。在设计中考虑到现场二次浇筑混凝土的设计强度比预制墙体的混凝土低,偏安全取二者较小值,混凝土其他参数均与其一致。

抗震设计时,二、三级抗震等级的叠合板式混凝土剪力墙,计算轴压比时,叠合截面宜按同一截面考虑,当预制和现浇混凝土强度等级不同时,取较小值。主要是保证底部加强部位有足够的延性。

当计算连接钢筋承载力时,叠合板式剪力墙截面宽度 b_t 应取两层预制板中间现浇部分混凝土厚度。计算叠合板式剪力墙分布钢筋配筋率时,剪力墙截面宽度取全截面宽度。

在叠合板式剪力墙设计时,通过计算确定墙中水平钢筋,防止发生剪切破坏,通过构造措施防止发生剪拉破坏和斜压破坏。

叠合式墙板应沿竖向设置桁架钢筋,设置桁架钢筋主要用来增加墙板的刚度,以便生产、运输、安装、施工时墙板不开裂。混凝土浇筑时,桁架钢筋用于两面墙板的连接的作用,是叠合式墙板必不可少的组成部分。施工混凝土浇筑时,施工荷载以及混凝土的侧压力依旧靠桁架钢筋支撑。

桁架钢筋的设置应符合下列规定:

(1)每块板至少设两榀。

(2)桁架钢筋中心间距不应大于400 mm,距板侧边水平距离不宜大于200 mm(见图6-18)。

(3)桁架钢筋内保护层厚度不宜小于15 mm,不大于10 mm。

(4)桁架钢筋上弦钢筋直径不宜小于10 mm,下弦钢筋及格构钢筋直径不宜小于6 mm,且格构钢筋的配筋量不低于我国现行行业标准《高层建筑混凝土结构技术规程》(JGJ 3—

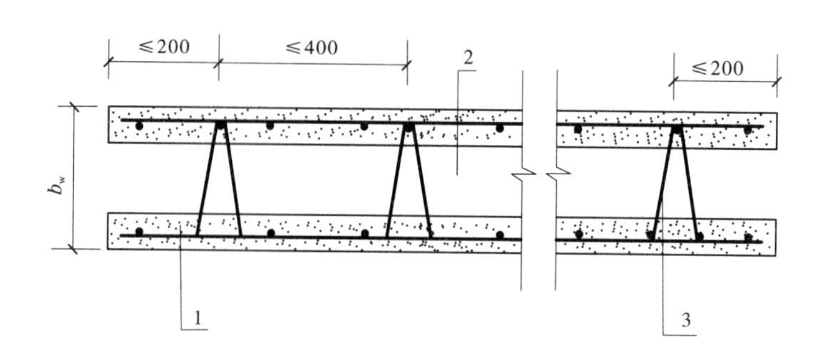

1—预制部分;2—现浇部分;3—桁架钢筋

图 6-18 叠合式墙板桁架钢筋布置要求

2010)第 7.2.3 条关于拉筋的规定。

6.4.3.3 **连接设计**

双面叠合剪力墙结构最关键的连接就是墙板竖向连接时水平缝的抗剪问题。参照我国现行行业标准《高层建筑混凝土结构技术规程》(JGJ 3—2010)、《装配式混凝土结构设计规范》(JGJ 1—2014)和《装配整体式混凝土住宅体系设计规程》(DG/T J08－207—2010),采用减摩擦原理,仅考虑钢筋和轴力的共同作用,不考虑混凝土的抗剪作用。在叠合板式混凝土剪力墙结构中,由于墙较薄,连梁宽度小,当采用预制梁时,连接节点现场施工复杂,所以建议连梁现浇。

双面叠合剪力墙预制墙板的竖向接缝与水平接缝处,应布置连接钢筋。双面叠合竖向钢筋、水平钢筋搭接分别如图 6-19、图 6-20 所示。

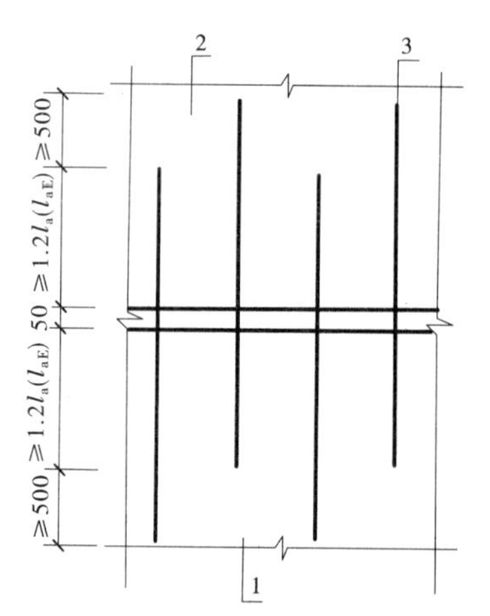

1—下部现浇区域;2—上部现浇区域;3—竖向钢筋

图 6-19 叠合式墙板竖向钢筋搭接

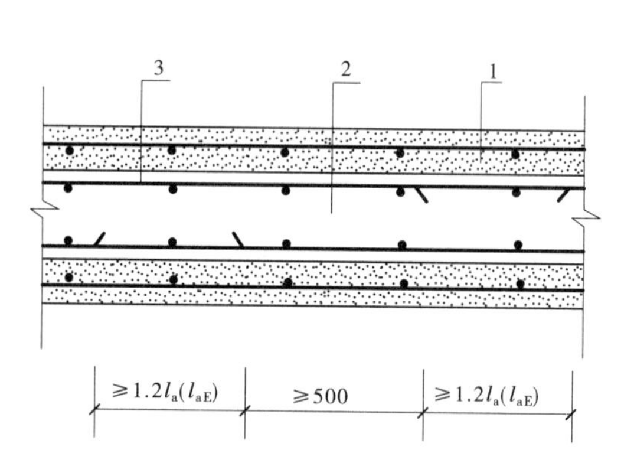

1—预制样板;2—现浇区域;3—水平钢筋

图 6-20 叠合式墙板水平钢筋搭接

连接钢筋的直径和截面面积分别不应小于预制墙板内配置的竖向、水平分布钢筋。竖向连接钢筋与预制墙板内纵向钢筋搭接长度不应小于 1.2l_a(非抗震设计时)或 1.2l_{aE}(抗震设计时),上、下端头错开距离不应小于 500 mm;水平连接钢筋搭接长度不应小于 1.2l_a(非抗震设计时)或 1.2l_{aE}(抗震设计时)。

1. 叠合式墙板与现浇基础连接

连接钢筋伸入施工接缝以上叠合板墙内，搭接长度不应小于 $1.2l_a$；抗震设计时，搭接长度不应小于 $1.2l_{aE}$。

2. 叠合式墙板上、下连接

如图 6-21 所示，当上、下叠合板厚度相同时，连接钢筋伸入墙板的搭接长度不应小于 $1.2l_a$；抗震设计时，搭接长度不应小于 $1.2l_{aE}$。当上、下叠合板厚度不同时，内侧的竖向钢筋应按下列要求处理：当 $a/d \leq 1/6$ 时，弯折钢筋。当 $a/d > 1/6$ 时，连接钢筋应分开设置。搭接长度不应小于 $1.2l_a$；抗震设计时，搭接长度不应小于 $1.2l_{aE}$。当上部为叠合墙板，下部为现浇墙板时，连接钢筋伸入墙板的搭接长度不应小于 $1.2l_a$；抗震设计时，搭接长度不应小于 $1.2l_{aE}$。

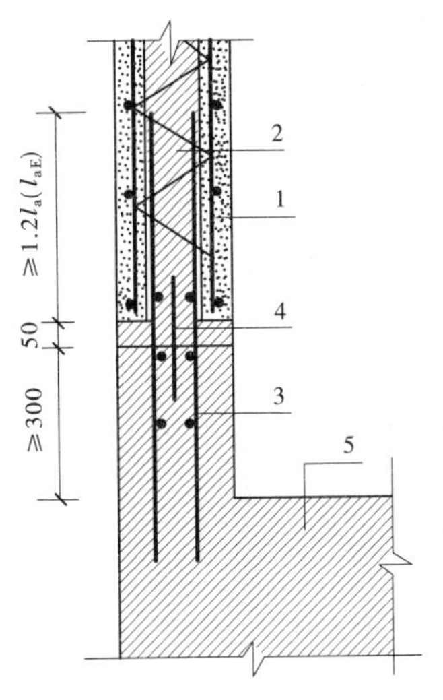

(a)叠合式墙板与现浇基础连接

(b)叠合式墙板上下等厚连接

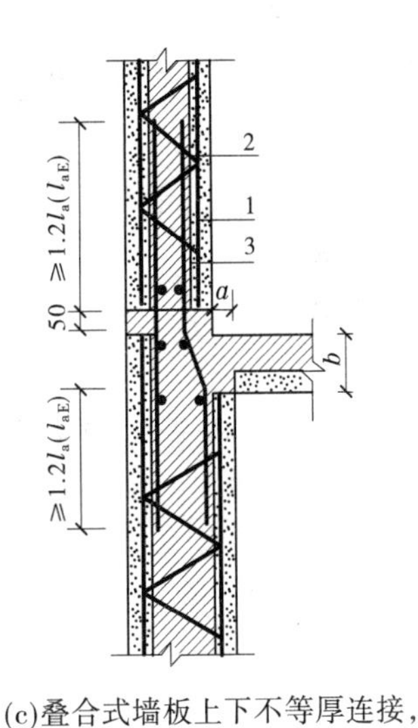

(c)叠合式墙板上下不等厚连接，且弯折斜率小于1/6

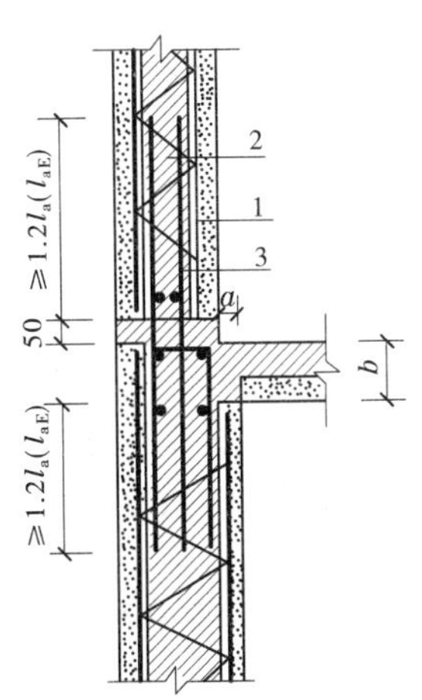

(d)墙板上下不等厚连接，且弯折斜率大于1/6

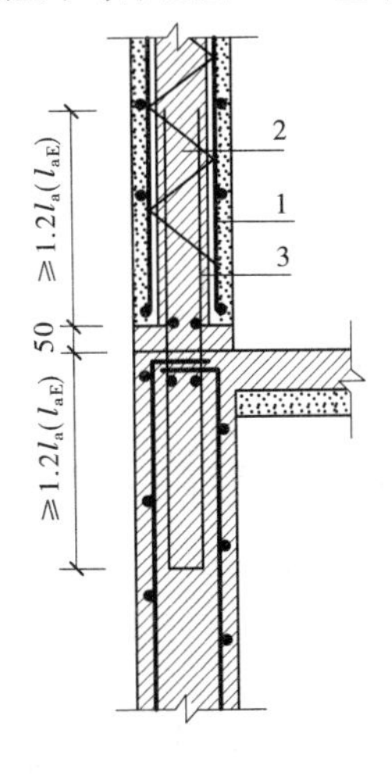

(e)上部预制、下部现浇墙板连接

1—预制部分；2—现浇部分；3—竖向连接钢筋；4—止水带；5—现浇基础

图 6-21　叠合式墙板上、下连接

3. 叠合式墙板左右连接

如图 6-22 所示，当叠合式墙板用于地上结构时，宜采用开口连接（见图 6-22(a)），水平连接钢筋伸入墙板的搭接长度不应小于 $1.2l_a$；抗震设计时，搭接长度不应小于 $1.2l_{aE}$。当叠合式墙板用于地下室外墙时，宜采用闭口连接（见图 6-22(b)），水平连接采用闭口箍筋，连接钢筋伸入墙板内的搭接长度不应小于 $15d$，d 为搭接筋的直径，且不小于 400 mm。约束边缘构件阴影区域（见图 6-23）宜采用现浇混凝土；构造边缘构件（见图 6-24）宜按阴影区域设置。约束边缘构件采用现浇混凝土，用于提高整体性，同时便于设置连梁。构造边缘构件可按实际情况考虑节点构造。

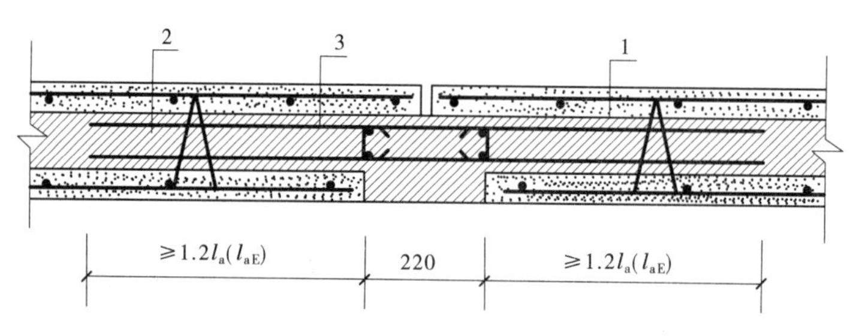

(a)叠合式墙板开口连接

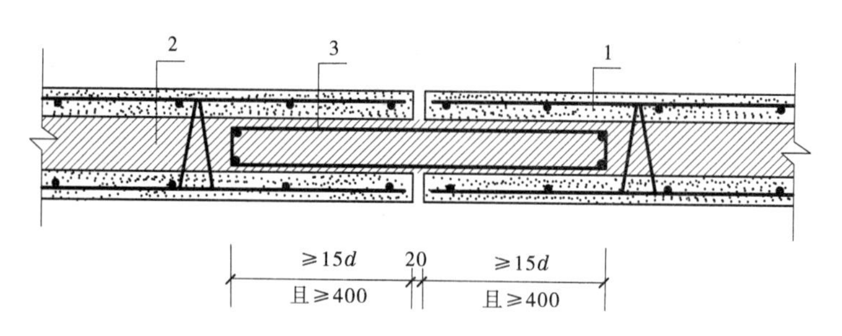

(b)叠合式墙板闭口连接

1—预制部分；2—现浇部分；3—水平连接钢筋

图 6-22　叠合式墙板左右连接

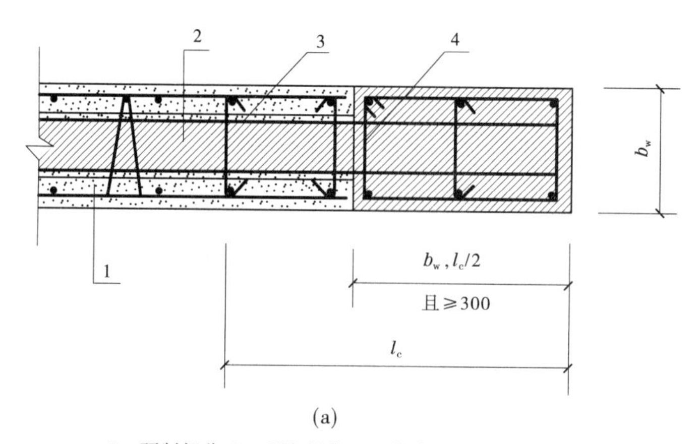

(a)

1—预制部分；2—现浇部分；3—单肢箍或拉筋；4—箍筋

图 6-23　叠合板式混凝土剪力墙结构约束边缘构件

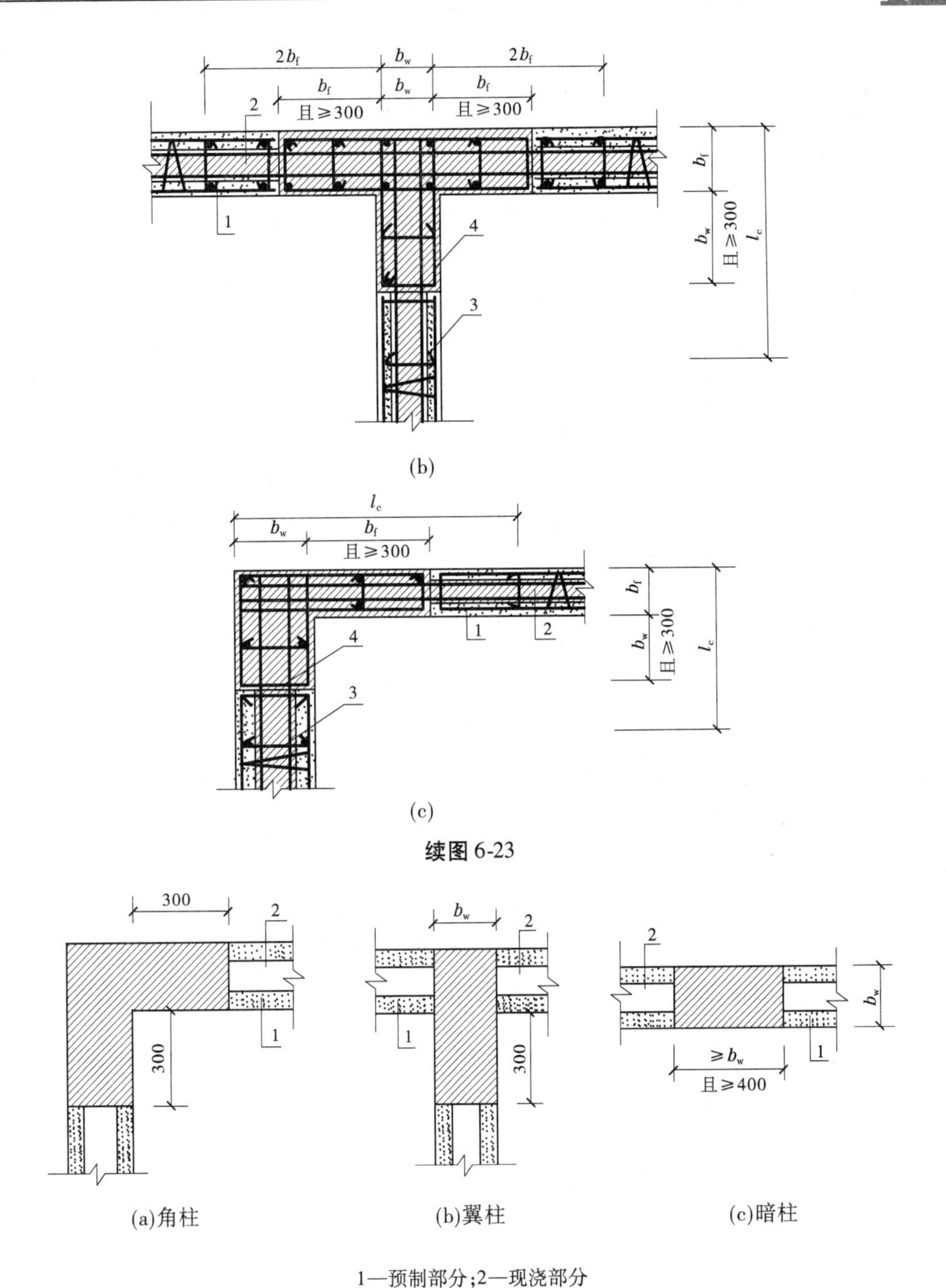

续图 6-23

(a)角柱　　(b)翼柱　　(c)暗柱

1—预制部分;2—现浇部分

图 6-24　叠合板式混凝土剪力墙构造边缘构件

6.5　预制预应力剪力墙

随着经济建设的腾飞、建筑结构的发展、施工工艺的提高,房地产越来越向高空发展,高层建筑结构越来越多地涌现在我们面前。当前,我国高层建筑的主要结构形式依然为现浇钢筋混凝土框架剪力墙结构或纯剪力墙结构,这种结构形式伴随有较多的缺点,比如较难实现工业化,施工的质量不能得以很好的保证,楼板和墙体等横向、纵向受力构件普遍存在开裂现象。现阶段高层建筑的施工普遍采用泵送混凝土,混凝土的收缩量大,在施工过程中工人的工作量大、湿作业多,人为及环境影响的因素等原因,使得该结构体系的高层住宅中墙体、楼板等普遍存在如裂缝等质量问题。在当今社会由于墙体、楼板等质量问题引起的纠纷官司越来越多,购房者对房屋质量问题的抱怨声音越来越高,所以选择一种在使用过程中能够保证房屋质量的结构类型显得越来越重要,这也是高层住宅产业想要得以更好发展而必须解决好的一个主要问题之一。

工程界逐渐意识到工业化预应力预制装配式剪力墙住宅体系的优点是结构所用构件是在工厂内生产,这样做的优点有实现了结构构件化、建筑部件化、较彻底地实现标准化、划清了质量责任、便于工程质量管理、便于保险制度的推行实施、有利于提高工程质量。预制预应力剪力墙结构体系是预应力技术同预制装配技术的综合与发展。由于结构体系的构件化和建筑部件化后,梁、板、柱等受力构件的安装简单易行,从而生产效率大大提高、预制装配式剪力墙结构所耗用的材料和能源大大降低,比如说预制装配式剪力墙结构在现场施工的时候大大降低了混凝土的遗撒量,由于预制装配式剪力墙结构前期工作主要是在工厂内实现,而在现场施工时混凝土遗撒少、湿作业少,因而有利于环境的保护,预制装配式剪力墙结构现场施工过程中工人的工作量大大降低从而提高了施工现场安全性。

工业化预应力剪力墙是在工厂采用标准化制作、后张预应力技术连接而成的整体墙体结构,因为墙体混凝土收缩在标准化制作过程中已基本结束,所以基本不会出现因收缩而引起的裂缝。与全现浇剪力墙结构相比,预制装配式剪力墙结构的突出优点是厚度和配筋量明显减小,施工过程中所用模板和支撑大大减少,湿作业减少,劳动生产率提高。如果将预应力连接技术用于建筑物的预制墙板连接,预制墙体的抗裂能力、整体性和刚性将会大大提高,从而使得该结构体系具有较强的震后恢复变形能力,残余变形较小,修复更为方便。

综上所述可知,工业化预应力剪力墙住宅结构体系具有如此之多的优点,然而在我国用预应力剪力墙体作为承重墙来抵抗竖向荷载和水平荷载的结构实例和研究较少,将预应力剪力墙运用到高层建筑结构体系中还有待进一步研究。

二维码 6-1　装配式剪力墙结构体系核心技术演示❶

二维码 6-2　装配式框架结构安装演示❷

习　题

1. 装配整体式剪力墙结构体系中预制墙板间的连接构造有哪些形式？其设计方法是什么？如何进行节点连接设计？

2. 简述装配式剪力墙结构体系的分类及各自的特点。

3. 预制预应力剪力墙的优势有哪些？

注:❶来源于腾讯视频。

❷来源于腾讯视频——上海蒲凯预制建筑。

第7章　外挂墙板设计

学习内容

经过多年运用钢与玻璃的建筑设计之后,我们正在见证"建筑艺术"外挂墙板应用的复兴。与常规的混凝土外墙相比,采用预制混凝土构件作为外墙板不仅仅是建筑外观的目标要求,而且也展现了预制混凝土多样化设计的可能性。

预制混凝土夹芯保温墙板是由内、外页墙和保温层组成的,通过剪力键将三层连接起来。保温层一般采用聚苯乙烯泡沫板(EPS 板)或挤塑聚苯板(XPS 板),内、外页墙一般采用混凝土。这种保温系统的好处是由于混凝土具有热惰性,内层的混凝土成为一个恒温的蓄热体,中间的保温层作为一个热的绝缘体,有效地延缓了热量在外墙内外层之间的传递。

外挂墙板分为三明治夹芯外挂墙板、玻璃纤维保温外挂墙板、装配式轻钢结构复合板、TRC 薄壁外挂墙板等。其中,三明治夹芯外挂墙板包括组合式、非组合式、部分组合式等,本章重点论述采用预制混凝土构件生产制作的三明治夹芯外挂墙板及其必须满足的要求和设计细节。

学习要点

1. 了解装配式混凝土外挂墙板的内容和分类。
2. 了解装配式混凝土外挂墙板的基本构造。
3. 掌握装配式混凝土外挂墙板的设计一般规定。
4. 掌握三明治夹芯外挂墙板构件的设计方法以及连接件设计。

7.1　一般规定

7.1.1　建筑物理要求及环境影响因素

预制混凝土外挂墙板通常为单层的预制混凝土板,见图 7-1(a)。根据需要,有时需要将保温板置入混凝土板内并整体预制,这样便形成了两侧为预制混凝土板、中间为保温层的预制夹芯墙板,两侧的预制混凝土板通过连接件连接,这种板也被称作三明治板,如图 7-1(b)所示。

预制混凝土外墙板利用混凝土可塑性强的特点,可以充分表达建筑师的设计意愿,使大型公共建筑外墙具有独特的表现力。在外部气候对外墙板的影响因素中,首要因素包括太阳辐射、暴雨和风压以及室外温度。与之对应的内部因素为室温、内部空气湿度和水蒸气压力,如图 7-2 所示。因此,为了抵抗或削弱这些因素的影响,外墙板必须同时具备以下功能:

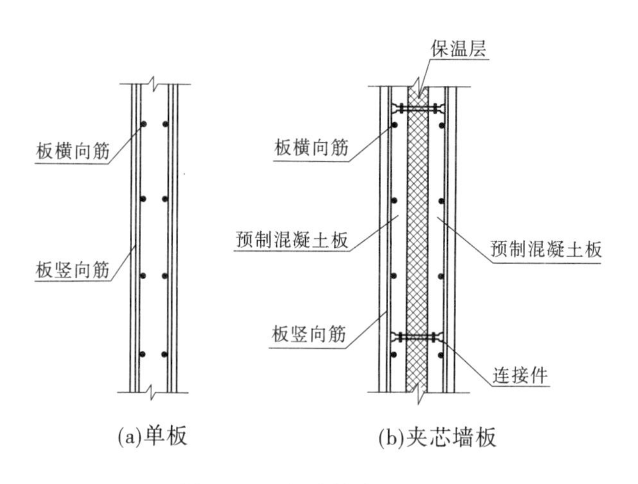

图 7-1　预制外挂墙板示意图

反射层、防雨层、保温隔热层、防风膜层、热容、气密性、防潮隔离层及表面冷凝水吸收层等。

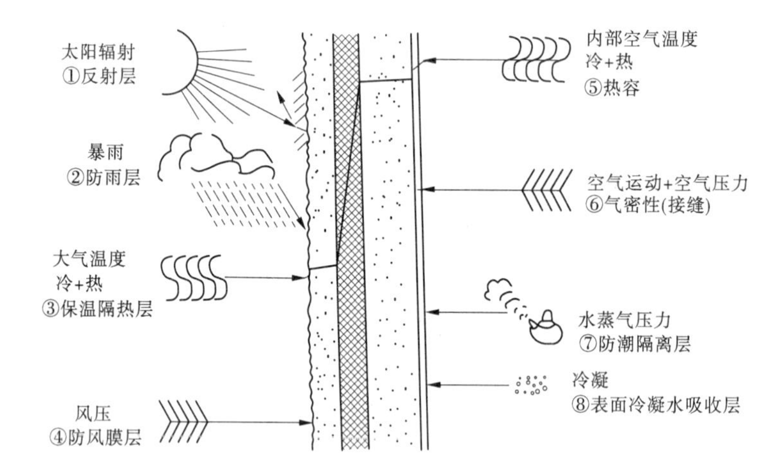

图 7-2　气候因素与外墙墙体功能

除保温隔热外,混凝土是一种能够满足上述所有条件的理想材料。而且混凝土外墙板还具有较好的隔热和防火功能,同时其强度也能满足结构承载力的需要。

特别是工厂化生产具有质量好、施工速度快、维修费用低的特点,可提供更多的选择,使得混凝土实际上可建造成任意形状,且具有种类繁多的表面面层做法和色彩,还可以制作成带有砌砖体、石材或金属类面层外墙板。由于具有这些优势,预制混凝土外墙板不仅应用于预制混凝土建筑,同时可应用于现浇混凝土和钢结构建筑的挂板就不足为奇了。

混凝土外墙板常以三层夹芯墙板的形式出现,包括外页板、保温隔热层和承载内页板,夹芯墙板(见图 7-3(a))按一套工艺加工制作并整体吊装。保温隔热层通常采用聚苯乙烯(PS)或聚氨酯(PU)制成的硬质泡沫板制作,应布置在外墙板尽量靠外侧的位置。传统预制混凝土多层墙板包括隐藏在表面抹灰涂层后的保温隔热层(见图 7-3(b)),或置于中间的保温隔热层及较薄的混凝土外页饰面层(见图 7-3(a)),或带有抹灰涂层的高密度轻质混凝土单页外墙板(见图 7-3(d)),是日常室温范围为 19 ~22 ℃且室内湿度范围为 50% ~60%的建筑(办公和住宅建筑,包括厨房和浴室等)良好的解决方案,同时也能符合针对水汽扩散的最低保温隔热要求。对于这类建筑,防潮隔离层不是必须设置的。对于有特殊要求的建筑(如冷藏库和游泳池等),必须对其建筑物理要求给予特殊考虑。对于冬季热工性能而言,墙体的水汽扩散性能必须进行验算。

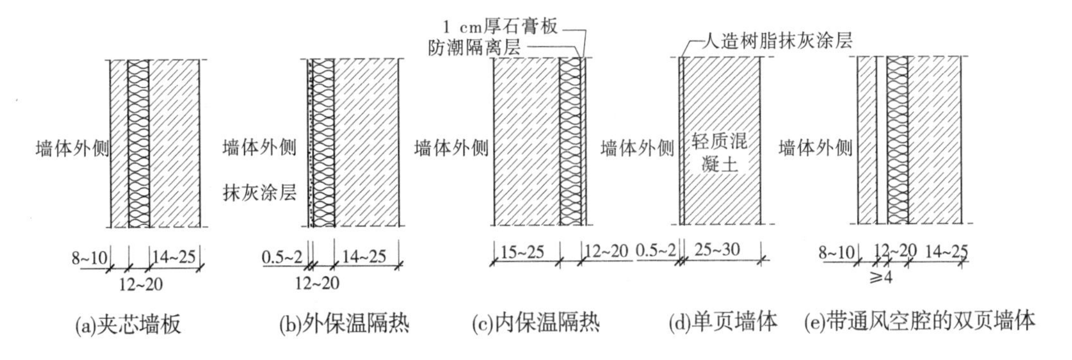

图7-3 外墙板构造类型

相比之下,有保温隔热层和石膏板隔层的内保温混凝土墙体(见图7-3(c))通常不能满足保温隔热要求,因为水汽过多地凝结在较冷的内表面上且不能正常干燥。这种情况下,在保温隔热层内侧,即在保温隔热层和石膏板隔层之间设置一道防潮隔离层(如铝箔)是必要的。在采用较厚的外页墙板时,这样的防潮隔离层也可能是必需的。

水汽扩散也可通过采用有通风空腔的外墙板进行改善,即在外页墙板和保温隔热层之间设置空气层(见图7-3(e)),取代夹芯墙。空气层至少需要4 cm的厚度,能让水汽扩散到外部大气中。这种施工形式允许使用更高密度的外页墙板,如瓷砖甚至金属板。

由于生产制作要求的原因,如果要求与保温隔热层(如矿物纤维保温隔热材料)相邻处设置隔离层,这时就只能将其布置在保温隔热层温度较高的一侧,温度和压力梯度以及可用热容区域如图7-4所示。当然,是否需要采用更贵的矿物纤维保温隔热材料作为保温隔热层毕竟是另一个问题。聚苯乙烯是一种更廉价、易于加工制作且不受水影响,是可燃的材料。因此,窗四周要求采用不燃材料以防止火势蔓延。作为一般原则,预制构件边缘必须采用不燃的保温隔热材料或防火构造细节来处理。

7.1.2 外挂墙板设计一般规定

7.1.2.1 预制外挂墙板的深化设计内容

预制外挂墙板的设计过程可分为施工图设计和深化设计两个阶段。施工图设计阶段主要完成外挂墙板的立面剖分、平面布置、板缝防水构造、支撑点形式 、配筋要领等工作。而在深化设计阶段,则需根据设计院所提供的施工图纸,完成外挂墙板的预埋件平面布置图,挂点平、立面布置图,墙板形状图,墙板配筋图,节点放样图,如图7-5所示。

7.1.2.2 挂点平、立面布置图

根据设计提供对外挂墙板挂点的要求(湿挂或干挂)及挂点与墙板的平立面位置关系,深化设计人员需对每一块墙板进行深化设计,内容包括挂点锚件布置图。

挂点编号应综合考虑墙板系统、节点形式、铁件形式及用途。

7.1.2.3 预埋件平面布置图

预埋件平面布置图包括支撑预埋件的布置图和主体结构需提前预留用于墙板后挂的预

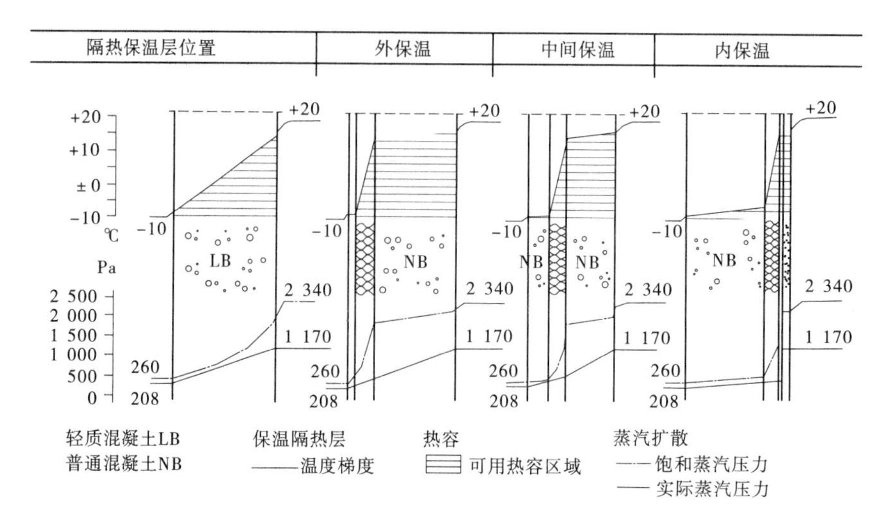

图 7-4　温度和压力梯度以及可用热容区域(取决于保温隔热层位置)

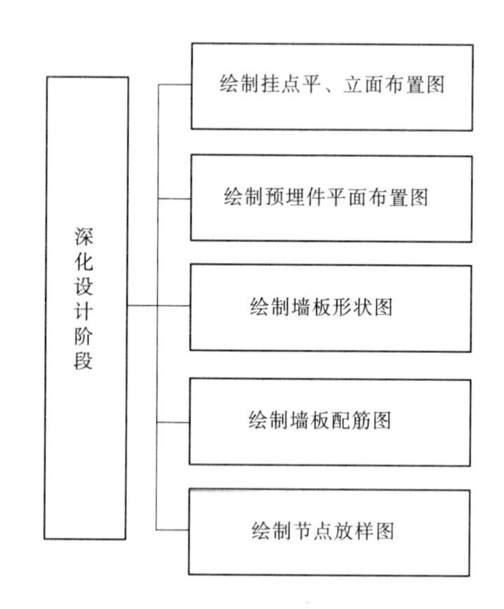

图 7-5　预制外挂墙板的深化设计流程

埋件布置图。深化设计人员须足够重视预埋件的布置,在满足设计要求的前提下,还应综合考虑施工方法、工程造价、工期要求,确保预埋件埋点位置精确、连接安全可靠、施工经济合理。

支撑预埋件的挂点布置应考虑高度、墙板重量及撑杆强度。

外挂墙板支撑示意图(见图 7-6)中 F 为支撑杆的承载力;h 为支撑点离支撑面的高度;支撑角度约为 55°;W 为墙板自重。

当采用干式挂法时,需要根据墙板挂点与主体结构的位置关系,根据结构施工图布置墙板挂点预埋件。通常可结合墙板挂点平、立面布置图综合表达。

7.1.2.4　墙板形状图

在墙板形状图深化设计过程中,应根据设计所提供吊点的形式及位置要领,对墙板进行深化,具体深化内容包括脱模吊点布置、施工吊点布置及其材料统计表。

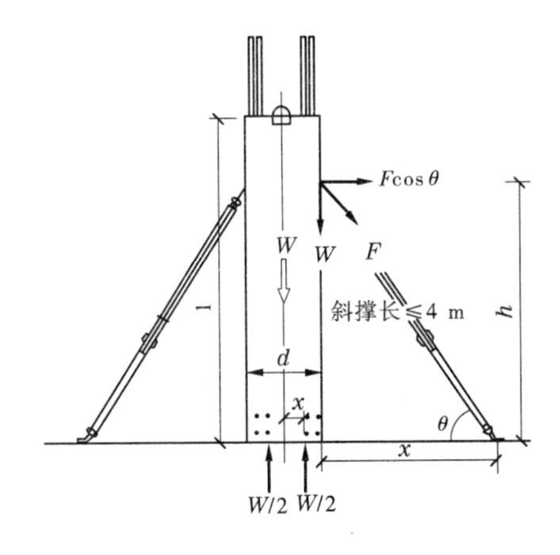

图 7-6　外挂墙板支撑示意图

在深化设计过程中，应仔细校核每块墙板的重量，确保每块墙板未超过设计规定的最大重量。当超过设计说明的最大重量时，应与相关设计单位及时沟通，明确其吊点埋件形式及布置方法，在取得设计准确答复并留有深化依据后，方可进行后续深化设计。

7.1.2.5　墙板配筋图

墙板的钢筋布置一般比较复杂，标注方法各异，结构设计方往往也仅提供具有工程代表性的墙板配筋要领图。因此，在进行墙板的配筋深化设计时，要求深化设计人员在正确领会配筋要领的同时，具备一定的结构设计概念，能准确区分出墙板的薄弱部位，并对其进行结构补强，防止开洞、支撑等处的薄弱部位产生应力集中，导致墙板产生过大裂缝，甚至脱落。预制外挂墙板配筋示意如图 7-7 所示。

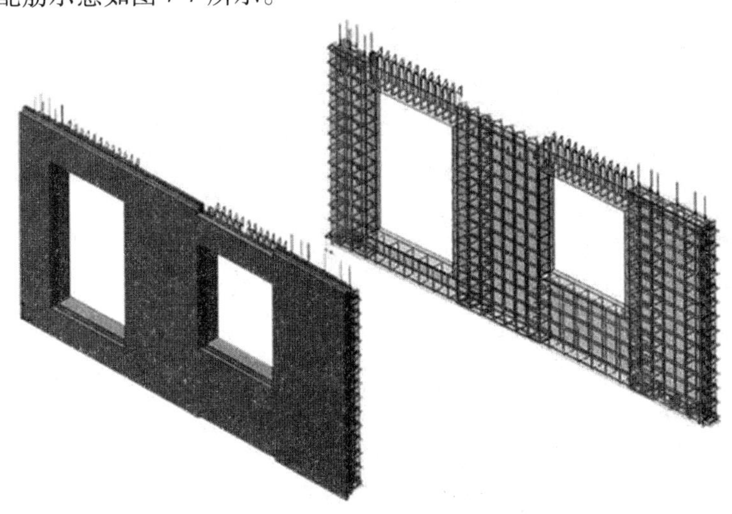

图 7-7　预制外挂墙板配筋示意图

补强钢筋的具体做法可以参考《混凝土结构施工平面整体表示方法制图规则和构造详图》(11G101－1)中关于洞口补强的构造处理。

7.1.2.6　铁件放样图

铁件放样图主要针对干式挂法的铁件深化，依据设计所提供的外挂墙板节点样式进行拆分，并对每一块板件进行编号、尺寸标注以及材质数量说明，如图 7-8 所示。

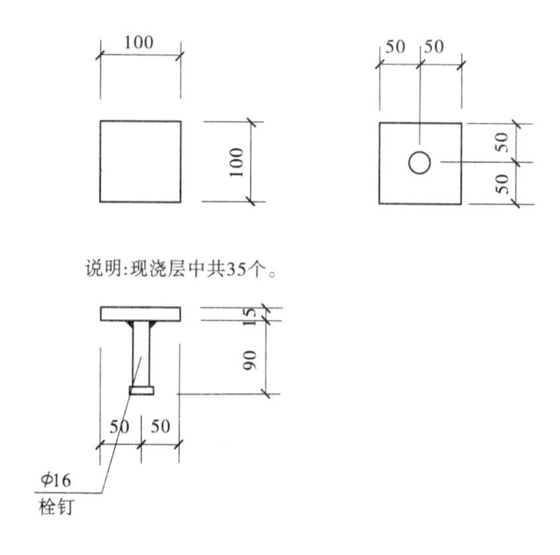

图 7-8　铁钉放样示意图

建议在板件数量中适当增加5%以内的余量,防止设计、加工以及施工中可能存在的偏差。

7.2　作用及作用组合

外挂墙板由于常年受到日晒雨淋、热胀冷缩的作用,再加之混凝土自身的徐变和收缩,其体积会有所改变;其支承系统也可能发生扭转和挠曲,例如支承在刚度较小的悬臂构件上。这些可能会对外挂墙板内力产生影响的因素应尽量避免,当实在不能避免时,应进行定量的计算。外挂墙板不应支承在可能产生较大扭转和挠曲的结构构件上,如刚度较小、跨度较大的悬臂构件,可能会对外挂墙板引起不良影响。

《装配式混凝土结构技术规程》(JGJ 1—2014)规定:设计外挂墙板及其连接节点时,在使用阶段应计算下列作用效应:

(1)非抗震设计时,应计算重力荷载和风荷载效应。

(2)抗震设计时,应计算重力荷载、风荷载和地震作用效应。

(3)必要时,应计算由于支承系统的扭转和变形,以及对外挂墙板体积变化产生的约束引起的荷载效应。

计算外挂墙板及连接节点的承载力时,荷载组合的效应设计值应符合下列规定。

(1)持久设计状况。

当风荷载效应起控制作用时:

$$S = \gamma_G S_{Gk} + \gamma_W S_{Wk} \tag{7-1}$$

当永久荷载效应起控制作用时:

$$S = \gamma_G S_{Gk} + \psi_W \gamma_W S_{Wk} \tag{7-2}$$

(2)地震设计状况。

在水平地震作用下

$$S_{Eh} = \gamma_G S_{Gk} + \gamma_{Eh} S_{Ehk} + \psi_W \gamma_W S_{Wk} \tag{7-3}$$

在竖向地震作用下

$$S_{Ev} = \gamma_G S_{Gk} + \gamma_{Ev} S_{Evk} \tag{7-4}$$

式中　S——基本组合的效应设计值；

S_{Eh}——水平地震作用组合的效应设计值；

S_{Ev}——竖向地震作用组合的效应设计值；

S_{Gk}——永久荷载的效应标准值；

S_{Wk}——风荷载的效应标准值；

S_{Ehk}——水平地震作用的效应标准值；

S_{Evk}——竖向地震作用的效应标准值；

γ_G——永久荷载分项系数，按《装配式混凝土结构技术规程》(JGJ 1—2014)第10.2.2条规定取值；

γ_W——风荷载分项系数，取1.4；

γ_{Ev}——竖向地震作用分项系数，取1.3；

γ_{Eh}——水平地震作用分项系数，取1.3；

ψ_W——风荷载组合系数，在持久设计状况下取0.6，在地震设计状况下取0.2。

7.3　连接设计

7.3.1　接缝设计

外墙板构件之间的接缝是整个建筑物外围护结构中固有的部分。对于整个墙体的防水性和气密性而言，接缝是最薄弱的连接环节。因此，其简洁的设计和施工构造对于生产制作和吊装来说非常关键。接缝的宽度应不仅仅从外观角度来确定，而更应按适合于构件尺寸、生产制作偏差、接缝材料材质以及接缝点的侧面功能情况来设计。

不建议通过减小构件尺寸来降低接缝处的位移。相反，更好的设计方案是尽可能布置更少的接缝，这样当然更加经济，维护成本也会更低。

接缝防水必须满足下列要求：

(1)接缝构造细节必须能够适应由于温度和湿度变化引起的位移，包括可能的下沉，而不会发生破坏。

(2)接缝防水必须满足建筑物理关于保温隔热、隔音、湿度控制和防灾方面的要求(DIN 4108 标准、DIN 1109 标准、DIN 1102 标准)。

(3)接缝必须能够补偿调节生产制作和吊装的偏差。

(4)接缝防水必须在不考虑天气的条件下安装。

(5)接缝的防水性能必须是持久的。

(6)接缝必须满足建筑功能和经济的要求。

对混凝土外墙板可预设由于温度和湿度变化引起的位移量，合计约为 1 mm/m 墙宽。

通常，将混凝土外墙板接缝的防水做法划分为以下 4 种：

(1)依据 DIN 18510 的弹性密封材料接缝防水(如 Thiokol 型)，如图 7-9 所示。密封材料接缝在确定接缝宽度尺寸时，要考虑到密封材料不能被过度拉伸的事实，即 $\Delta b/b$ <

25%。表 7-1 中列出了供方案设计采用的名义（公称）值和根据 DIN 18540 标准规定已完成结构的接缝宽度最小值。

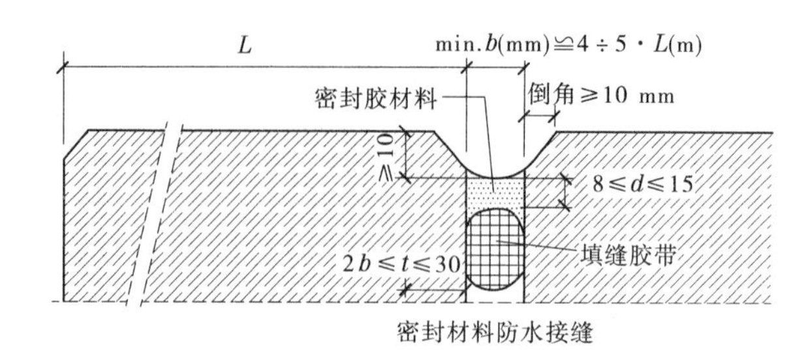

图 7-9　依据 DIN 18510 的弹性密封材料接缝防水

表 7-1　依据 DIN 18540 标准表 2 的建筑接缝宽度设计和允许最小接缝宽度建议值

	+10 ℃条件下接缝宽度 $b^{1)}$ 的名义尺寸（mm）	最小尺寸 b（mm）	密封材料厚度	
			$d^{2)}$（mm）	允许偏差（mm）
≤2	15	10	8	±2
>2，≤3.5	20	15	10	±2
>3.5，≤5	25	20	12	±2
>5，≤6.5	30	25	15	±3
>6.5，≤8	35	30	15	±3

注：1）允许偏差 ±5 mm。

2）表中给出数据对最终条件有效，密封材料的体积收缩必须加以考虑。

这类接缝几乎适用于任何部位，并且对墙体结构施工无任何特殊要求。但是这类接缝对较大偏差变化很敏感，且只能在特定的室外气温（5 ℃ < T < 40 ℃，且墙体边缘保持干燥）下安装，例如它不能适用于中东地区，且其耐久性有条件限制。图 7-10（a）显示的是夹芯墙板之间的接缝。墙板的承载内页墙板水平缝以水泥砂浆填充。外层密封材料安装在预先塞入的闭孔泡沫矿棉填缝带上。

（2）排水接缝。在此类接缝中，密封功能实际上是靠墙板边缘的形状来实现的。水平方向的接缝功能类似于“门槛”，“门槛”够高能起到挡住大风雨的止水屏障作用，即阻止风将雨水吹过接缝的较高处。根据 DIN 4108 -3 标准关于最高湿度承载强度分组（译注：似为降雨强度）的要求，最小“门槛”高度为 10 cm（适用于沿海地区和阿尔卑斯山脉的山脚地区，亦适用于高层建筑），其他情况的最小值为 8 cm，排水接缝宽度应为 10 ~ 15 cm，“门槛”前表面角度应大于 60°，最好为 90°。此外，接缝还应为防风，可通过在墙板之间填塞矿棉填缝带或砂浆填料来实现。

（3）图 7-10（b）所示的竖向接缝为压力平衡型（内外连通式）接缝。PVC 槽预埋嵌入混凝土墙板中，安装过程中插入一块挡板从而形成遮雨板。嵌入的预埋槽同时可充当压力平衡空间，雨水能够在此汇集并向下排出，在下一个水平节点处顺利流到外部。根据图 7-10（b），在通过整个墙体结构的节点接缝和通过承载内页墙板的节点接缝中，风屏障是必不可

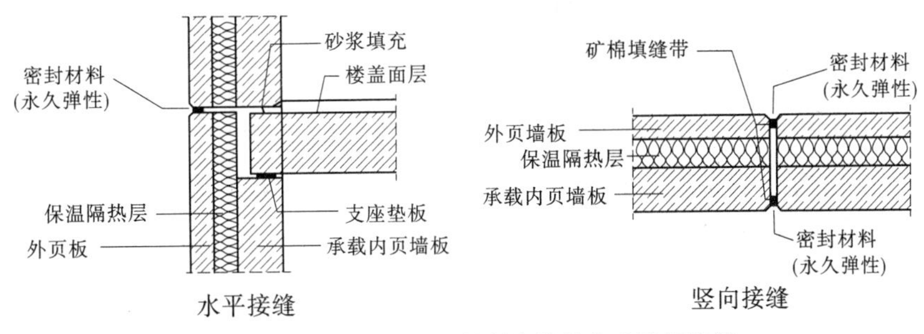

(a)采用永久弹性密封材料嵌缝的夹芯墙板接缝

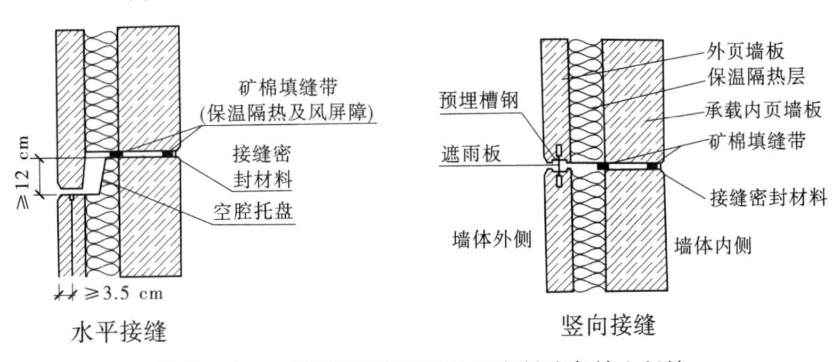

(b)排水接缝：与水平接缝同步安装并用密封胶条填入竖缝

图7-10　接缝示意图

少的。

上述排水接缝节点通常不受偏差变化以及由于沉降甚至地震造成的不可预见的节点变形影响。这类接缝可在不考虑天气条件下进行安装。当订单数量足够大时,遮雨板不仅耐用,而且可以按RAL色系中的任意一种颜色供货。

(4)采用预压缩密封胶条的防水接缝(DIN 18542:2009)(见图7-11)。这类防水接缝包括:在安装下一块外墙板之前,将浸渍聚氨酯泡沫的预压缩密封条粘贴在前一块外墙板节点接缝的一侧;或之后将其塞入已完成的节点接缝处。随后预压缩压力释放,密封胶条在设计预定偏差范围内将节点密封。因此,预压缩效应非化学作用而是纯物理作用。预压缩压力的释放在温暖天气下较快,而在寒冷条件下相对较慢。

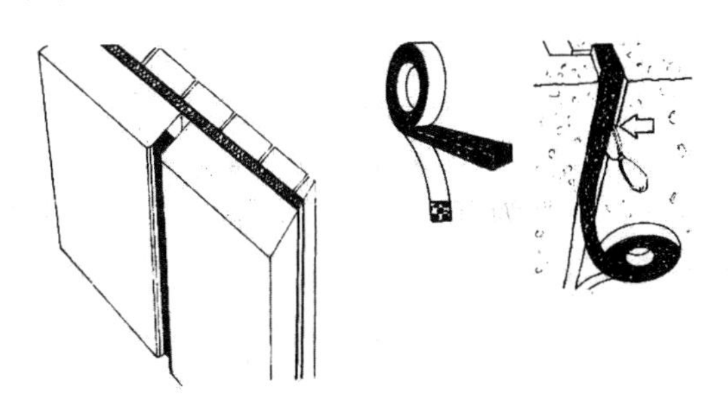

图7-11　采用预压缩密封胶条的接缝密封

7.3.2　连接节点设计

外挂墙板在美国、日本等有着广泛的应用,并有许多种类型,其中主要包括梁式外挂墙

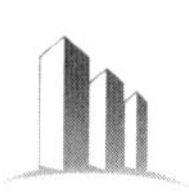

板、柱式外挂墙板和墙式外挂墙板，它们之间的区别主要在于墙板宽度和高度之间的比例不同，因此导致设计计算和连接节点的许多不同。鉴于我国对外挂墙板所做的研究工作和工程实践经验都比较少，本章涉及的内容基本还限于墙式外挂墙板，即非承重的、作为围护结构使用的外挂墙板。

对预制构件而言，连接问题始终是最重要的问题，外挂墙板也不例外。因此，应重视连接件及预埋件的设计，其中包括主体结构支承构件中的预埋件，以及在外挂墙板中的预埋件设计。

此外，应注重外挂墙板与主体结构之间的相互关系。外挂墙板与主体结构应采用合理的连接节点，以保证荷载传递路径简捷，符合结构的计算假定。

《装配式混凝土结构技术规程》(JGJ 1—2014)规定外挂墙板应采用合理的连接节点与主体结构可靠连接；有抗震设防要求时，外挂墙板及其主体结构的连接节点应进行抗震设计。

外挂墙板是墙体围护结构，不仅应重视其结构性能，而且应重视其建筑物理性能。所有连接构造应对所采用的型钢、连接板、螺栓等零部件的规格加以限制，力争做到标准化，使得整个项目中，各种零部件的规格统一化，数量最小化，避免施工中可能发生的差错，以便保证和控制质量。

《装配式混凝土结构技术规程》(JGJ 1—2014)规定外挂墙板的连接节点应采取可靠的防腐蚀和防火措施；外挂墙板间的接缝构造应能满足防水、防火、耐候、环保等性能要求。

混凝土的徐变、收缩以及温度的变化都会引起混凝土的体积改变，节点构造处理不当时，混凝土的体积变化可能产生严重后果。预制外挂墙板的连接节点应设计成可以包容这些位移和变形；如果这些位移和变形受到约束，在外挂墙板内会导致过大的应力，引起墙板开裂。

PCI 的资料表明，如果在浇灌混凝土形成外挂墙板，至完成主体连接节点施工之间的时间超过 30 d 时，由于收缩形成的徐变影响可以忽略。

《装配式混凝土结构技术规程》(JGJ 1—2014)规定连接节点用连接件并应满足下列要求：

(1)应具有足够的承载力。

(2)应具有足够的延性。

(3)应具有适当的转动能力，满足在设防烈度下主体结构层间变形的要求，并适应施工过程中允许的施工误差和构件制作误差。

作用在外挂墙板和连接节点上的荷载包括多种组合，为简化连接节点设计，应选取其最不利组合。

《装配式混凝土结构技术规程》(JGJ 1—2014)规定设计外挂墙板和连接节点时，应采用荷载的最不利组合；相应的结构构件重要系数 γ_0 应取不小于 1.0，结构构件承载力抗震调整系数 γ_{RE} 应取 1.0。

7.3.3　三明治夹芯外墙板的连接件

常规外墙保温材料多数有可燃性、易老化，火灾危险性较大且寿命有限，发达国家把保温材料夹在两层不燃材料之间，形成了三明治墙板，解决了以上缺陷。三明治墙板技术经过

40多年的不断进化,预制混凝土的三明治墙板技术逐渐成熟,并形成了非组合式、组合式、部分组合式3类三明治墙板,其中的保温拉接件也从普通碳钢、不锈钢等金属材料向尼龙塑料、复合材料等非金属材质过渡,不同保温拉接件产品的三明治墙板设计和技术要求差异很大。

众所周知,对于装配式预制夹芯保温板而言,连接件是最重要的部分之一,在自重荷载、脱模、水平地震、风荷载以及温度等作用下其抗剪、抗拉承载力必须满足要求。

7.3.3.1 **连接件的类型**

目前的连接件产品主要分为金属连接件和非金属连接件两大类,如图7-12所示。金属连接件主要是钢筋桁架、桶状、板状等,以HALFEN建筑配件销售有限公司的产品为代表,非金属连接件主要有板式、针式等,以美国Thermomass的产品为代表。两类连接件各具特点,金属连接件的热损失较大,拉接牢靠,非金属连接件的热损失小,但是连接性能在国内的应用验证较少,价格较高。在我国现阶段国情下,无法大规模引进和推广。

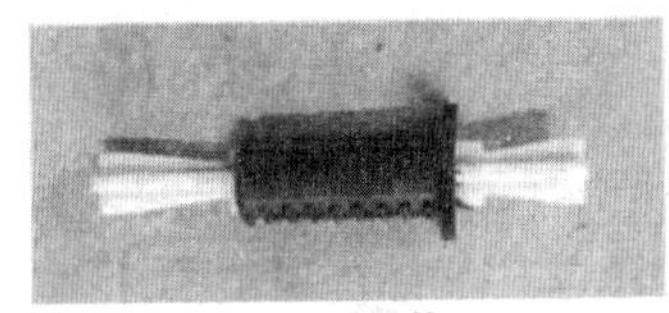

FRP连接件1

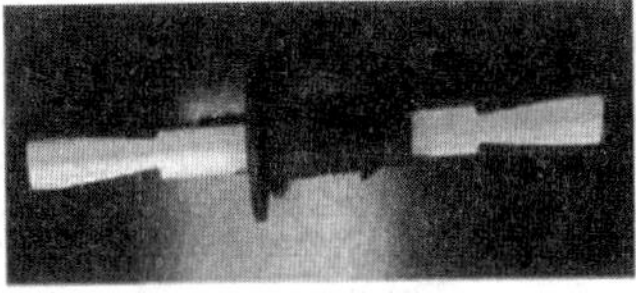

FRP连接件2

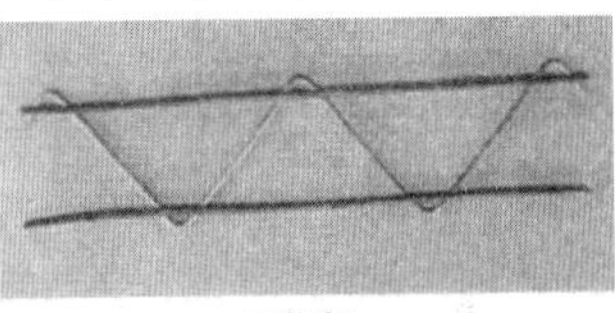

钢桁架

图7-12 连接件类型

连接件按照材料的不同,常用的预制混凝土夹芯保温连接件主要分为普通钢筋连接件、金属合金连接件和纤维塑料(FRP)连接件三种。

预制混凝土三明治墙板刚出现时,考虑的主要因素是解决三层构造之间连接的可靠性,一般采用普通碳钢作为保温拉接件,拉接件的形式多样(见图7-13),为了连接可靠,甚至采用单片的钢筋焊架作为拉接件。

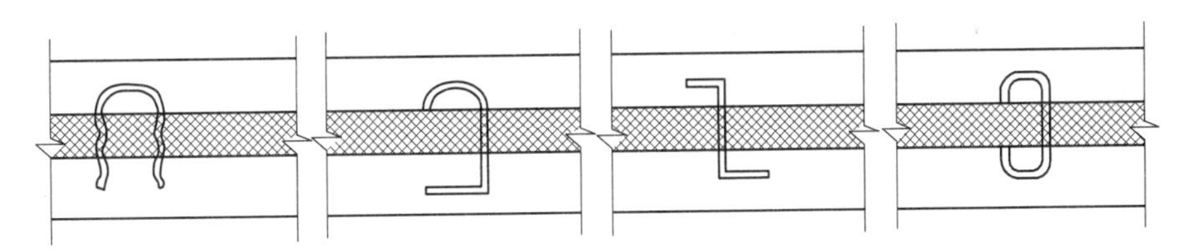

图7-13 不同形式的金属保温拉接件

普通钢筋连接件造价低、安装方便,但其导热系数高,墙体在连接件部位易产生热桥,难满足墙体节能指标要求。此外,钢筋连接件抗腐蚀性能较差,易造成墙体的安全隐患。金属合金连接件抗腐蚀性能好、耐久性高,导热系数较低,但连接件的价格较高。FRP连接件具有导热系数低、耐久性好、造价低、强度高的特点,可有效避免墙体在连接件部位的冷(热)桥效应,提高墙体的保温效果与安全性,在建筑工程领域具有广阔的工程应用前景。

7.3.3.2 **连接件在国内外的发展状况**

对于连接件方面,国际专业评估机构美国ICC-ES协会颁布了《锚固于混凝土中的纤维复合连接件验收标准》(AC 320),该标准规定了FRP连接件的测试与性能要求、试验方法与分析、质量控制、评估报告认证等方面内容。ICC-ES协会发布了《整体保温墙板使用的THERMOMASS MC和MS纤维塑料连接件》(ESR-1746)。

目前,国内尚未颁布针对采用FRP连接件的预制混凝土夹芯保温墙体相关规范和标准。

夹芯墙体标准与图集主要是针对砌块夹芯墙体及普通金属格构筋心墙体，如《钢丝网架水泥聚苯乙烯夹芯板》(JC 623—1996)、《05 系列建筑标准设计图集》(DBJT 03－22－2005)中的“外墙夹芯保温”、《夹芯保温墙结构构造》(GJBT－1035)等。同济大学主编的上海市《装配整体式混凝土住宅体系设计规程》(DG/T J08－2071－2010)中包含了预制混凝土夹芯保温墙体及FRP 连接件设计、构造及施工等方面的内容。目前，同济大学、北京万科企业有限公司等单位正在编制国家产品标准《预制保温墙体用纤维增强塑料连接件》。

可见，预制混凝土保温外挂墙板的连接件技术在国外得到了一定的发展，但是技术还没完全成熟，国内的相关技术才刚刚起步不久，国内外现有连接件技术都存在着一定不足，比如连接件的锚固能力不足、造价太高不易推广、构造复杂不易施工、抗震性能不够及防火性能欠缺等。

固定锚件(译注：夹芯墙拉接件)的功能是把夹芯墙板的 3 层连接在一起并同时承载出现的所有外力。这些外力是由墙板的自重(从脱模到吊装的每个位置作用效应不同)、温度变化导致的长度变化和变形以及风压及风吸效应所引起的。图 7-14 所示为固定锚件的基本设计布置方案。依据此方案，一个支承式锚件的布置位置应尽量接近墙板的重心，钉子形状固定锚件分散布置在其余区域，可起到定位固定作用并通过其弹性抗弯能力来适应墙板变形。市场上有很大范围的固定锚件系统(见图 7-15)可供选用，这些产品通常具有型式检验试验结果。外页墙板的自重以偏心荷载的方式作用在承载内页墙板上，对于有通风空腔的外墙板，偏心值随着空腔的宽度(通常为 4 cm)增加而增加。对于特定的固定锚件系统，考虑如下情况非常重要，即当外墙板脱模时，其自重荷载可能以与最终状态成 90°的方向作用在固定锚件上，因此固定锚件可能不得不承担附加黏结应力。某些情况时可能必须采用特殊的固定锚件来解决这种问题。应尽可能避免外页墙板平面内的偏心荷载。在必须满足由偏差、开洞或施工吊装荷载所引起的非预期偏心荷载时，通常需要设置受扭锚件。

均匀的温度变形可以引起固定锚件内产生弯矩，根据 DIN 5 标准“外墙装饰挂板”，通常情况下应允许 ±50 ℃的温度变化值。

在外页墙板绕过建筑转角部位时，在构件生产制作阶段应该留设一个适当的间隙空腔以允许外页墙板能够不受约束地变形，如图 7-16 所示。角部较短的外墙装饰挂板，其转动支点在角部，类似间隙空腔则不必设置。

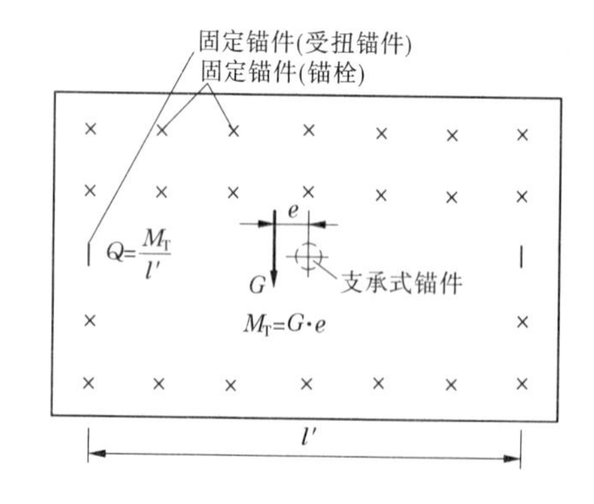

图 7-14　固定锚件的基本设计布置方案

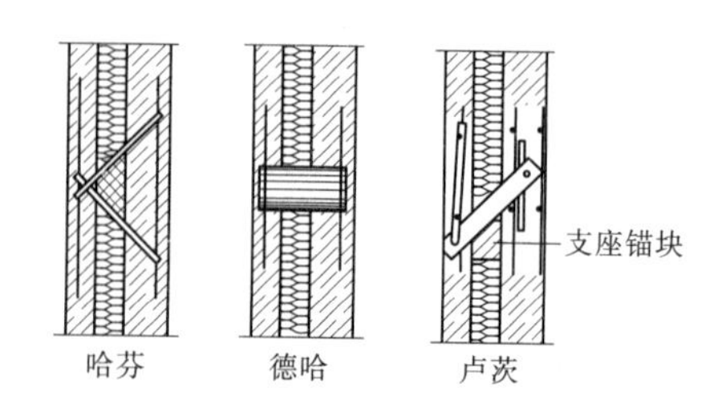

图 7-15　不同制造商的固定锚件支承锚固原理

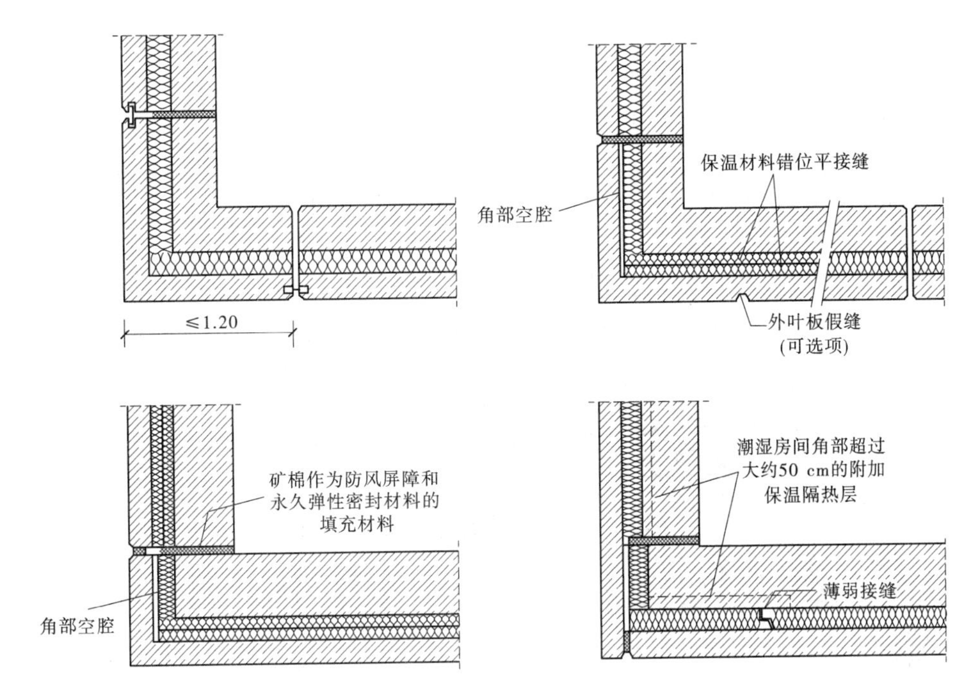

图 7-16　夹芯墙板角部构造细节

沿外页墙板厚度方向存在了温度梯度 ΔT，且每天发生若干次，因此引起外页墙板弯曲变形（见图 7-17），以及固定锚件中随之而来的拉力或压力，力值随着外页墙板厚度的增加而增加。因此，对于更大尺寸的露骨料混凝土成型外墙板，外页墙板的厚度不应超过 8 ~ 10 cm。通风空腔外墙板的温度梯度更大，因为它不能像夹芯墙板那样，在保温隔热层前面帮助积累热量。如果不能用一个 4 点固定锚件系统获得最小的约束锚固，那么就需要进行附加计算。

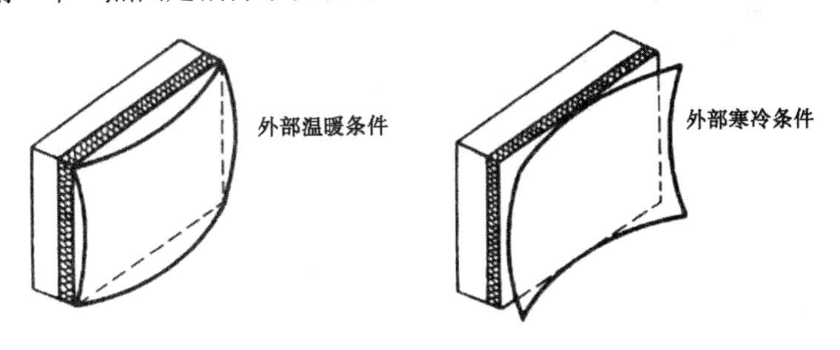

图 7-17　温差 ΔT 作用下无约束外页板变形

外页墙板的配筋通常由单层最小配筋量构成，但通常还需要在支承式锚件邻近处设置附加钢筋。建议在外墙板周边和窗洞口周围设置附加钢筋以便控制裂缝。在每个窗角使用一根 45°附加斜钢筋来控制裂缝通常不可行，因为 3 ~ 5 cm 厚的混凝土保护层应视为最小值。固定锚件通常为圆形钢质螺栓，应当尽可能均匀地分布在表面并最好成正方形网格排列。可能有必要沿边缘设置附加固定锚件以便满足脱模要求。但是也应避免使用超过绝对需要数量的固定锚件，因为固定锚件对于热阻性能会起到负面作用。

对于外墙板的生产制作来说，合适的混凝土配合比与低收缩混凝土都是重要的考虑因素。充分养护对所有超出承载墙板以外的外页墙板（因为处于双面暴露状态）来说都很重要。

表面光滑的外页墙板应限制其长度为 5 ~ 6 m,文献中确实也推荐长度为 3 ~ 5 m 的墙板。对于特别结构化形式(译注:表面深度装饰)的外墙表面,构件长度可以更长一些,此时微小的且不易看见的裂缝可以被接受或可以通过在预定开裂点处设置假缝方法来处理。与夹芯墙板中的外页墙板相比,在通风空腔前端自由上挂并无约束的外页墙板能够采用更长的长度且不设缝。

可借助 40 mm 厚的专用镶板或安装聚苯乙烯板(约 4 片/m^2)形成通风空腔。当具备大批量生产条件时,可采用木条隔板,即构件脱模后可以再次将其拆除,如图 7-18 所示。

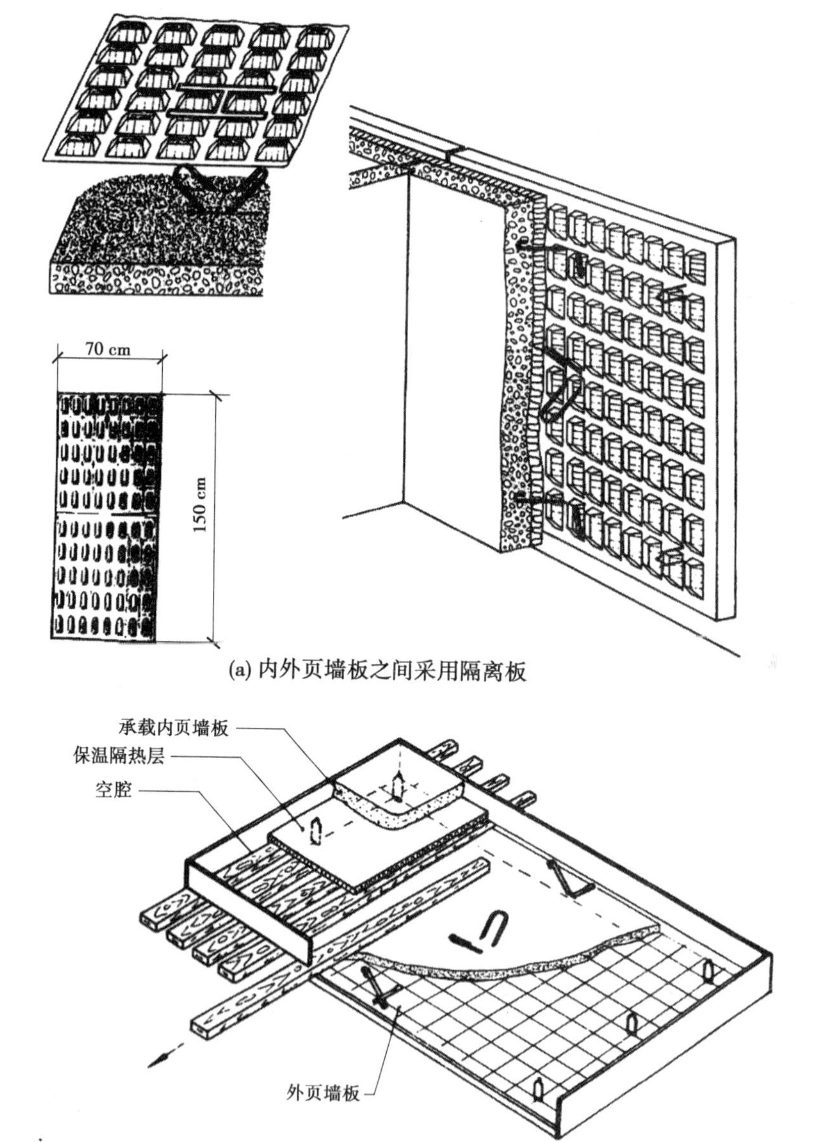

(a) 内外页墙板之间采用隔离板

(b) 采用木条隔板

图 7-18　预制带有通风空腔的外页墙板

7.4　外挂墙板的施工技术要点

7.4.1　外挂墙板与结构同时施工的技术要点

(1)完成预制柱、梁、板吊装。

(2)吊装外挂墙板，剪力键及连接钢筋锚入叠合板内。

(3)将预埋在预制外挂墙板上的墙顶挂件插入预埋在板面的埋件内。

(4)通过斜撑调节外挂墙板垂直度。

(5)利用限位片调节水平高度。

(6)利用插片调节外挂墙板内侧与主体结构的间距,提高外挂墙板的安装精度。

(7)将限位片与墙顶埋件焊接。

(8)绑扎现浇层钢筋。

(9)浇筑现浇层混凝土，使预制柱、预制梁、预制叠合楼板、预制外挂墙板连成整体。

7.4.2　外挂墙板不与结构同时施工的技术要点

(1)在结构现浇层先固定板面埋件。

(2)预制外挂墙板预留钢筋穿过梁主筋。

(3)预制外挂墙板墙顶挂件插入板面埋件。

(4)通过斜撑调节垂直度。

(5)利用限位片调节水平高度。

(6)利用插片调节外挂墙板与主体结构的间距,提高外挂墙板的安装精度。

(7)将限位片与墙顶埋件焊接。

(8)浇筑后浇带。

二维码 7-1　主体施工预制构件安装施工演示[1]

习　题

1. 外挂墙板中预制构件有哪些？其设计方法是什么？如何进行连接节点的设计？

2. 简述装配式混凝土建筑外墙防水构造特点。

3. 装配式混凝土建筑适用的外墙保温系统有哪些？并简述其特点。

4. 了解外挂墙板的施工技术特点。

注:[1]来源于腾讯视频——深圳监狱保障性住房项目。

第8章　工程案例分析

学习内容

本章介绍了装配式结构设计的一些具体案例，包括装配式剪力墙结构、装配式框架结构等。通过案例分析对装配式结构进行更多的了解，进而掌握设计的一些具体方法。

学习要点

了解装配式结构设计的设计步骤和方法，结构分析的具体方法，与现浇结构的不同，整体设计与构件设计，预制构件的计算及构造等。

8.1　装配式剪力墙结构案例

8.1.1　工程概况

中建观湖国际项目位于郑州市经济技术开发区，总用地面积 30 735.27 m²；其中 14#楼位于建设用地的西北角，为小区配套公租房项目，标高±0.00 m 以上采用预制装配结构，标高±0.00 m 以下采用现浇混凝土结构。该公租房项目总建筑面积 9 276 m²，地上 24 层，地下 2 层，建筑高度 69.900 m，为一类高层住宅楼，地下室主要为储藏室和自行车库，地上 1、2 层为物业及社区用房，3 层及以上为公租房。

14#楼建筑长 27 m、宽 14.1 m。标准层有 6 户，每户开间 4.5 m、进深 9 m，建筑面积约 60 m²，标准层建筑平面图见图 8-1，剖面图见图 8-2。14#楼采用装配式剪力墙结构体系，主要构件剪力墙、填充墙、楼板、楼梯等均采用工厂加工，现场拼装。

14#楼为标准设防类，设计使用年限为 50 年。抗震设防烈度为 7 度，基本地震加速度为 0.15g，设计地震分组为第一组，场地类别为Ⅲ类。抗震等级为三级，抗震构造措施为二级；基本风压为 0.45 kN/m²，地面粗糙程度为 B 类。结构嵌固端设在地下室顶板。

8.1.2　结构平面布置及拆分

图 8-3 为结构标准层平面布置图，图中涂黑构件为剪力墙，墙厚 200 mm；叠合梁主要截面尺寸为 200 mm×400 mm、200 mm×600 mm、200 mm×1 000 mm 三种；叠合板厚度为 130 mm；填充墙厚度有 200 mm 和 100 mm 两种。

图 8-4 为结构标准层墙体分布示意图，主要墙体有预制剪力墙、现浇剪力墙和预制填充墙。预制构件主要包括预制墙板、预制楼板和预制楼梯等。现浇部分主要为剪力墙连接部位和叠合楼板的现浇部分。

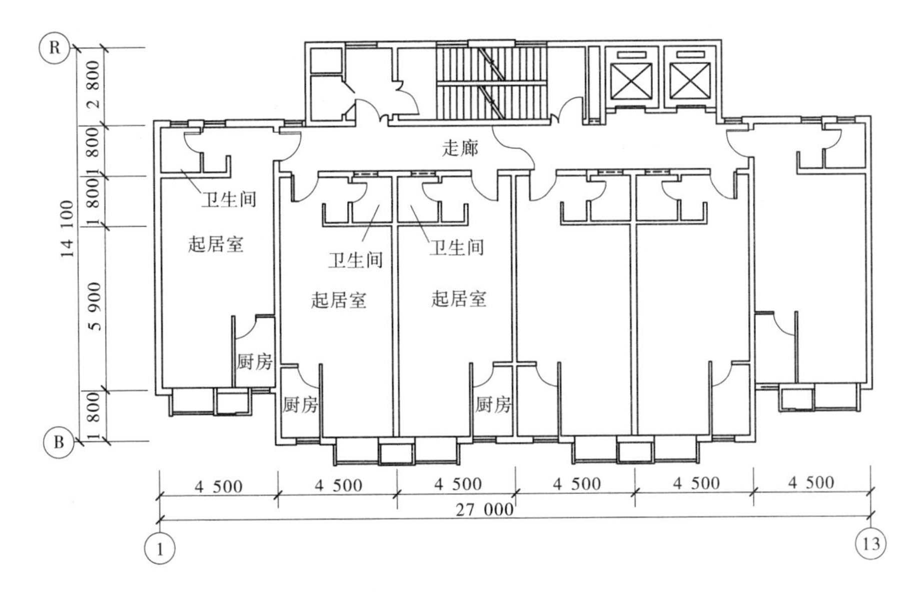

图 8-1　标准层建筑平面图

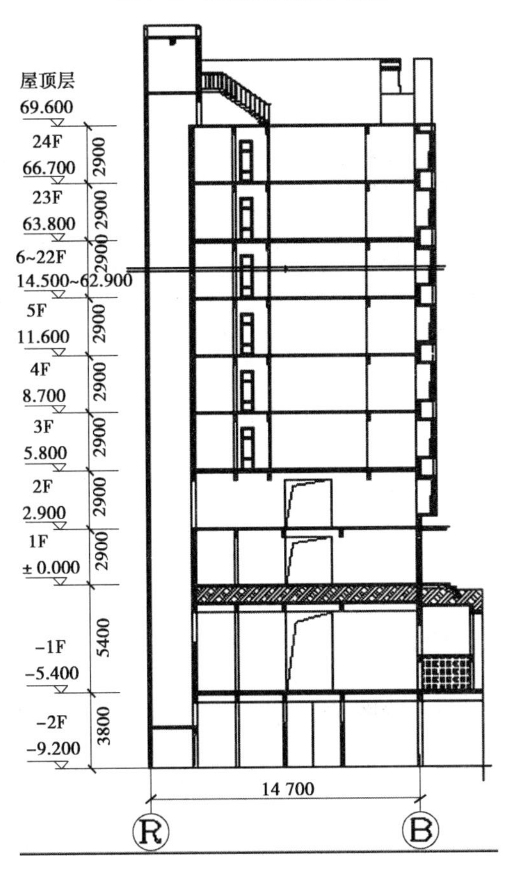

图 8-2　建筑剖面图

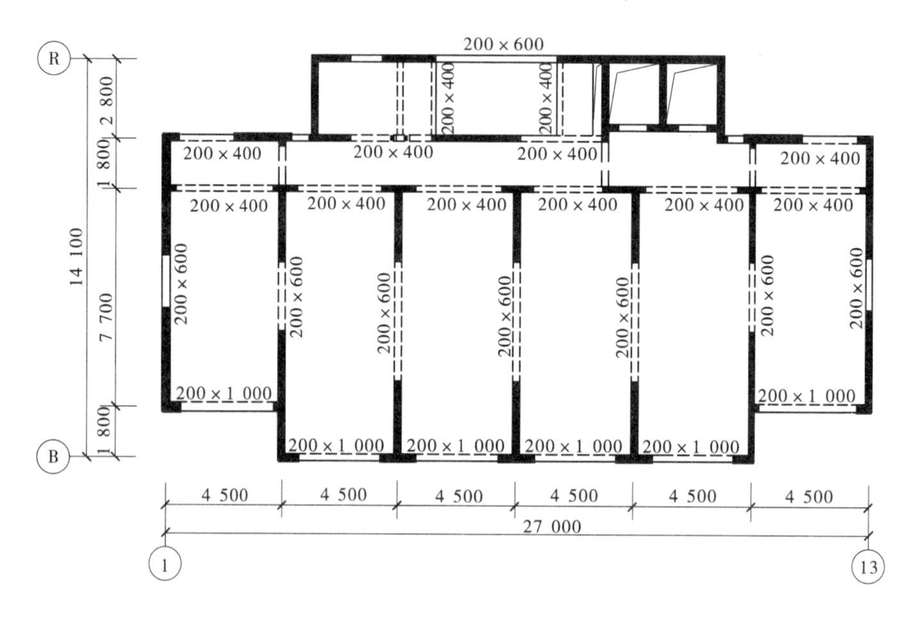

图 8-3　结构标准层平面布置图

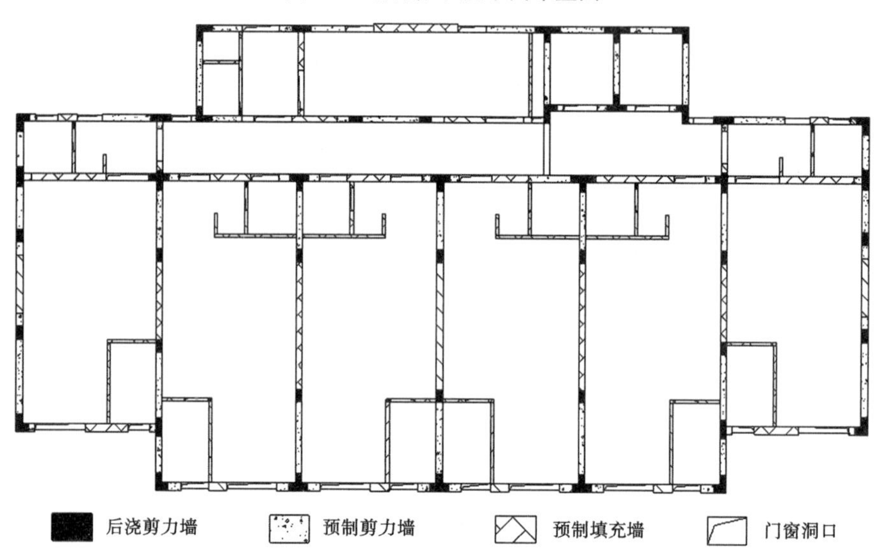

图 8-4　结构标准层墙体分布示意图

8.1.3　结构小震弹性分析

本工程采用 SATWE 软件进行小震作用下的弹性分析，计算采用考虑扭转耦联的阵型分解反应谱(CQC 法)。主要参数计算结果见表 8-1。

表 8-1　主要参数计算结果

周期(s)	周期比	最大层间位移角
$T_1=1.76, T_2=1.62, T_t=1.06$	0.6	1/1 229(X 向),1/1 105(Y 向)
扭转位移比	剪重比	有效质量系数
1.18	4.08(X 向),4.17(Y 向)	96.87%(X 向),94.96%(Y 向)

从计算结果可以看出,X 向、Y 向两个主轴方向的结构刚度基本接近;最大层间位移角小于 1/1 000,扭转位移比控制在 1.2 以内;剪重比大于 0.024。结构在 X 向、Y 向刚度和抗扭刚度的布置均较为合理,按一般现浇结构进行分析的主要指标均满足《高规》相关要求。

图 8-5 为小震作用下底层剪力墙配筋面积,由图 8-6 可见,在小震作用下底层剪力墙大部分处于压弯状态,仅在角部剪力墙出现偏拉,底层剪力墙的截面配筋以《高层建筑混凝土结构技术规程》(JGJ 3—2010)要求最低配筋率控制为主。

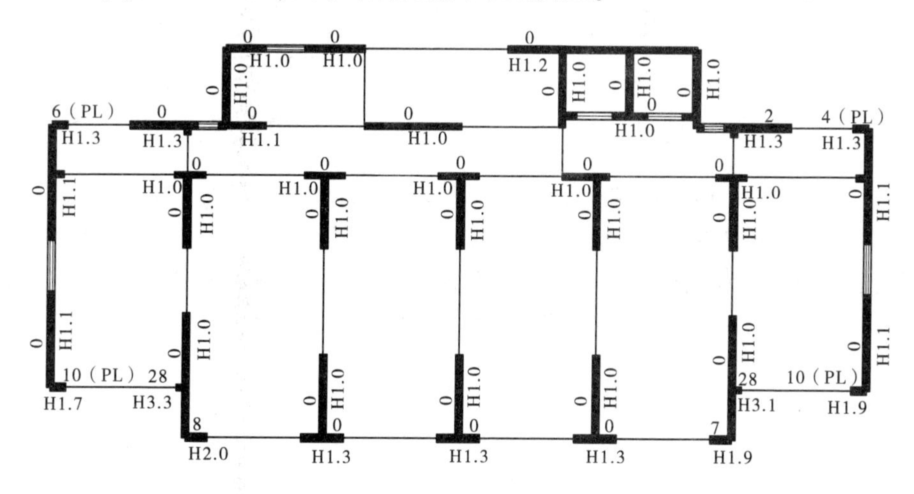

图 8-5　小震作用下底层剪力墙配筋面积(cm^2)

8.1.4　构件拆分及构件设计

构件的拆分应满足受力合理、加工简单、安装便捷的原则。首先确定预制剪力墙连接位置及尺寸,根据《装配式混凝土结构技术规程》(JGJ 1—2014)的相关要求设置合理的现浇区域。填充墙的拆分要根据吊装的要求选取合理的尺寸,叠合楼板应根据房间布置选择合理的宽度。

预制构件混凝土强度等级根据其受力及轴压比要求确定:1～3 层为 C40,4～5 层为 C35,6 层及以上为 C30。预制填充墙材料为 C10 陶粒混凝土。

预制剪力墙根据计算结果及构造要求进行配筋,其中剪力墙底部加强区配筋为双向 Φ 12@200,剪力墙上部区域(3 层以上)竖向分布钢筋为 Φ 10@200、水平分布钢筋为 Φ 8@200。预制填充墙考虑其抗裂及吊装要求设置构造钢筋 Φ 6@600,其中 200 mm 厚预制填充墙采用双层双向配筋,100 mm 厚预制填充墙采用单层双向配筋。填充墙顶部为叠合梁,叠合梁承受本层墙体及上层楼板的荷载。图 8-6 为标准层预制剪力墙体和填充墙体配筋大样。

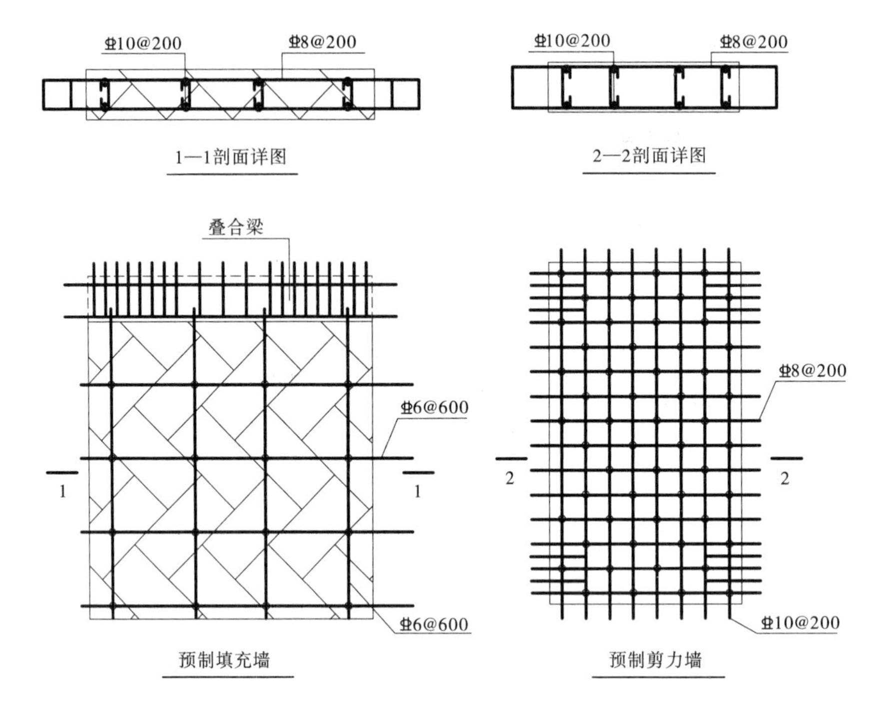

图 8-6　标准层预制剪力墙体和填充墙体配筋大样

楼板采用钢筋桁架叠合板，通过有效连接形成双向或单向受力体系。本工程楼板按双向板计算，叠合板板底设双向受力钢筋。叠合楼板厚度为 130 mm，其中预制板厚 60 mm，现浇叠合层厚度为 70 mm；楼板钢筋根据内力计算结果配置。本工程板底配筋为双向Φ 8 @ 150，支座钢筋为Φ 10@ 150。图 8-7 为预制叠合板大样。

8.1.5　连接构造

8.1.5.1　预制剪力墙连接构造

本工程预制剪力墙连接采用环筋扣合锚接技术，剪力墙竖向连接及水平连接示意见图 8-8。剪力墙竖向连接通过上、下层相邻剪力墙环筋交错扣合后，穿入水平纵向钢筋，然后浇筑节点处混凝土。剪力墙水平连接通过连接区域环筋扣合后，插入竖向钢筋，然后浇筑节点处混凝土，此做法与《装配式混凝土结构连接节点构造》(15G 310-2) 中设附加封闭连接钢筋与预留 U 形钢筋连接做法一致。现浇暗柱纵向钢筋采用机械连接。图 8-9 为施工现场及样板间照片。

8.1.5.2　叠合楼板与预制墙体的连接

叠合楼板底部钢筋在墙内搭接锚固，支座处上部钢筋穿过墙体。叠合楼板现浇层与剪力墙竖向结合部位一块浇筑形成整体。楼板与墙连接示意图见图 8-10。

目前，广泛应用的剪力墙竖向连接方法主要为套筒灌浆连接和浆锚搭接。本工程预制剪力墙的竖向钢筋通过环筋扣合连接在叠合楼板现浇层内，可以有效地约束竖向连接处的混凝土，防止后浇部分混凝土剥落；同时，由于结合部位在楼板处，接缝处抗剪能力强。这种连接比在楼板上面的搭接更安全可靠。

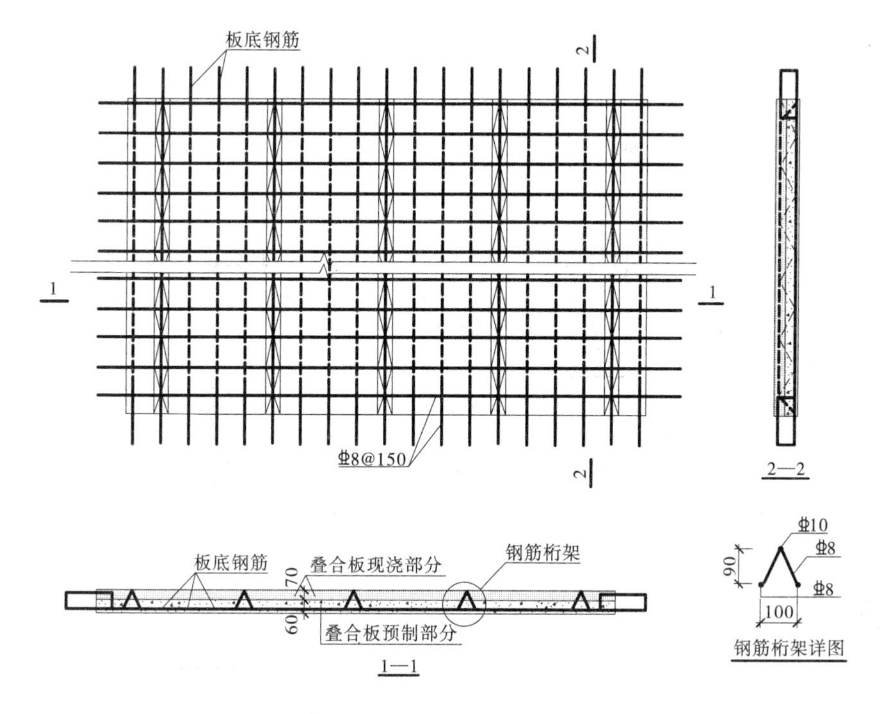

图 8-7　预制叠合板大样

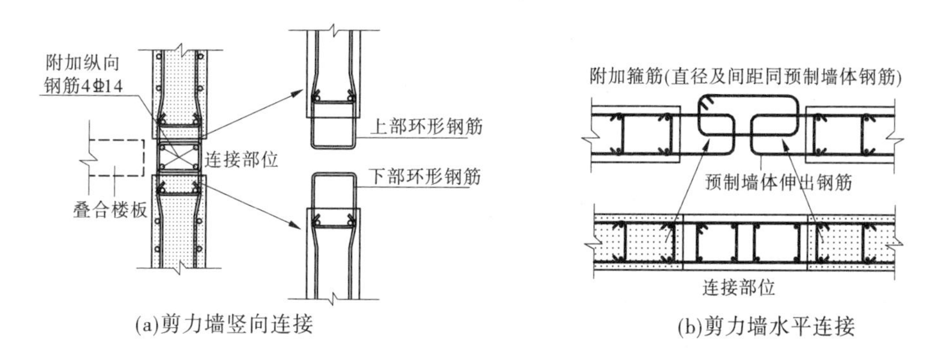

图 8-8　剪力墙竖向连接及水平连接示意图

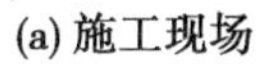
(a) 施工现场

(b) 样板间

图 8-9　施工现场及样板间照片

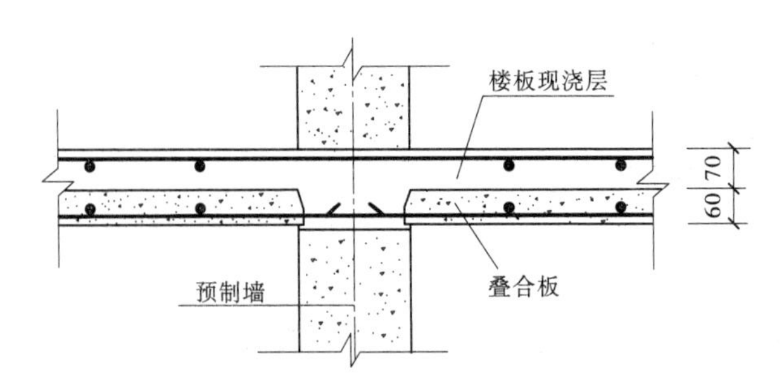

图 8-10　楼板与墙连接示意图

8.1.5.3　**预制楼板连接**

叠合板的长度根据结构跨度确定，宽度控制在 4 m 以内，以便于运输和现场安装。叠合板之间采用环筋扣合锚接，连接处设置环筋，纵向设附加钢筋，浇筑混凝土后形成整体。楼板连接示意图见图 8-11。

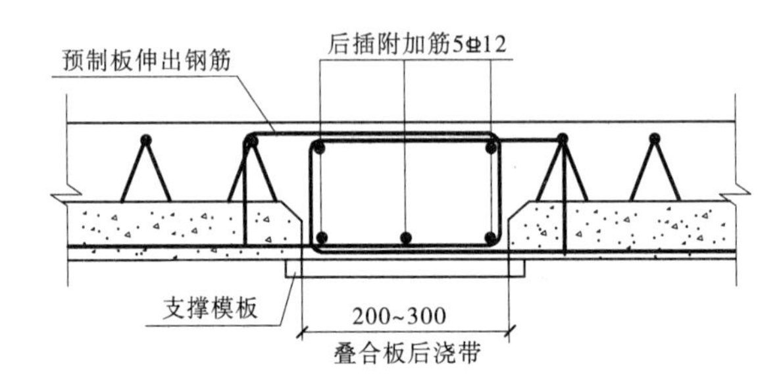

图 8-11　楼板连接示意图

8.1.6　连接计算

8.1.6.1　**叠合梁端竖向接缝的受剪承载力验算**

根据《装配式混凝土结构技术规程》(JGJ 1—2014)，叠合梁端竖向接缝的受剪承载力设计值计算和接缝的受剪承载力要求：

持久设计状况

$$V_u = 0.07f_cA_{c1} + 0.10f_cA_k + 1.65A_{sd}\sqrt{f_cf_y} \tag{8-1}$$

$$\gamma_0V_{jd} \leqslant V_u$$

地震设计状况

$$V_{uE} = 0.04f_cA_{c1} + 0.06f_cA_k + 1.65A_{sd}\sqrt{f_cf_y} \tag{8-2}$$

$$V_{jdE} \leqslant V_{uE}/\gamma_{RE}$$

在梁、柱端部箍筋加密区及剪力墙底部加强部位，尚应符合式(8-3)要求：

$$\eta_jV_{mua} \leqslant V_{uE} \tag{8-3}$$

式中　γ_0——结构重要性系数；

V_{jd}——持久设计状况下接缝剪力设计值；

V_{jdE}——地震设计状况下接缝剪力设计值；

V_u——持久设计状况下接缝受剪承载力设计值；

V_{uE}——地震设计状况下接缝受剪承载力设计值；

V_{mua}——被连接构件端部按实配钢筋截面面积计算的斜截面受剪承载力设计值；

η_j——接缝受剪承载力增大系数；

A_{c1}——叠合梁端截面后浇混凝土叠合层截面面积；

f_c——预制构件混凝土轴心抗压强度设计值；

f_y——垂直穿过结合面钢筋抗拉强度设计值；

A_k——各键槽的根部截面面积之和，按后浇键槽根部截面和预制键槽根部截面分别计算，并取两者较小值；

A_{sd}——垂直穿过结合面所有钢筋的截面面积，包括叠合层内的纵向钢筋。

叠合梁梁端受力计算简图与连接构造，如图 8-12 所示。

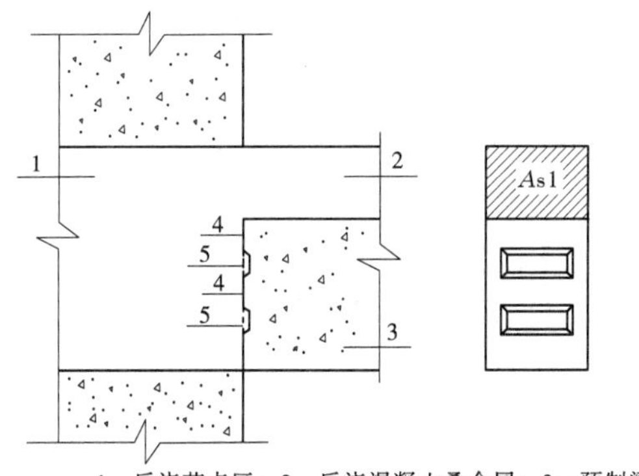

1—后浇节点区；2—后浇混凝土叠合层；3—预制梁；
4—预制键槽根部截面；5—后浇键槽根部截面

(a)叠合梁端受剪承载力计算参数示意图

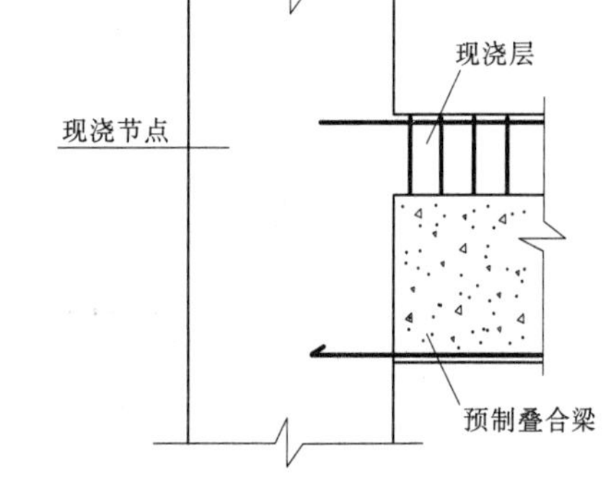

(b)叠合梁与现浇节点连接构造

图 8-12　叠合梁梁端受力计算简图与连接构造

本工程叠合梁采用以上连接形式，梁端结合面无齿槽。

以四层 2 轴线处梁做抗剪验算，截面尺寸为 200 mm×500 mm，梁左端上部钢筋 2 Φ 22+2 Φ 20，下部钢筋 4 Φ 20。

(1)持久设计状况下，梁端最大剪力设计值 $V_{jd}=186$ kN。

$$V_u = 0.07 f_c A_{c1} + 0.10 f_c A_k + 1.65 A_{sd}\sqrt{f_c f_y} \tag{8-4}$$

$$= 0.07 \times 14.3 \times (200 \times 150) + 0 + 1.65 \times (1\,388 + 1\,257) \times \sqrt{14.3 \times 360}$$

$$= 343\,163(\text{N}) = 343 \text{ kN}$$

$\gamma_0 V_{jd} \leqslant V_u$，满足要求。

(2)地震设计状况下，梁端最大剪力设计值 $V_{jdE}=263$ kN

$$V_{uE} = 0.04 f_c A_{c1} + 0.06 f_c A_k + 1.65 A_{sd}\sqrt{f_c f_y} \tag{8-5}$$

$$= 0.04 \times 14.3 \times (200 \times 150) + 0 + 1.65 \times (1\,388 + 1\,257) \times \sqrt{14.3 \times 360}$$

$$= 330\,293(\text{N}) = 330 \text{ kN}$$

$$V_{jdE} \leqslant V_{uE}/\gamma_{RE},263 \leqslant 330/0.85 = 388(\text{kN})，满足要求。$$

(3)梁端部箍筋加密区，尚应符合 $\eta_j V_{mua} \leqslant V_{uE}$

$$V_{mua} = 0.7 f_t b h_0 + f_{yv}\frac{A_{sv}}{s}h_0 \tag{8-6}$$

$$= 0.7 \times 1.43 \times 200 \times 460 + 360 \times 1.57 \times 460$$

$$= 352\ 084(\mathrm{N}) = 352\ \mathrm{kN}$$

$1.2V_{mua}=1.2\times352=422(\mathrm{kN})>V_{uE}$，不满足要求。需要加设抗剪钢筋或采取其他措施。

四层 D 轴交 2~4 轴线处梁截面尺寸为 200 mm×500 mm，梁端上部钢筋 2 ⏀ 22，下部钢筋 2 ⏀ 20。

（1）持久设计状况下，梁端最大剪力设计值 $V_{jd}=86\ \mathrm{kN}$。

$$V_u = 0.07f_cA_{c1} + 0.10f_cA_k + 1.65A_{sd}\sqrt{f_cf_y} \tag{8-7}$$

$$= 0.07 \times 14.3 \times (200 \times 150) + 0 + 1.65 \times 1\ 388 \times \sqrt{14.3 \times 360}$$

$$= 194\ 350(\mathrm{N}) = 194\ \mathrm{kN}$$

$\gamma_0V_{jd}\leqslant V_u$，满足要求。

（2）地震设计状况下，梁端最大剪力设计值 $V_{jdE}=142\ \mathrm{kN}$。

$$V_{uE} = 0.04f_cA_{c1} + 0.06f_cA_k + 1.65A_{sd}\sqrt{f_cf_y} \tag{8-8}$$

$$= 0.04 \times 14.3 \times (200 \times 150) + 0 + 1.65 \times 1\ 388 \times \sqrt{14.3 \times 360}$$

$$= 181480(\mathrm{N}) = 181\ \mathrm{kN}$$

$V_{jdE}\leqslant V_{uE}/\gamma_{RE}$，$142\leqslant181/0.85=213\ \mathrm{kN}$，满足要求。

（3）梁端部箍筋加密区，尚应符合 $\eta_jV_{mua}\leqslant V_{uE}$

$$V_{mua} = 0.7f_t bh_0 + f_{yv}\frac{A_{sv}}{s}h_0 \tag{8-9}$$

$$= 0.7 \times 1.43 \times 200 \times 460 + 360 \times 1 \times 460$$

$$= 257\ 692(\mathrm{N}) = 257(\mathrm{kN})$$

$1.2V_{mua}=1.2\times257=308(\mathrm{kN})>V_{uE}$，不满足要求，需要加设抗剪钢筋或采取其他措施。

8.1.6.2 预制混凝土剪力墙水平接缝的受剪承载力验算

根据《装配式混凝土结构技术规程》(JGJ 1—2014)第 8.3.7 条地震设计状况预制钢筋混凝土剪力墙水平接缝的受剪承载力设计值应按式(8-10)计算

$$V_{uE} \leqslant 0.6f_yA_{sd} + 0.8N \tag{8-10}$$

式中 f_y——垂直穿过结合面的钢筋抗拉强度设计值；

N——与剪力设计值 V 相应的垂直于结合面的轴向力设计值，压力时取正，拉力时取负；

A_{sd}——垂直穿过结合面的抗剪钢筋截面面积。

根据模型计算结果，第四层 YWQ008 承担较大的水平剪力。

X 向地震下，$V_x=-546.1\ \mathrm{kN}$，$V_y=-0.3\ \mathrm{kN}$，$N=853.4\ \mathrm{kN}$；

X 向风荷载下，$V_x=-159.6\ \mathrm{kN}$，$V_y=-0.2\ \mathrm{kN}$，$N=298.9\ \mathrm{kN}$；

恒载作用下，$N=-3\ 516.9\ \mathrm{kN}$；满布活荷载作用下，$N=-569.8\ \mathrm{kN}$。

地震设计状况下，剪力墙底部最大剪力设计值为

$$V_{jdE}=-1.3\times546.1-0.2\times1.4\times159.6=-755(\mathrm{kN})$$

相应工况下轴力设计值为：

$$-1.2\times(3\ 516.9+569.8-853.4-298.9)=-3\ 520(\mathrm{kN})$$

YWQ008 剪力墙水平接缝处的抗剪钢筋截面面积为 1 116 mm²，两端现浇节点内的水平

抗剪钢筋截面面积为 1 216 mm^2。

$$\begin{aligned} V_{\text{uE}} &\leqslant 0.6f_{\text{y}}A_{\text{sd}} + 0.8N \\ &= 0.6 \times 360 \times (2\ 200 + 2\ 424) + 0.8 \times 3\ 520 \\ &= 1\ 001\ 600(\text{N}) = 1\ 001.6\ \text{kN} \end{aligned} \tag{8-11}$$

$V_{\text{jdE}} \leqslant V_{\text{uE}}/\gamma_{\text{RE}}$，755 kN<1 001.6/0.85=1 177(kN)，满足要求。

8.1.6.3　预制环形钢筋上、下层剪力墙环筋扣合连接节点的抗拉承载力设计值验算

在上、下层剪力墙环筋扣合锚接节点中，环形闭合钢筋扣合单元的抗拉承载力设计值应满足下式要求：

$$N_{\text{s}} \leqslant R \tag{8-12}$$

$$N_{\text{s}} = f_{\text{y}}A_{\text{s}} \tag{8-13}$$

$$R = 0.15f_{\text{t}}A_{\text{sc}} + (0.03d_0 + 0.25)f_{\text{yv}}A_{\text{sd}} \tag{8-14}$$

式中　R——节点抗拉承载力设计值；

f_{t}——混凝土轴心抗拉强度设计值；

A_{sc}——连接节点混凝土有效垂直剪切面面积；

d_0——垂直穿过封闭环钢筋的公称直径；

f_{yv}——插入封闭环内的单根纵向钢筋的抗拉强度设计值；

A_{sd}——插入封闭环内的扣合连接筋的面积，按四根插筋截面面积计算。

环形闭合钢筋扣合剪力墙示意图如图 8-13 所示。

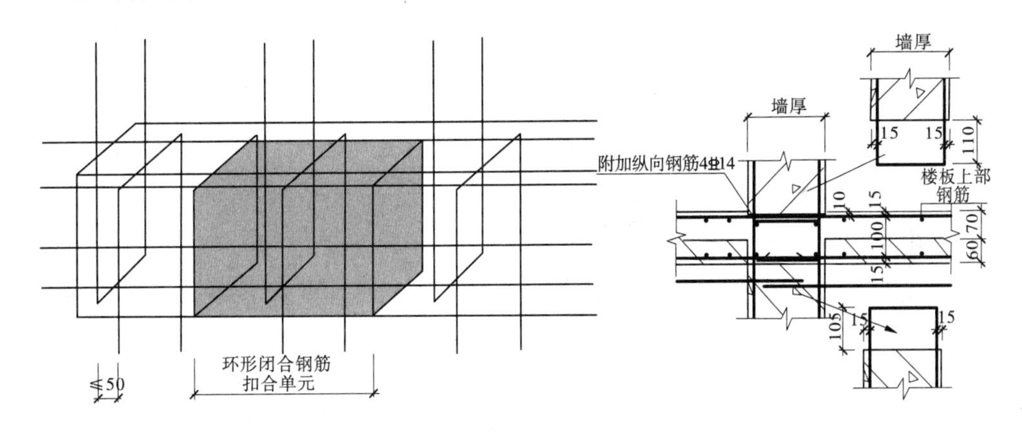

图 8-13　环形闭合钢筋扣合剪力墙示意图

以标准层预制墙板为例，墙厚 200 mm，混凝土强度等级为 C30，经计算，上、下层剪力墙环形闭合钢筋扣合连接节点的抗拉承载力设计值如下。

当环形闭合钢筋内所配纵向钢筋直径为 14 mm 时，以环形闭合钢筋扣合单元作为计算单元，则

$$\begin{aligned} R &\leqslant 0.15f_{\text{t}}A_{\text{sc}} + (0.03d_0 + 0.25)f_{\text{yv}}A_{\text{sd}} \\ &= 0.15 \times 1.43 \times (200 \times 200) + (0.03 \times 14 + 0.25) \times 360 \times 616 \\ &= 8\ 580 + 148\ 579 = 157\ 159(\text{N}) \end{aligned} \tag{8-15}$$

墙板自身的抗拉承载力，墙的竖向钢筋为⌀ 10@ 200，则

$$f_{\text{y}}A_{\text{s}} = 360 \times 157 = 56\ 520(\text{N})$$

可见，节点处的抗拉承载力大于墙板自身的抗拉承载力。

8.1.6.4 预制楼梯滑动节点的水平承载力及水平变形验算

楼梯尺寸为7.2 m×1.2 m，板厚250 mm（不含踏步），楼梯预制段自重为7.2 t，活载取3.5 kN/m^2。

重量荷载代表值 $G=72+0.5\times3.5\times7.2\times1.2=72+15=87$（kN）；

地震影响力系数最大值 α_{max} 为0.12，$FEK=0.12\times87=10.44$（kN）；

S（水平地震力设计值）$=1.4\times FEK=1.4\times10.44=15$（kN）；

抗剪钢筋直径为2 Φ 16，抗剪承载力 $R=2\times201\times360=144\ 720$（N）= 145 kN；

$S=15\ \text{kN}<R=145\ \text{kN}$；

层间位移按 $h/1\ 000=3\ 000/1\ 000=3$（mm）考虑，预留空腔50 mm，可以满足要求。

8.1.7 装配式剪力墙结构设计施工图示例

装配式剪力墙结构设计施工图示例见表8-1。

表8-1 装配式剪力墙结构设计施工图示例

二维码序号	图名	二维码	二维码序号	图名	二维码
8-1	图纸目录		8-7	标准层后浇段及剪力墙柱表	
8-2	装配式结构专项说明（一）		8-8	标准层板结构平面布置图	
8-3	装配式结构专项说明（二）		8-9	标准层板结构详图	
8-4	标准层剪力墙平面布置图（一）		8-10	楼梯平面图	
8-5	标准层剪力墙平面布置图（二）		8-11	楼梯剖面图	
8-6	女儿墙平面布置图		8-12	YWQ6模板图	

续表 8-1

二维码序号	图名	二维码	二维码序号	图名	二维码
8-13	YWQ6 配筋图（一）		8-20	剪力墙支座板端连接构造	
8-14	YWQ6 配筋图（二）		8-21	梁支座板端连接构造、梁连接构造	
8-15	YGQ3 模板图		8-22	叠合板式阳台模板图	
8-16	YGQ3 配筋图		8-23	叠合板式阳台节点详图	
8-17	预制单向底板模板图、配筋图		8-24	全预制梁式阳台模板图	
8-18	预制双向底板模板图		8-25	全预制梁式阳台节点详图	
8-19	预制双向底板配筋图		8-26	梯段支座构造	

8.2　装配式框架结构案例

8.2.1　工程概况

上海某变电站工程是一个典型的装配整体式框架结构体系，位于上海市松江区新桥镇，地上两层（层高 4.5 m），地下一层（层高 3.3 m），总高度 10.55 m，采用装配整体式钢筋混凝土框架结构，结构标准层平面布置图见图 8-14。

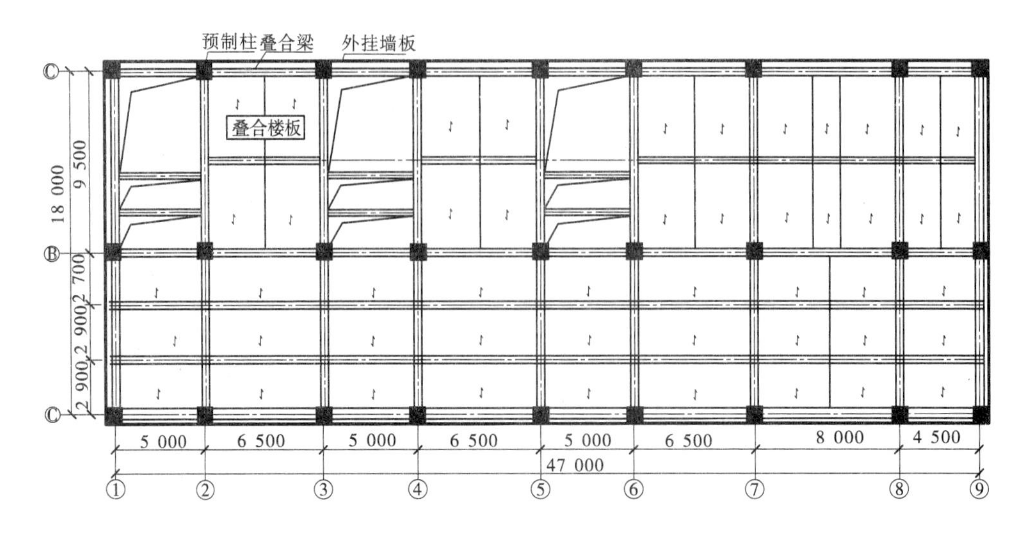

图 8-14　结构标准层布置图

地下室为现浇混凝土结构，±0.000 以上采用装配整体式框架结构，±0.000 楼板作为上部结构的嵌固端。上部框架结构采用预制混凝土柱、叠合梁、钢筋桁架叠合楼板、预制外挂墙板，楼梯现浇，上部结构预制率达到 76%。图 8-15 为结构剖面示意图。

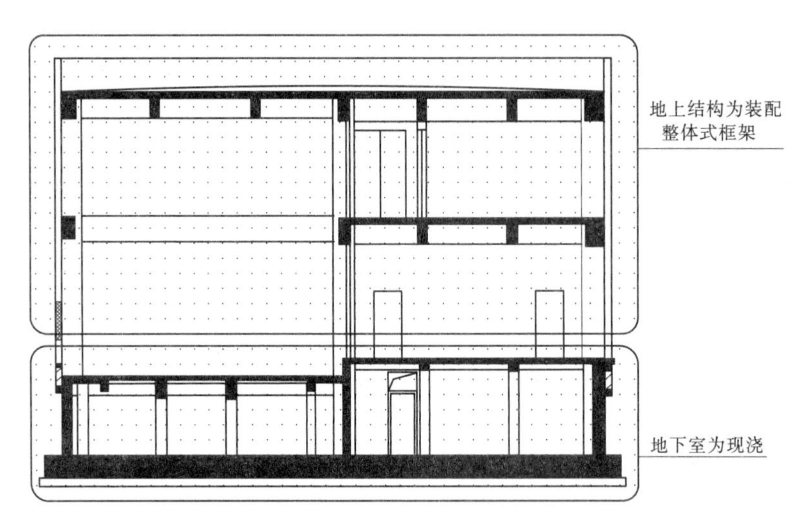

图 8-15　结构剖面示意图

8.2.2　结构设计

该工程场地区域属于长江三角洲入海口湖沼平原 I2 区地貌，结构设计采用年限为 50 年，建筑安全等级为二级，抗震设防类别为乙类。基本风压 $\omega_0=0.55\ kN/m^2$，地面粗糙度为 B 类，基本雪压 0.20 kN/m^2，抗震设防烈度为 7 度，设计基本地震加速度为 0.10g，设计地震分组为第一组，建筑场地类别为上海Ⅳ类。特征周期 $T_g=0.90$ s。

该工程为装配整体式框架结构，结构设计遵循等同现浇混凝土框架结构进行设计。本工程抗震设防类别为乙类,框架抗震等级为二级。结构计算分析采用 PKPM 系列软件 SATWE,抗震设计时,构件及节点的抗震调整系数与现浇结构相同,部分与现浇结构取值不同的参数如下:中梁放大系数取 1.5,弯矩调幅系数取 0.8;次梁与主梁为铰接形式;钢筋桁架叠合楼板采用单向导荷传力方式。SATWE 软件计算结果,结构前 3 阶周期分别为 0.51 s, 0.47 s,0.41 s,周期比为 0.8,结构弹性层间位移为 1/1 062,最大位移比为 1.37。结构分析的各种指标均满足相关规范的要求。

8.2.3 预制构件设计

该工程主要预制构件包括预制混凝土柱、叠合梁、钢筋桁架叠合楼板、预制外挂墙板等。

考虑变电站结构抗震等级较高(二级)、层高较高、梁跨度较大、梁柱截面配筋较大,为实现梁柱节点钢筋交错排布,减少构件类型,柱截面统一取 700 mm×700 mm,预制柱采用集中配筋。预制柱断面示意图如图 8-16 所示。

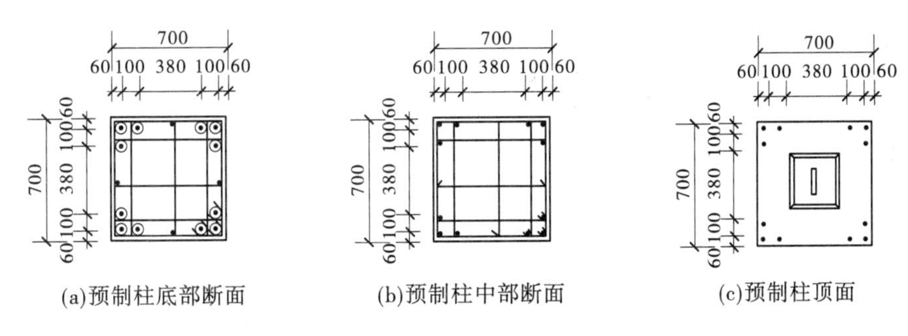

图 8-16 预制柱断面示意图

叠合梁主要采用两种截面:X 向为 400 mm×700 mm,Y 向为 400 mm×850 mm;现浇层高度 700 mm 时取 250 mm,梁高 850 mm 时取 300 mm;梁端设置两个 300 mm×100 mm×40 mm(长×宽×深)的抗剪槽;采用闭口箍筋。叠合梁梁端示意图如图 8-17 所示,主梁配筋示意图如图 8-18 所示。

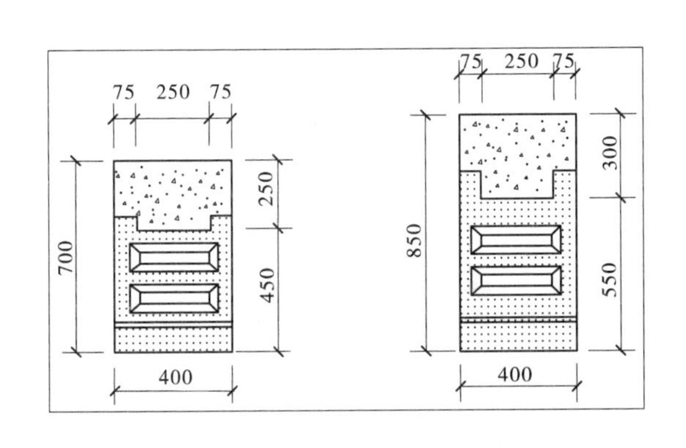

图 8-17 叠合梁梁端示意图

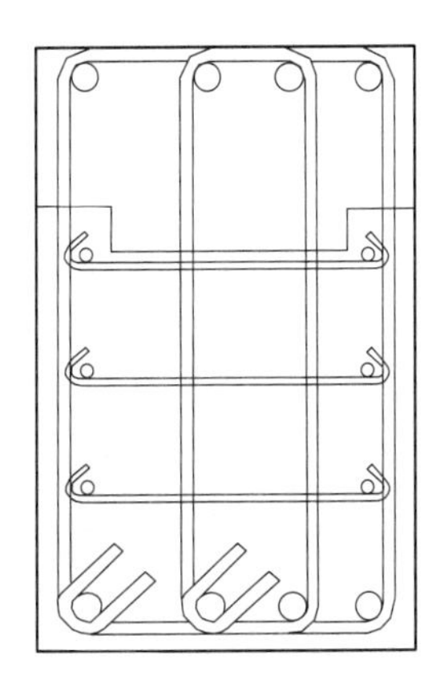

图 8-18 主梁配筋示意图

楼板采用钢筋桁架叠合楼板(见图 8-19),单向板主要跨度为 2.9 m、4.75 m;两层(设备层)设备用房一侧楼板整垮缺失,且所受荷载较大,楼板厚度取 200 mm,配筋为双层双向 ⊈ 12@

150；屋顶层楼板厚度为 160 mm，配筋为 ⌽ 8@ 150；为统一模具，两种厚度楼板预制部分的厚度均取 100 mm；受力方向（横向）的钢筋桁架间距不大于 500 mm，边距不大于 250 mm，为了增加横向钢筋桁架的整体性，设置了两道纵向钢筋桁架，为避免叠合楼板脱模及吊装时出现裂缝；板缝处增设接缝钢筋补强，每端伸出长度不小于 $1.2l_a$；预制叠合面应做成凹凸不小于 4 mm 的粗糙面。

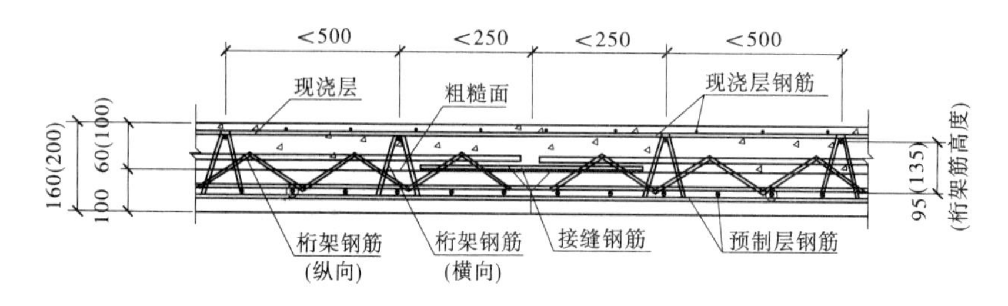

图 8-19　钢筋桁架叠合楼板

预制外挂墙板的典型尺寸为 4 455 mm×2 980 mm（长×宽），厚度为 200 mm；在正常使用荷载工况和施工工况下的挠度控制在 1/200 以内，裂缝小于 0.2 mm；墙板上部采用上承式柔性节点两个，下部为平面外限位节点两个，墙板平面内可以通过旋转适应框架结构变形，如图 8-20 所示。

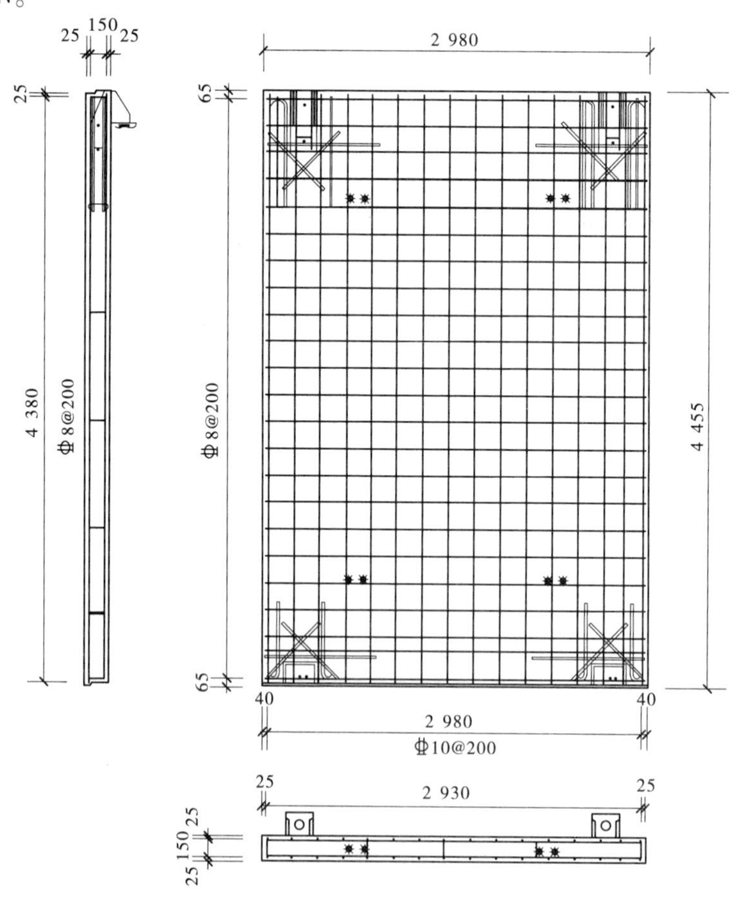

图 8-20　预制外挂墙板示意图

8.2.4　节点连接设计

预制柱采用灌浆套筒连接，连接套筒采用球墨铸铁制作；套筒内水泥基灌浆料采用无收缩砂浆；预制柱底设 20 mm 厚水平缝；柱的纵向钢筋只有一种规格（25 mm），采用长 320 mm、外径 64 mm 的灌浆套筒，钢筋插入口的宽口直径为 47 mm、窄口直径为 31 mm，现场插入段允许偏差±20 mm。通常套筒区箍筋应加强，套筒内至少放置 5 组规定箍筋，除套筒的头尾第一箍须尽量向外放置外，其余均匀布置。出套筒外柱主筋最靠近套筒的第一组箍筋须紧靠套筒放置。

预制柱受力钢筋的套筒灌浆连接接头应采用同一供应商配套提供，并由专业工厂生产的灌浆套筒和灌浆料，其性能应满足现行行业标准《钢筋机械连接技术规程》（JGJ 107—2016）中Ⅰ级接头的要求，并应满足现行国家相关标准的要求。预制柱中钢筋接头处套筒外侧箍筋的混凝土保护层厚度不小于 20 mm，因此计算框架柱的混凝土保护层应按实际取值。套筒之间的净距不小于 25 mm（柱纵向钢筋的净间距要求不小于 50 mm），同时考虑到减少套筒数量，钢筋适当采用较大直径。

框架梁-柱节点采用现浇形式，梁下部纵向钢筋采用弯折锚固形式，钢筋交错分布，钢筋弯折要求等同现浇节点。梁柱节点连接如图 8-21 所示，预制柱连接如图 8-22 所示。

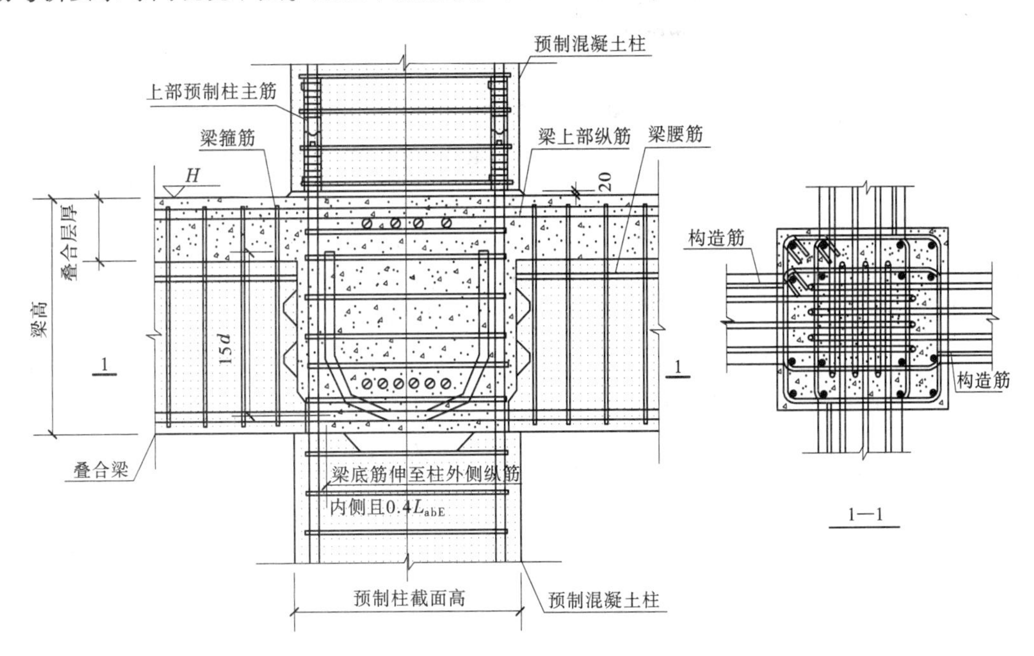

图 8-21　梁柱节点连接

预制柱叠合梁框架结构中，梁柱节点设计是决定节点承载力及延性性能的关键。本工程采取了以下措施：节点核心区箍筋配置按计算确定，但需控制箍筋体积配筋率不小于柱加密区的体积配筋率；现浇混凝土强度提高一级，并采用钢纤维混凝土，其强度等级为 CF35，控制钢纤维体积率不应小于钢纤维含量特征值 0.9；预制柱顶及柱底设键槽，柱底水平接缝抗剪承载力仅考虑销栓抗剪作用；预制框架梁梁端竖向结合面抗剪设计满足规范要求，如 X 向主梁为 400 mm×700 mm，梁端加密区采用Φ 8@ 100（4）即可满足要求；Y 向主梁采用 400

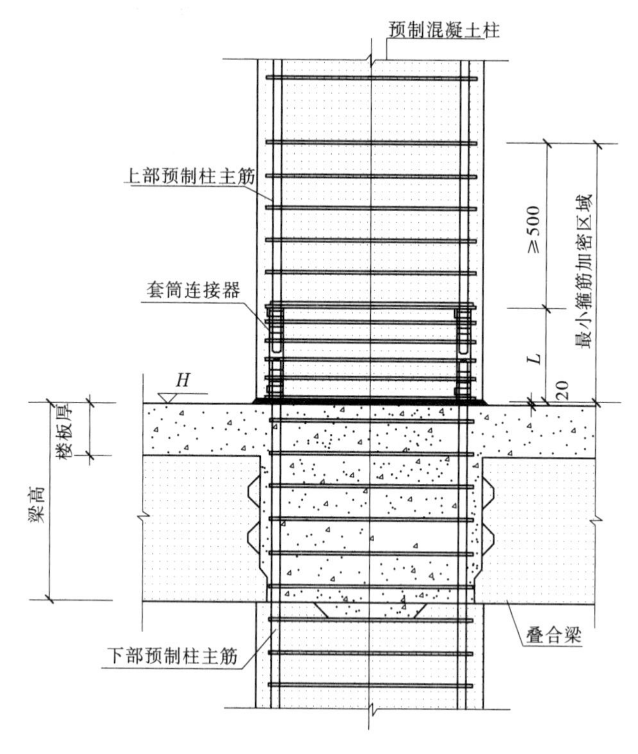

图 8-22　预制柱连接

mm×850 mm，梁端加密区采用 Φ 8@100(4) 不能满足要求，在梁端长 425 mm 范围内采用 Φ 8@75(4) 才满足规范要求。

叠合楼板为单向板，其在预制梁上的搁置长度不小于 15 mm，在主受力方向，下部分布钢筋伸入梁中的长度大于 5d 且不小于 100 mm。在与主受力方向垂直的方向，下部受力钢筋可不伸入梁中，但在板端需增加相同直径及相同间距的补强钢筋。

预制楼板通过干式连接节点与混凝土框架梁连接，干式连接节点由三部分组成：①框架梁中预埋件及钢牛腿；②预制墙板预埋件；③带端板的销轴连接件。具体如图 8-23 所示。预制外挂墙板连接、支撑点布置示意图如图 8-24、图 8-25 所示。

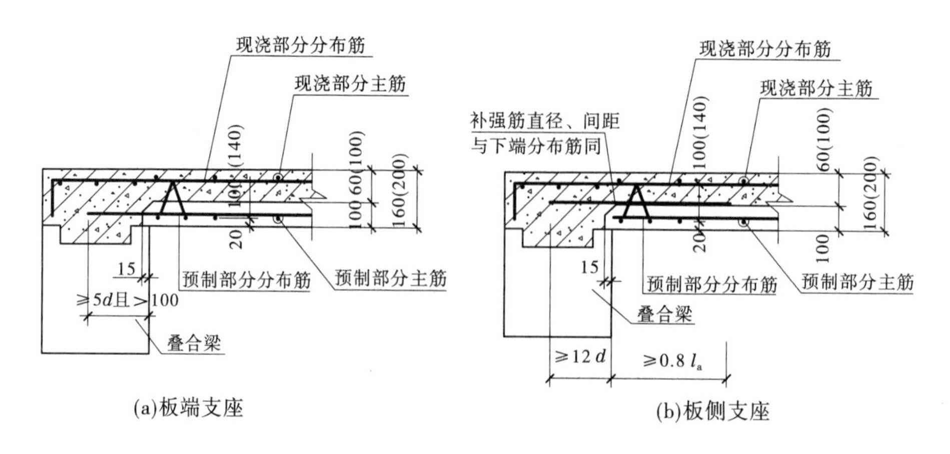

图 8-23　叠合楼板与梁连接示意图

预制混凝土框架结构的施工阶段验算是预制构件设计的主要内容之一,有时甚至会成为构建配筋设计的决定性因素。验算包括预制构件的脱模、堆放、运输、吊装、叠合构件二次受力等环节最不利施工荷载工况验算,应根据实际情况考虑适当的动力系数,验算方法参考《混凝土结构设计规范》(GB 50010—2010),该部分工作在构件深化设计时完成。实景图片如图 8-26 所示。

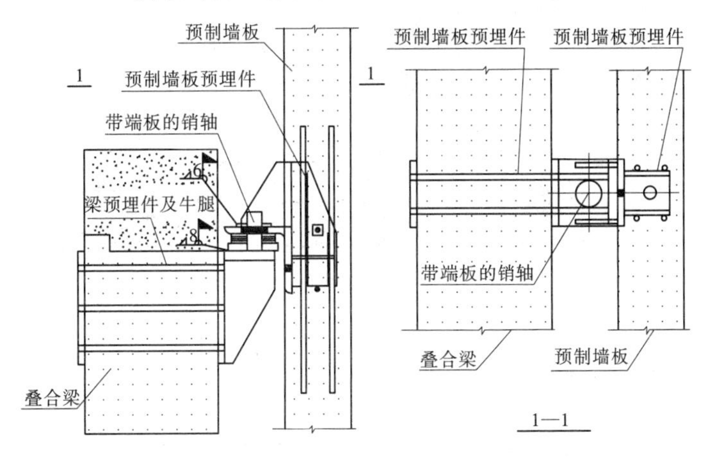

图 8-24　外挂墙板连接示意图

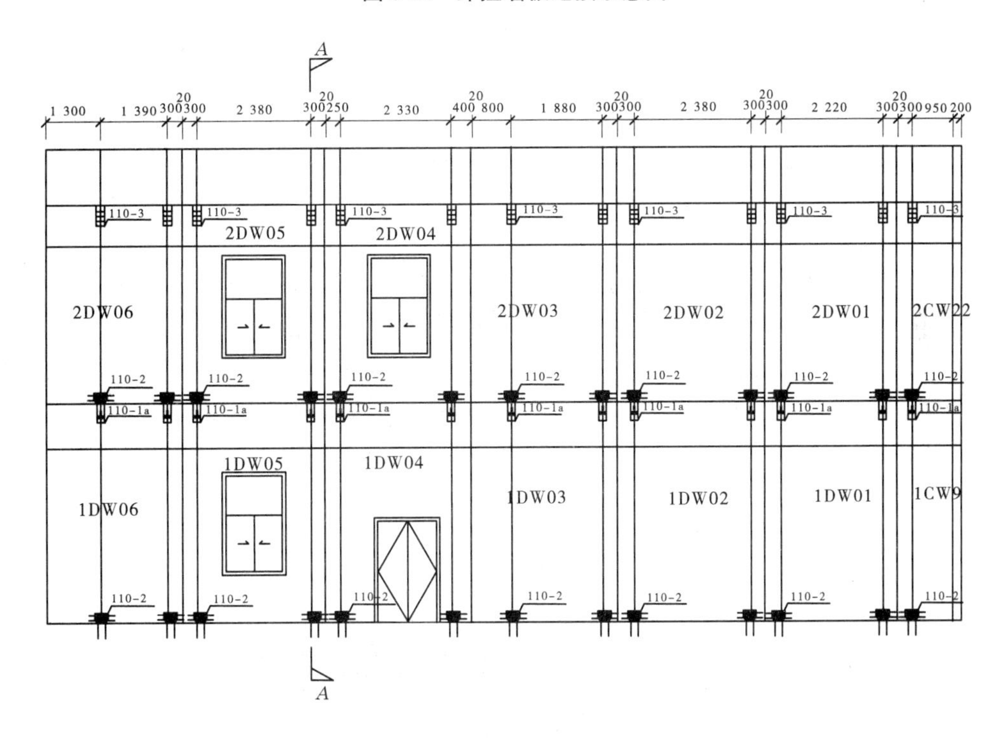

图 8-25　外挂墙板支撑点布置示意图

图 8-26　实景图片

8.3　纯干法施工的预应力 PC 建筑

“像造汽车一样盖房子”是人们长久以来的梦想。纯干法施工的预应力 PC 技术将“像”这个字抹去，真正意义上实现了混凝土建筑纯拼接建造，取消一切湿作业，完美实现了积木式拼房。

预应力 PC 建筑在设计中将预先可能发生的拉应力转化为压应力。通过预应力将零散的 PC 构件牢固地紧压在一起，构件之间为压应力，受力面为整个接触面。这种结构体系改变了现有用湿法现浇方式连接各处节点的构造做法，在地面以上的结构中，可以完全取消所有的节点现浇、楼板叠合现浇等湿法作业，成为名副其实的全干法施工。构件连接如图 8-27 所示。

由于混凝土本身抗压能力强，抗拉能力很弱，因此预应力特别适用于 PC 结构。在预应力 PC 结构中，混凝土在预应力作用下始终保持最佳的受压状态，避免了构件的细微开裂。同时，由于 PC 构件通过导入预应力，构件承载力也明显增大，塑造大跨度空间也具有得天独厚的优势。

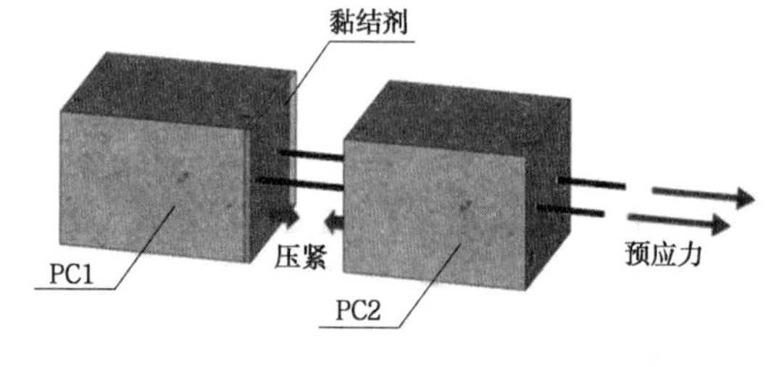

图 8-27　构件连接

预应力 PC 建筑（见图 8-28）拥有天然的抵震能力，地震过程中结构构件之间允许发生轻微错动变形耗散能量，并可通过预应力自动恢复震前状态。

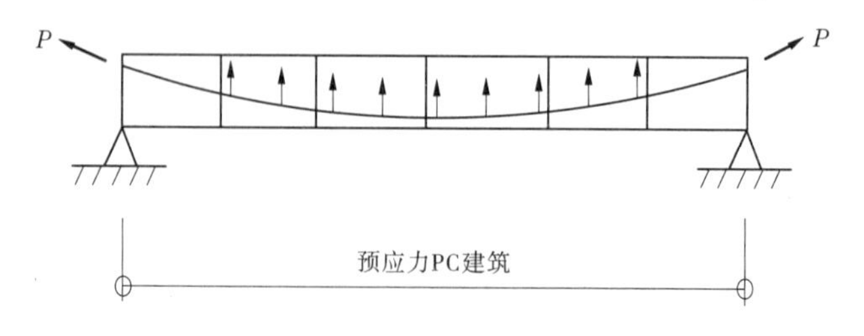

图 8-28　预应力受力示意图

万科预应力 PC 实验楼(见图 8-29)项目是对纯干法预应力 PC 结构设计与建造体系的首次实践。

图 8-29　万科预应力 PC 实验楼

8.3.1　结构体系

采用核心筒-壁柱结构,适用于 100 m 高层建筑。所有地面以上构配件,如竖向构件(核心筒、PC 壁柱)、水平向构件楼板等,均采用 PC 工厂预制,现场吊装拼接。

8.3.2　PC 构件连接

竖向壁柱、核心筒构件采用 PC 钢棒预应力拉接紧固。水平楼板件采用纵横两个方向的钢绞线预应力拉接紧固。预应力张拉示意图如图 8-30 所示。

8.3.3　PC 构件基本安装程序

PC 构件基本安装程序如下:

(1)连接竖向 PC 钢棒。

(2)安装壁柱,穿套 PC 钢棒。

(3)安装上一层楼板,施加竖向预应力,套筒灌浆。

安装示意图如图 8-31 所示。

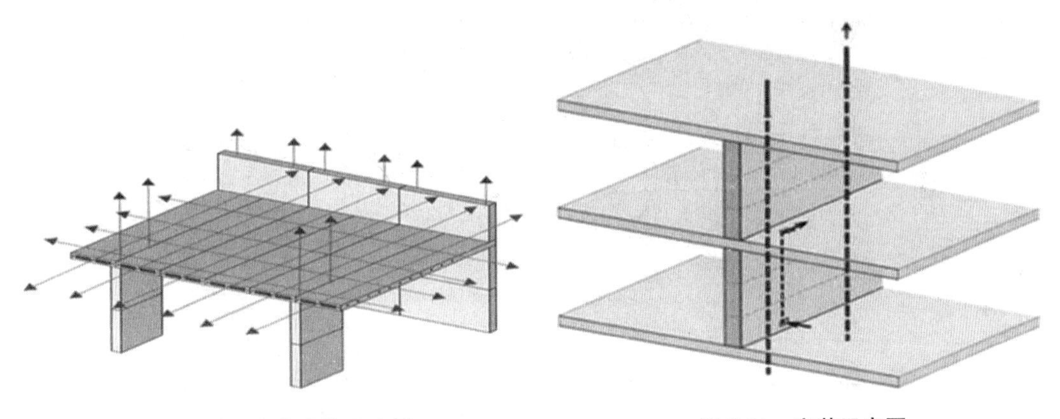

图 8-30　预应力张拉示意图　　图 8-31　安装示意图

8.3.4　PC 构件缝隙

所有构件接触面均采用平缝连接,依靠摩擦力紧固。缝隙使用黏结剂防水封堵,如图 8-32所示。

8.3.5　施工特点

(1)现场安装速度快。结构构件在现场直接吊装安装,没有支模浇筑流程,因此施工进度主要取决于构件吊装转运速度。施工效率远远超过一般混凝土结构建筑,基本等同于一般钢结构的施工速度。

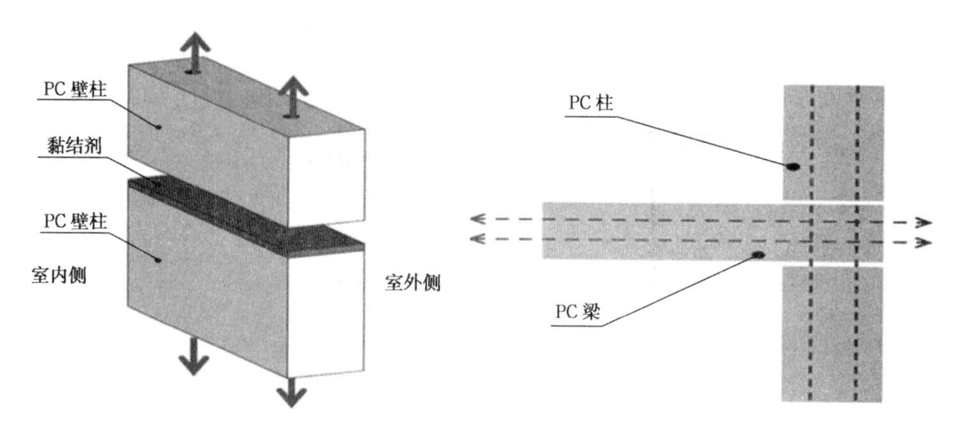

图 8-32　PC 构件之间拼缝处理

（2）无噪声施工。由于所有建筑构件均在工厂内生产加工完成，现场仅有平板货车、吊车、小型液压机、灌浆机等辅助机械，操作噪声非常低。可以在密集居民区内安静地施工，没有扰民问题。

（3）施工作业干净整洁、精细化。完全取消了湿法操作，几乎所有的施工误差都可以避免。由于设计及现场管理工作的前置，施工现场可以实现像制造车间一样的干净、整洁、精细。

剪力墙、楼板安装分别如图 8-33、图 8-34 所示。

图 8-33　剪力墙安装

图 8-34　楼板安装

8.3.6　未来展望

纯干法预应力 PC 结构具有类似钢结构的工业化生产、强度高、品质稳定、加工性能好等特点,同时减少了现浇钢筋混凝土因结构工作机制导致的裂缝、干缩等问题,具有高耐久度,长达 300 年的结构寿命。施工现场干净整洁、无噪声、施工速度快,适用于对施工噪声及施工现场要求度高的环境,并且拥有天然抗震能力,是一种有应用前景的崭新结构。

8.4　剪力墙-梁柱体系

剪力墙-梁柱体系是现代装配式建筑非常重要的结构体系,能充分发挥预制构件的优势,基本上水平力完全由剪力墙来承受,梁柱只承受垂直力。而梁柱的接头在梁端不承受弯矩,简化了梁柱节点。一般柱以多层柱为主,梁以简支梁计算,通常只有在梁的上端有连接件与柱相连。梁、柱、楼板以可靠方式连接,保持建筑物在水平力下的整体性。梁柱使用干连接,无须临时支撑,增加现场施工速度。它既具有框架结构平面的布置灵活、有较大空间的优点,又具有侧向刚度较大的优点。

8.4.1　内剪力墙-梁柱体系

图 8-35～图 8-40 为一栋位于美国芝加哥的一栋使用剪力墙-梁柱体系的九层复合公寓。建筑面积是 15 440 m^2,包含 98 套公寓,这些公寓有一居室、两居室和三居室的房屋。建筑物主要的预制组件由以下几部分组成:倒 T 梁、柱、剪力墙、阳台梁、空心板。各预制部件在工厂预制,用卡车或拖车运送到施工工地,通过吊机进行安装。公寓项目的设计开始于 2000 年 10 月。现场开挖和基础工作开始于 2001 年末,与此同时,开始制造预制构件。安装工作在 2002 年 8 月底开始。80 天内,预制人员安装完所有九层楼,并在 11 月中旬,即寒冷的冬天即将来临之际完成了第一幢大楼的建设,家具和其他内部工作就可以在一个受保护的建筑里完成。该公寓在 2003 年春天就可以投入使用。

这个公寓项目的总体成本大约为 1800 万美元,预制混凝土的成本为 300 万美元。这个预制建筑系统在一项现浇混凝土设计中大约节省了 30 万美元。该建筑全部采用预制构件,首先,结构性能良好,采用工厂化制作能有效保证结构力学性,离散性小。其次,施工速度快,产品质量好,表面光洁度高,能达到清水混凝土的装饰效果,使结构与建筑统一协调。再次,工厂化生产节能,有利于环保,降低现场施工的噪声,防火性能好。剪力墙-梁柱体系使该建筑结构有足够的强度、刚度和延性,能够抵抗地震力,以保证安全。

8.4.2 外剪力墙-梁柱体系

在剪力墙-梁柱体系中，剪力墙的布置灵活，有时可以用外装饰墙做剪力墙，能达到经济美观的效果。

图 8-41～图 8-43 为美国一个典型的分租式办公楼，外墙是承重剪力墙外加装饰，充分利用工厂平面反打技术，内部使用梁柱体系采用干连接的方式，水平构件使用预应力梁及 SP 板，整个建筑增加了跨度(12 m)，减少了内支撑。梁及墙的使用更体现出经济且有效率的预制结构体系。在施工过程中，全部采用无支撑的干连接施工，充分体现出装配式的优势。吸引人的外观加上内部有足够的自由空间，且能满足经济性及施工快速的需要，全预制建筑成为业主最后的选择。

图 8-35　施工现场图

图 8-36　典型无叠合层的干连接

图 8-37　剪力墙安装

图 8-38　一体化的梁和阳台

图 8-39　简洁的无支承施工系统

图 8-40　实景图片

图 8-41　分租式办公楼实景图片

图 8-42　预制构件的运输

图 8-43　预制构件的装配

8.4.3　剪力墙-梁柱体系的其他应用形式

全预制立体停车楼是美国的特色，充分运用了预应力及干连接的特色。多数停车楼采用典型剪力墙-梁柱体系，该结构形式能充分运用双 T 的大跨越能力(轻易的提供 18 m 的跨度)和干式连接快速安装的特点。图 8-44 是位于佛罗里达州的一栋 6 层停车场建筑，可容纳 2 500 辆车辆，采用预制混凝土方案，用时 7 个月，比预期提前了 1 个月，比现浇方案节省了 15%的造价。

图 8-45、图 8-46 为一栋立体停车楼吊装的过程。由图 8-45、图 8-46 可知，美国停车楼建筑充分利用了剪力墙-梁柱体系抗侧刚度大、跨越能力强、平面布置灵活和装配施工高效的特点，现场施工基本不需模板和支撑，干净整洁、秩序井然。以停车楼为代表的干式结构是装配式结构的重要发展方向，已受到国内外学者的关注。

图 8-44　剪力墙-梁柱建筑

图 8-45　立体停车楼吊装过程

图 8-46　立体停车楼建成实景

二维码 8-27　装配式施工全流程 BIM 演示❶

习　题

1.装配式剪力墙结构的分析方法有哪些?

2.装配式剪力墙结构中注意连接部位有哪些,如何进行计算?

3.简述装配式框架结构中预制柱、梁的连接方法及要求。

注:❶来源于腾讯视频——大连万科城项目。

附 录 装配式混凝土结构国家政策

多年来,各地出台了一系列经济政策,积极促进装配式建筑的发展。其中,有强制性的,如上海、深圳、沈阳等城市出台的土地出让前置条件规定;也有鼓励性的,主要包括财政政策、税费政策、金融政策以及建设行业的支持政策等。该附录总结了国家及地方出台的政策和措施。

1 出台支持政策的必要性

在现有的人工工资和技术条件下,在标准化程度不高、规模化尚难以发挥优势的情况下,装配式建筑与现场现浇的建筑相比,必然带来造价的上涨,建安成本增加200~500元。导致成本增加的主要因素有:一是预制构件成本增加;二是重复征税;三是装配式建筑的增量成本,还与技术体系有关;四是“学习成本”。

但是随着装配式建筑技术的不断发展,规模效应的形成,并且工人短缺和工资的不断上涨,装配式建筑与传统现浇施工建筑的成本差距必然呈现逐渐缩小趋势。由于增量成本的客观存在,企业在开展装配式建筑实践时,长期的收益是不确定的,而短期的成本增加是必然的,这就需要政府采取适当的经济政策和措施,加以鼓励。

2 有关推行预制装配式的国家、地方方针政策

2.1 国家方针政策

国家政策见附表1。

附表1 国家政策

时间	政策名称	目标
1999年	《关于推进住宅产业现代化提高住宅质量的若干意见》	推进节能环保材料在建筑行业的推广应用,2010年实现科技进步对住宅产业发展的贡献率达到35%
2006年	《国家住宅产业化基地试行办法》	以住宅产业化基地为基础,实现带动能力强的企业形成产业关联度强的联合创新联盟,形成新型建筑工业化发展道路
2013年	2013年,国务院办公厅下发《绿色建筑行动方案》	“十二五”期间,完成绿色建筑10亿m^2;2015年实现城镇新建建筑的20%达到绿色建筑标准要求,2020年末,在北方采暖地区基本完成有价值城镇建筑的建筑节能改造,并完成《绿色建筑评价标准》的修订工作

续附表 1

时间	政策名称	目标
2013 年	《国务院关于加快发展节能环保产业的意见》	要大力推广和采用绿色建材,包括散装水泥、预拌混凝土、预拌砂浆,实现建筑工业化的节能体系
2015 年	住房和城乡建设部《建筑产业现代化发展纲要》	明确提出,到 2020 年,装配式建筑占新建建筑的比例 20%以上,到 2025 年,装配式建筑占新建建筑的比例达到 50%以上
2016 年	《关于进一步加强城市规划建设管理工作的若干意见》	文件提出,力争用 10 年左右的时间,使装配式建筑占新建建筑的比例达到 30%,住房和城乡建设部有关人士透露,根据《建筑产业现代化发展纲要》的要求,到 2020 年,装配式建筑占新建建筑的比例达到 20%以上, 到 2025 年,装配式建筑占新建建筑的比例达到 50%以上

2.2　各省市颁布的方针政策

2.2.1　土地方面的政策

山东省多年来实施建设条件意见书制度,其中在土地出让环节,将住宅装配式建筑的要求纳入土地出让前置条件。北京、上海、深圳、沈阳、济南等城市都已出台相关政策,将装配式建筑相关政策要求纳入土地出让前置条件,见附表 2。

附表 2　土地政策

政策要点	示例
将装配式建筑要求纳入土地出让条件(北京、上海、浙江、宁夏、深圳、合肥、沈阳等)	在保障性住房等政府投资项目中明确一定比例的项目采用住宅产业现代化方式建设(河北、浙江)
	青岛市对集中建设以划拨方式供地的政府投资建筑和以招拍挂方式供地的建设项目,在建设条件意见书中明确提出是否实施产业化的意见,并明确预制装配化率、一次性装修面积比例等内容
	沈阳市将“采用现代建筑产业化装配式建筑技术实施建设”作为土地出让条件,并在土地出让合同和其他规范性文件中注明
优先保障用地	青岛市按高新技术项目确定建设产业生产企业项目用地;在使用年度建设用地指标时给予政策支持
	长沙市支持国家住宅产业化基地、住宅产业化园区等建设,并按工业用地政策予以保障
对享受土地政策后未达到规定要求的企业进行惩罚	宁夏要求开发商在产业化工程建设过程中及时上报相关材料接受监督。达不到规定要求的,要缴纳一定比例违约金,2 年内不得参与土地竞拍

2.2.2 规划方面的政策

2010 年 3 月,北京市政府率先出台了建筑面积奖励政策,规定以装配式建造的项目可以给予 3%的建筑面积奖励。此后,上海、沈阳、深圳、济南、长沙等地陆续出台了建筑面积奖励或豁免政策,在企业、市场积极性激发等方面,产生了一定的激励效果,见附表 3。

附表 3　规划政策

政策要点	示例
外墙预支部分不计入建筑面积	长沙市对使用"预制夹芯保温外墙"或"预制外墙"技术的两型住宅产业化项目,其"预制夹芯保温外墙"或"预制外墙"不计入建筑面积
	沈阳市对开发建设单位主动采用装配式建筑技术建设的房地产项目,其外墙预支部分建筑面积可不计入成交地块的容积率核算,但不超过规划总建筑面积的 3%
给予差异化容积率奖励	北京市对于产业化方式建造的商品房项目,奖励一定数量的建筑面积,不超过实施产业化的单体面积规划之和的 3%
	宁夏对产业化部分面积占到项目建筑面积 10%以上的,容积率可提高 1%,占到 50%的,容积率可提高 2%,占到 100%的,容积率可提高 3%
	深圳市对建设单位在自有土地自愿采用产业化方式建造的,奖励的建筑面积为采用产业化方式建造的规定住宅建筑面积的 3%,功能仍为住宅

2.2.3 财政方面的政策

财政方面的扶持政策包括:一是政府投资项目的增量成本纳入建设成本;二是设立专项资金补贴项目;三是利用原有建筑节能资金等优惠政策,将项目纳入资金补贴使用范围;四是加大科研资金投入支持装配式建筑相关研究工作;五是给予装配式建筑相关企业财政补助;六是给予装配式建筑购房者直接补贴,如长沙市直接给予购房者 60 元/m^2 的补贴;七是在社保费、安全措施费、质量保证金、城市建设配套费等方面给予优惠,见附表 4。

附表 4　财政政策

政策要点	示例
建造增量成本纳入建设成本	采用住宅产业现代化方式建设的保障性住房等国有投资项目,建造增量成本纳入建设成本(河北、济南、青岛、长沙)
	上海市考虑实施装配式住宅方式增加的成本,经核算后计入该基地项目的建设成本
设立专项资金补贴装配式建筑项目	重庆市财政设立专项资金,对建筑产业现代化房屋建筑试点项目每立方米混凝土构件补助 350 元

续附表 4

政策要点	示例
利用原有专项资金政策扩大使用范围	河北省提出拓展建筑节能专项资金、新型墙体材料专项基金、省科技创新项目扶持资金使用范围，优化省保障性住房建筑引导资金使用结构
	济南市符合市工业产业引导资金规定的建筑部品（件）生产企业、装配式建筑设备制造企业，可申请市工业产业引导资金及节能专项扶持资金
资金支持相关研究工作	济南市支持企业研发生产具有环保节能等性能的新型建筑部件材料和新型结构墙体材料，以后补助方式给予扶持
给予企业租金补贴等补助	青岛市对装配式建筑生产企业在园区内租用标准化厂房的，园区所在地政府给予 2 年以上的租金补贴
社保费、安全措施费、质量保证金、城市建设配套费	沈阳市对采用装配式建筑技术的开发建设项目，社保费的计取按工程总造价扣除工厂生产的预制构件成本作为计费基数，安全措施费按 1%缴纳

2.2.4　税收方面的政策

纵观各地的政策，在税收方面优惠的较少。涉及的有三大类：一是将装配式建筑纳入高新技术产业，享受高新技术产业政策及相关财税优惠政策；二是对部品生产和施工环节分别核算税收；三是将装配式建筑纳入西部大开发税收优惠范围，见附表 5。

附表 5　税收政策

政策要点	示例
纳入高新技术产业，享受高新技术产业政策及相关财税优惠政策（上海、宁夏、河北、重庆、济南等）	河北省提出符合条件的住宅产业现代化园区、基地和企业享受战略性新兴产业、高新技术企业和创新性企业扶持政策
	对生产使用有利于资源节约、绿色环保和产业化发展的“四新”技术的企业给予所得税的适当减免（宁夏、陕西）
部品生产和施工环节分别核算税收	长沙市对企业在产业化项目建设中同时提供建筑安装和部品部件销售业务的，分开核算给予税收优惠
纳入西部大开发税收优惠范围	重庆市对建筑产业化部品构件仓储、加工、配送一体化服务企业，符合西部大开发税收优惠政策条件的，依法按减 15%税率缴纳企业所得税

2.2.5　金融方面的政策

金融政策主要有三类：一是对装配式建筑项目、企业优先放贷；二是对装配式建筑项目进行贷款贴息；三是对装配式住宅建筑项目的消费者增加贷款额度和贷款期限，见附表 6。

附表 6　金融政策

政策要点	示例
优先放贷	河北省对建设住宅产业现代化园区、基地、项目及从事技术研发等工作符合条件的企业,开辟绿色通道,加大信贷支持力度
贷款贴息	济南市通过采取贷款贴息、财政补贴等扶持方式,加快住宅产业化项目示范和推广
对消费者增加贷款额度和贷款期限	宁夏对购买通过住宅性能认定并达到 A 级的住宅和符合节能省地环保要求住宅的消费者可适当增加贷款额度和贷款期限

2.2.6　建设环节方面的政策

各试点城市,在先行先试中,已经想方设法地推行了大量建设行业自己能够用到的鼓励政策,见附表 7。

附表 7　建设环节政策

政策要点	示例
优先返还或缓缴墙改基金、散装水泥基金	深圳市提出产业化住宅项目优先返还墙改基金和散装水泥基金
	沈阳市提出采用装配式建筑技术的开发建设项目,缓缴墙改基金、散装水泥基金
	济南市对于墙体全部采用预制墙板民用建筑项目,全部返还墙改基金
投标政策倾斜	河北省提出在施工当地没有或只有少数几家住宅产业现代化生产施工企业的,国有资产投资项目招标时可以采用邀请招标方式进行
提前办理“商品房预售许可证”	河北省对投入开发建设资金达到工程建设总投资的 25%以上、施工进度达到±0.000,可申请办理“商品房预售许可证”
	沈阳市装配式建筑工程的构件生产投资可作为办理“商品房预售许可证”的依据,同时在商品房预售资金监管上给予支持
开辟绿色通道	深圳市提出产业化住宅项目在办理报建、审批、预售、验收相关手续时开辟绿色通道
	长沙市提出两型住宅产业化项目可参照重点工程报建流程纳入行政审批绿色通道
鼓励科技创新与评奖评优	重庆市提出鼓励建筑产业现代化项目参与评奖评优
	济南市鼓励企业科技创新,加快建设工程预制和装配技术研究,并优先列入市城乡建设委科技项目专项计划
为构配件运输提供交通支持	重庆市提出公安、市政和交通运输管理部门对运输超大、超宽的预制混凝土构件、钢结构构件等的运载车辆,在物流运输方面给予支持

3 国家及地方已经出版或出台的技术指南、规程及标准

(1)国家已经出版或出台的技术指南、规程及标准,见附表8。

附表8 国家技术指南、规程及标准

序号	地区	类型	名称	编号	适用阶段	发布时间
1	国家	图集	装配式混凝土结构住宅建筑设计示例(剪力墙结构)	15J939-1	设计、生产	2015年2月
2	国家	图集	装配式混凝土结构表示方法及示例(剪力墙结构)	15G107-1	设计、生产	2015年2月
3	国家	图集	预制混凝土剪力墙外墙板	15G365-1	设计、生产	2015年2月
4	国家	图集	预制混凝土剪力墙内墙板	15G365-2	设计、生产	2015年2月
5	国家	图集	桁架钢筋混凝土叠合板(60 mm厚底板)	15G366-1	设计、生产	2015年2月
6	国家	图集	预制钢筋混凝土板式楼梯	15G367-1	设计、生产	2015年2月
7	国家	图集	装配式混凝土结构连接节点构造(楼盖结构和楼梯)	15G310-1	设计、施工、验收	2015年2月
8	国家	图集	装配式混凝土结构连接节点构造(剪力墙结构)	15G310-2	设计、施工、验收	2015年2月
9	国家	图集	预制钢筋混凝土阳台板、空调板及女儿墙	15G368-1	设计、生产	2015年2月
10	国家	验收规范	混凝土结构工程施工质量验收规范	GB 50204—2015	施工、验收	2014年12月
11	国家	验收规范	混凝土结构工程施工规范	GB 50666—2011	生产、施工、验收	2010年10月
12	国家	评价标准	装配式建筑评价标准	GB/T 51129—2017	设计、生产、施工	2017年3月
13	行业	技术规程	钢筋机械连接技术规程	JGJ 107—2016	生产、施工、验收	2016年2月
14	行业	技术规程	钢筋套筒灌浆连接应用技术规程	JGJ 355—2015	生产、施工、验收	2015年1月
15	行业	设计规程	装配式混凝土结构技术规程	JGJ 1—2014	设计、施工、工程验收	2014年2月
16	行业	设计规程	装配式劲性柱混合梁框架结构技术规程	JGJ/T 400—2017	设计、施工、工程验收	2017年6月

(2)地方(各省市)出版或出台的技术指南、规程及标准,见附表9。

附表9　地方技术指南、规程及标准

序号	地区	类型	名称	编号	适用阶段	发布时间
1	北京市	设计规程	装配式剪力墙住宅建筑设计规程	DB11/T 970—2013	设计	2013年
2	北京市	验收规程	装配式混凝土结构工程施工与质量验收规程	DB11/T 1030—2013	生产、施工、验收	2013年
3	山东省	设计规程	装配整体式混凝土结构设计规程	DB37/T 5018—2014	设计	2014年9月
4	山东省	验收规程	装配整体式混凝土结构工程预制构件制作与验收规程	DB37/T 5020—2014	生产、验收	2014年9月
5	上海市	设计规程	装配整体式混凝土公共建筑设计规程	DGJ08-2154—2014	设计	2014年
6	上海市	图集	装配整体式混凝土构件图集	DBJT08-121—2016	设计、生产	2016年5月
7	上海市	评价标准	工业化住宅建筑评价标准	DG/T J08-2198—2016	设计、生产、施工	2016年2月
8	广东省	技术规程	装配式混凝土建筑结构技术规程	DBJ15-107—2016	设计、生产、施工	2016年5月
9	深圳市	技术规程	预制装配钢筋混凝土外墙技术规程	SJG 24—2012	设计、生产、施工	2012年6月
10	深圳市	技术规范	预制装配整体式钢筋混凝土结构技术规范	SJG 18—2009	设计、生产、施工	2009年9月
11	江苏省	技术规程	装配整体式混凝土剪力墙结构技术规程	DGJ32/T J125—2016	设计、生产、施工、验收	2016年6月
12	江苏省	技术规程	预制预应力混凝土装配整体式结构技术规程	DGJ32/T J199—2016	设计、生产、施工、验收	2016年3月
13	江苏省	技术规程	预制预应力混凝土装配整体式框架结构技术规程	JG/T 006—2005	设计、生产、施工、验收	2009年9月
14	四川省	验收规程	装配式混凝土结构工程施工与质量验收规程	DBJ51/T 054—2015	施工、验收	2016年1月12日
15	福建省	技术规程	预制装配式混凝土结构技术规程	DBJ13-216—2015	生产、施工、验收	2015年2月12日

续附表 9

序号	地区	类型	名称	编号	适用阶段	发布时间
16	浙江省	技术规程	叠合板式混凝土剪力墙结构技术规程	DB33/T 1120—2016	生产、施工、验收	2016 年 3 月 25 日
17	湖南省	技术规程	混凝土装配-现浇式剪力墙结构技术规程	DBJ43/T 301—2015	设计、生产、施工	2015 年 2 月 2 日
18	河北省	技术规程	装配整体式混凝土剪力墙结构设计规程	DB13(J)/T 179—2015	设计	2015 年 4 月 8 日
19	河北省	验收规程	装配式混凝土剪力墙结构施工及质量验收规程	DB13(J)/T 182—2015	施工、验收	2015 年 4 月 8 日
20	河南省	技术规程	装配式住宅建筑设备技术规程	DBJ41/T 159—2016	设计、生产、施工	2016 年 6 月 13 日
21	河南省	技术规程	装配整体式混凝土结构技术规程	DBJ41/T 154—2016	设计、生产、施工、验收	2016 年 7 月 1 日
22	河南省	技术规程	装配式混凝土构件制作与验收技术规程	DBJ41/T 155—2016	生产、验收	2016 年 7 月 1 日
23	河南省	技术规程	装配式住宅整体卫浴间应用技术规程	DBJ41/T 158—2016	施工、验收	2016 年 6 月 13 日
24	湖北省	技术规程	装配整体式混凝土剪力墙结构技术规程	DB42/T 1044—2015	设计、生产、施工、验收	2015 年 4 月 29 日
25	甘肃省	图集	预制带肋底板混凝土叠合楼板图集	DBJT25-125—2011	设计、生产	2011 年 11 月 7 日
26	辽宁省	验收规程	预制混凝土构件制作与验收规程(暂行)	DB21/T 1872—2011	生产、验收	2011 年 2 月 1 日
27	辽宁省	技术规程	装配整体式混凝土结构技术规程(暂行)	DB21/T 1924—2011	设计、生产、施工、验收	2011 年
28	辽宁省	图集	装配式钢筋混凝土板式住宅楼梯	DBJT05—272	设计	2015 年
29	辽宁省	图集	装配式钢筋混凝土叠合板	DBJT05—273	设计	2015 年
30	安徽省	验收规程	装配整体式混凝土结构工程施工及验收规程	DB34/T 5043—2016	施工、验收	2016 年 3 月 24 日
31	安徽省	验收规程	装配整体式建筑预制混凝土构件制作与验收规程	DB34/T 5033—2015	生产、验收	2015 年 10 月 19 日

参考文献

[1] 国务院文件.关于进一步加强城市规划建设管理工作的若干意见[N].新华社,2016-02-21.

[2] 中国建筑标准设计研究院,中国建筑科学研究院.装配式混凝土结构技术规程:JGJ 1—2014[S].北京:中国建筑工业出版社,2014.

[3] 中华人民共和国行业标准.装配式建筑评价标准:GB/T 51129—2017[S].北京:中国建筑工业出版社,2017.

[4] 李镇强.西欧预制装配混凝土建筑结构技术发展概况[J].建筑结构,1997(8):36-38.

[5] 吕志涛,张晋.法国预制预应力混凝土建筑技术综述[J].建筑结构,2013,43(19):13-15.

[6] 王亚勇.汶川地震建筑震害启示——抗震概念设计[J].建筑结构学报,2008,29(4):20-25.

[7] 徐有邻.由地震引发对预制预应力圆孔板的思考[J].建筑结构,2008,38(7):7-9.

[8] 郭正兴.新型预制装配混凝土结构规模推广应用的思考[J].施工技术,2014,41(1):17-27.

[9] 李宁波,钱稼茹,叶列平,等.竖向钢筋套筒挤压连接的预制钢筋混凝土剪力墙抗震性能试验研究[J].建筑结构学报,2016,37(1):31-40.

[10] 赵西安.考虑楼板变形计算高层建筑结构[J].土木工程学报,1983(4):23-34.

[11] 刘大海,曾凡生,王敏,等.半刚性楼盖房屋的抗震空间分析[J].建筑结构,2007,37(10):30-38.

[12] 吕西林,范力,赵斌.装配式预制混凝土框架结构缩尺模型拟动力试验研究[J].建筑结构学报,2008,29(4):58-65.

[13] 薛伟辰,陈东一,姜东升,等.大型预制预应力混凝土空间结构试验研究[J].土木工程学报,2006(11):15-21.

[14] 李晨光.新型现代预制预应力混凝土结构体系在住宅产业化中的应用[J].土木工程学报,2010,39(3):16-19.

[15] 上海市城市建设工程学校.装配式混凝土建筑结构设计[M].上海:同济大学出版社,2016.

[16] 休伯特·巴赫曼,阿尔弗雷德·施坦勒.预制混凝土结构[M].李晨光,等,译.北京:中国建筑工业出版社,2015.

[17] 中国建筑标准设计研究院.装配式建筑系列标准应用实施指南[M].北京:中国计划出版社,2016.

[18] 郑先超,李青宁,潘树宾,等.新型预制楼盖的装配整体式框架剪力墙结构振动台试验研究[J].地震工程与工程振动,2013,33(3):140-147.

[19] 高杰,田春雨,郝玮,等.装配式梁-柱-叠合楼板中节点抗震性能试验研究[J].建筑结构学报,2015,36(S2):196-202.

[20] 庞瑞,陈桂香,倪红梅,等.全干式连接预制混凝土板、楼盖及其抗震性能提升方法[P].CN201510247926.5.河南工业大学,2015-09-02.

[21] 庞瑞,许清风,梁书亭,等.全装配式 RC 楼盖平面内受力性能试验研究[J].建筑结构学报,2012,33(10):67-74.

[22] Yee A A.Social and environmental benefits of precast concrete technology[J].PCI Journal, 2001,46(3):14-19.

[23] Yee A A.Structural and economic benefits of precast/prestressed concrete construction[J].PCI Journal,2001,46(3): 34-42.

[24] Polat G.Factors Affecting the Use of Precast Concrete Systems in the United States[J].ASCE,Journal of Construction Engineering and Management,2008,134(3):169-178.

[25] ACI Committee 318,Building Code Requirements for Structural Concrete (ACI 318-2011) and Commentary

(ACI 318R-2011) [S].American Concrete Institute,Farmington Hills,MI,2011.

[26] Building Seismic Safety Council(BSSC) of the National Institute of Building Sciences.NEHPR Recommended Provisions for the Development of Seismic Regulations for New Buildings and Other Strutures[S].Building Seismic Safety Council,Washington,DC,2015.

[27] PCI Industry Handbook Committee.PCI Design Handbook:Precast and Prestressed Concrete (7th edition)[S]. Chicago,PCI,2010.

[28] Englekirk R E.Design-Construction of The Paramount - A 39-Story Precast Prestressed Concrete Apartment Building[J].PCI Journal,2003,48(4):56-72.

[29] Negro P,Bournas D A,Molina F J.Pseudodynamic tests on a full scale 3-storey precast concrete building: Global response[J].Engineering Structures,2013,(57):594-608.

[30] Raths D C,Nasser G D.Historical Overview of the PCI Journal and Its Contributions to the Precast-Prestressed Concrete Industry[J].PCI Journal,2007,52(1):32-51.

[31] Park R.The fib state-of-the-art report on the seismic design of precast concrete building structures[J].Pacific Conference on Earthquake Engineering,2003:11-23.

[32] Nigel Priestley M J.Overview of PRESSS Research Program[J].PCI Journal,1991,36(4):50-57.